世 界 城 市 规 划 经 典 译 丛

城市设计
URBAN DESIGN

（美）亚历克斯·克里格　（美）威廉·S.桑德斯　编著
Edited by Alex KRIEGER and William S. SAUNDERS
王伟强　王启泓　译

同济大学出版社
TONGJI UNIVERSITY PRESS

目录

角色和学科边界的拓展

新世纪前所未有的挑战

附录

中文版序 I：设计城市的和谐

　　起源于 20 世纪中叶的城市设计是设计并重塑城市的重要手段和过程，古希腊哲学家赫拉克利特说过："看不见的和谐比看得到的和谐更美好。"城市设计将看不见和看得到的和谐结合成一个整体，形成更美好的和谐。城市设计涉及建筑群、街道、街区、社区、整个地区，甚至整座城市；其目的是完善城市功能，改善城市环境，使之可持续发展。本书荟萃了在"城市设计"这个议题下的各种探索和理论研究。

　　就整体而言，许多城市在传统意义上的城市建设可以说已经告一段落。以英国为例，计划于 2050 年落成的建筑中，80% 都已完成。因此，城市的发展主要是城市的更新和复兴，以及城市空间和城市功能的修补和改善。由于我国的大规模建设和快速城市化阶段的基本结束，城市规划的主要任务将转向为协调城市更新、复兴、发展和历史文化保护提供政策和指导，其大部分规划工作将转为城市设计——在城市上设计城市。

　　城市设计的概念最早于 1943 年出现在英国规划师、建筑师帕特里克·艾伯克隆比（Patrick Abercrombie）和约翰·福肖（John Henry Forshaw）为战后伦敦的规划设计思想中，并在第二次世界大战后成为一种专业活动。英国建筑师和规划师弗雷德里克·吉伯德（Frederick Gibberd）在 1953 年为城市设计提供了早期的定义。1956 年在哈佛大学设计研究生院（GSD）举行了颇具影响力的城市设计会议，这次会议作为一个起点，为 1956 年之后的城市知识探索历程打开了视角。城市设计曾经被称为"城镇设计"，美国城市设计理论家凯文·林奇（Kevin Lynch）则称之为"城市设计"。在城市设计中，林奇坚持在人类生存环境中应有视觉上可识别的秩序。因此，形式的形象性和可辨识性成为规划师和建筑师们最关注的、与传达意义有关的元素。意义存在于路径、边缘、节点、区域以及地标的特殊性中。

　　城市设计是一门古老而又现代的学科，是一门基于建筑学、景观建筑学和城市规划的交叉学科，也是人类塑造环境和思考城市未来的方式。城市设计师集艺术家、科学家、历史学家、社会学家、预言家、规划师、建筑师、景观建筑师、工程师、开发商和政治家于一身，其主要目的是对城市的空间和形态进行设计，尤其是在城市更新和对城市空间修补时，城市设计发挥着极其重要的作用。城市设计具有独特性，城市设计对于每一个项目，每一块场地的呼应都是独特的、唯一的。城市设计涉及城市的各种问题，涉及公共政策和城市管治，影响城市形态、空间品质、生活方式和交通出行，从而也决定了城市的未来。读过这本书后会对城市设计这个庞杂的概念有清晰的认识，正如丹尼斯·斯科特·布朗（Denise Scott Brown）所说，城市设计是设计的一种类型，这不是一个规模问题，而是方法问题。

本书的主编之一是美国哈佛大学城市设计教授亚历克斯·克里格（Alex Krieger）。克里格教授对波士顿的城市设计和城市更新有诸多贡献。2007年，他参与了上海外滩滨江带的城市设计，提出了具有创造性和艺术性的构思，而且最终的实施方案就是以他的设计为基础的。他主张城市设计是致力于城市和改善城市生活方式的各个基础学科所共享的一种思想框架，而非单纯的技术学科。克里格教授指出城市设计的任务是创造性地应对现状，谱写未来。他认为城市设计必须首先关注其自身所肩负的、更艰巨的现代建筑及变革城市宣言的使命，而不是仅仅潜心于自然物设计的柔和艺术，或是培育对生态系统的善意。

本书收录了自1956年以来关于城市设计的18篇论文。论文作者包括各国著名的建筑师、城市规划师、规划理论家、建筑史学家、社会学家等，其中包括日本建筑师、1993年普利兹克建筑奖获奖者槙文彦，美国规划师理查德·马歇尔（Richard Marshall），美国建筑师丹尼斯·斯科特·布朗，西班牙规划师胡安·布斯盖茨（Joan Busquets）等这些享誉全世界的专业领域大腕；还包括创作了《后现代地理学——重申批判社会理论中的空间》（*Postmodern Geographies: The Reassertion of Space in Critical Social Theory*）的作者，美国地理学家爱德华·苏贾（Edward Soja），他们的著作都是我们研究后现代城市的经典理论文献。这里收录的文章表达了他们对城市和城市设计的各种观点，有些观点甚至相左。克里格教授的引言全面而又确切地阐述了各位作者的论点。

翻译是一项艰辛的研究工作，既需要专业的造诣，也需要外语水平，同时还需要中文的功底。本书的译者之一是同济大学建筑与城市规划学院的王伟强教授，其长期从事城市空间理论、城市设计理论及城市更新、乡村建设理论等领域的研究与教学。近十年来，担任同济规划专业本科生城市设计原理课程及研究生的城市设计课程教学工作，在城市设计学科领域积累了丰富的经验。同时，他还参与了许多重要的设计实践，如多伦路历史街区城市更新规划、南京路步行街、外滩15-1公共服务中心的设计、曹杨新村的社区更新等。另一位译者王启泓接受了西方正统的建筑学教育，在繁重的学习工作之余，积极参与本书的翻译工作，难能可贵。

当前，我国正处于城市发展的有机更新阶段，是要在城市上建设城市。城市更新是动态的更新，既涉及物质性的更新，也涉及非物质性的更新。它包括城市结构和城市空间的更新、建筑的更新、城市环境和道路的更新等，将消极的城市空间转换为积极的城市空间；更重要的是思想和生活方式、城市管理模式的更新，是一种微治理，是"润物细无声"的，或者说是针灸式的更新。城市更新是实现城市发展目标的重要手段，需要有理想，怀有对未来的憧憬和激情；关注人，关注人们的生活场所；城市更新也是理想、艺术和价值的体现。城市更新需要通过城市设计才能实现。本书中的许多观点对于我国正在广泛推进的城市设计具有启示和借鉴意义。因此，它的翻译和出版是非常及时的。

郑时龄

中国科学院院士

2016 年 1 月 25 日

中文版序 Ⅱ：城市设计的中国意义

　　我是从波士顿的"大开挖"（Big Dig）项目知道克里格教授大名的。20 世纪 90 年代中叶我在哈佛大学做访问学者，每一次去南站或唐人街都要从 95 号公路下穿过，常常听到当地居民对于这种高架快速路的不屑甚至厌恶，我本人也切身感受到城市快速干道对于城市空间的野蛮切割所带来的伤痛。尽管那时上海的第一条高架快速路——内环线刚刚建成不久，高架道路甚至被很多人看作是现代化城市的标志。几年之后，波士顿竟然作了一个令全世界瞩目的大手笔，将 95 号公路穿越城市的部分拆除并埋入地下。原先地面高架路所占的空间则变身城市公园。我深深钦佩波士顿当局的气魄，同时也知道了"大开挖"项目的设计单位——CKS 建筑和城市规划事务所（以下简称 CKS）的名字。2006 年，上海市政府做出了一个具有重大历史意义的决定：将沿外滩繁重的地面机动车交通放入地下，让著名的外滩滨水空间重新回归城市公共生活，让外滩重新展现其无穷的魅力。当时我在上海市城市规划管理局任副局长，作为积极的推动者之一，正是波士顿的"大开挖"项目坚定了我对外滩改造工程的信心和决心。为了将外滩改造工程做得更好，上海决定组织一次国际性设计竞赛来征集构思。CKS 以他们在波士顿的成功经验自然也在邀请之列。最后，CKS 的方案果然力战群雄，力挫诸多世界首屈一指的设计和规划团队，获取了竞赛的第一名。尽管由于实际工程因素，CKS 未能参与外滩项目后期的施工图设计，但是 CKS 的设计概念对最终的工程起到了关键作用。我因此也认识了 CKS 的合伙人、外滩方案的主创设计师克里格教授。当时他一面主持 CKS 的设计项目，同时又在哈佛大学设计研究生院（GSD）教授城市设计并担任城市规划系的系主任。哈佛大学一直是全球城市设计学术领域的制高点之一，始终引领着城市设计学科的发展。后来我得以有机会常与克里格教授讨论城市设计的有关话题，并从他那里学到了很多关于城市设计的新观念。5 年前，当克里格教授决定在中国出版 CKS 的城市设计作品集时，我也曾欣然受邀为那本作品集序。同时，他也将其主编的刚出版不久的理论专著《城

13

市设计》送给我，并希望有一天能在中国出版中文版，让更多的中国读者能够直接阅读这本关于城市设计的理论专著。今天王伟强教授终于将此书译成中文，并在同济大学出版社的全力支持下得以出版，我为此感到由衷的高兴。相信克里格教授也一定会为此感到高兴。

《城市设计》是一本集当代国际最重要的城市设计师和城市设计理论家最新、最重要的论文于一书的理论著作。让我们能够对当今世界学术界对于城市设计问题的思考有一个较为全面的了解。在当下中国城市设计越来越为各方面重视的形势下，对当代世界城市设计领域研究前沿的了解就显得十分重要。

对于城市设计概念的理解从一开始就充满争论。1956年，哈佛大学设计研究生院举办了一次重要研讨会，首次确定"城市设计"主题并由此引发了长期的激烈讨论。这一系列讨论后来成为城市设计学科发展的重要基础，本书正是自此以后多次大讨论的集结。在本书最后的对谈部分，桑德斯以"城市设计的定义似乎悬而未决"的声明为切入点，让我们认识到60年间这个学科所走过的历程。他总结道：城市设计是"思维的框架"、是"思考方式"、是"大尺度建筑"、是"人类的中心关注"，也是"场所营造的艺术"。城市设计是一个演进的过程，是几千年的社会冲突的结果，是城市空间的物质生产、所有权和符号表征之上的集体道德之争。

《城市设计》作为集合多方城市设计论点论述的文集，与其说是对历史的回顾和对未来的指导，不如说是一场跨越时空维度的思维盛宴——不同的、甚至相斥的论点济济一堂，这真正体现了作为交叉学科的城市设计所具有的变化与包容，以及新时代下我们所应具有的城市思维。与其他学术文集有所区别的是，克里格教授和桑德斯对于论文的整理颇为宏观而抽象，并不根据已有的学科概念将论文归类，而是采取相对宽松的分组形式，划为6个部分，每一部分中的文章虽论点不同，但都突出讨论了同一议题。通过整合来自社会学、地理学、建筑学、城市规划学、景观学等领域从事理论研究和实践探索的专家的各抒己见，带来各方面不同的声音，以呈现城市设计学科的演化，评估城市设计领域的现状，预测当今飞速城市化所带来的一系列挑战，以及提出城市设计如何应对这些挑战的建设性建议，这些对发展中国家的意义尤为重要。全书以1956年在哈佛召开的城市设计会议开篇，随后时间跨度颇大的18篇论文详述或者批判了这次城市会议的假设和野心，强调了诸如城市设计的社会参与和主张，最后以2006年哈佛举行的城市设计研讨会的实录作为结束。

当前，随着我国快速城镇化进程的深化，对城市品质提高的呼声日益高涨，这让我们进一步认识《城市设计》一书出版的价值，认识到要尊重城市发展规律，要在规划理念和方法上不断创新。通过加强对城市设计的认知和积极地运用城市设计工作方法，实现城市修补，加强提炼城市空间形态与城市特色风貌的整体性关系，注重文脉延续性等方面的规划和管控，留住城市特有的地域环境、文化特色、建筑风格等"基因"。我们积极运用城市设计的思想方法，还在于新时期城市更新的实践中，实现城市空间的整体性、可持续性、连续性和认同性，以尊重自然、传承历史、绿色低碳的理念，实现自然生态保育、建成环境品质与都市文化培育共同发展的和谐关系。

王伟强老师在规划系主讲"城市设计概论"，还参与我主持的博士生课程"当代中国城市问题选讲"的讲授；他还参与规划实践，曾主持外滩十五号的建筑创作；而他开展的城市影像与城市批评学术研究也有声有色，其学术、爱好涉猎较广。他在担负着繁重的教学与社会工作之余，与王启泓同学一起翻译了这本书，令人感动。在越来越功利的我国建筑与城市规划学术界，这样的翻译工作已变得越来越难能可贵。相信他们的辛勤工作会赢得城市设计学术领域的赞赏，我国城市设计领域也一定会因此而从中得益。

伍江

同济大学常务副校长

同济大学建筑与城市规划学院教授

2016 年 7 月 10 日

引言：城市思想的框架

亚历克斯·克里格

乡村为自然所恩赐，城市由人类所建造。

——马库斯·特伦修斯·瓦罗（Marcus Terentius Varro），公元前 1 世纪

在瓦罗思想提出 2000 年后，世界城市人口超过了 30 亿，此时的城市建设能力变得尤为重要。人类正变成一种难以想象的城市化物种，而仅在三十多年前，只有 1/3 的人口生活在城市。今天，他们（也可以说是我们）作为城市人口已占世界人口的大多数，而且在全球范围内正以每周过百万的速度增长。[1] 当然，解决城市化问题需要众多学科的群策群力。本论文集荟萃了在"城市设计"的大命题下所做的各种不同的努力和贡献。

城市设计在成为一门独立学科前的半个多世纪里，已从原始设计和规划学科中获取了自主权，演变成为一些致力于城市和改善城市生活方式的各个基础学科所共享的一种思想框架，而非单纯的一门技术学科。虽然不是每个人都认同这种笼统的，甚至有些含糊的观点，但我认为这一点正是城市设计的可取之处。有些人认为城市设计代表了特殊 技能和专业关注的特定领域，甚至是一种特定的"看"城市的方式。但尚无一个城市设计的定义能被广泛接受。[2]

对某些人而言，缺少一个简明的定义容易造成认知的障碍。他们会问，如果一个领域不能被明确概述其本质目的，它又如何能发挥其自身的基础作用，更不用说去获得显著的社会地位和社会责任。即使是致力于研究城市设计的本书，对于"设计"城市或城市主体的可能性，依然持有相当的怀疑。每位作者都认识到城市设计的内在问题，都在与这种困境搏斗，同时继续探寻城市设计的本质。

本书中收录的 18 篇论文，时间跨度较大，其中 4 篇是评论文，它们首次发表于《哈佛设计杂志》（*Harvard Design Magazine*）2006 年和 2007 年中连续的两期。一部分论文来源于 1956 年在哈佛大学设计研究生院举行的颇具影响力的城市设计会议。这次会

议作为一个起点，为 1956 年之后的城市知识探索历程打开了视角。

ix 　　本书由 6 部分组成，涵盖了 1956 年城市设计会议的记录摘要，以及 2006 年在哈佛大学举行的另一个城市设计研讨会的记录。虽然每篇文章因涉及多个主题而不易分类，但为了突出关于城市设计本质的关键问题，本书采取了宽松的分组方式。在这些重复出现的主题中，我要强调的是以下三个目前围绕着城市设计实践而展开的讨论。

英国曼彻斯特皮卡迪利花园（Piccadilly Gardens），Art2Architecture 事务所、EDAW 事务所、安藤忠雄建筑设计事务所、奥雅纳工程顾问公司合作，2001 年摄。摄影：Dixi Carrillo。EDAW 事务所版权所有。

变化中的学科观念

　　现代城市设计的概念衍生于众所周知的 20 世纪中期的学科焦点：城市边缘的扩张和城市旧中心区的衰退。为了处理各种超出单一学科范围的复杂问题，必须要找到设计学科（即建筑学与城市规划）的"共同基础"。然而，尽管一些人满腔热情而另一些人则持"保留"意见，大多数人还是认同城市设计在很大程度上已经成为具有城市思想的建筑师所主导的学科领域。

　　该观点的支持者认为，因为城市设计的一个重要任务是塑造城市空间和聚居区，所以它需要建筑师的专业技能。[3] 尽管如此，随着规划专业逐渐重新讨论几乎被人遗忘的物质规划，其在城市设计方面的侧重也日益增加。规划师认为，物质规划虽涉及许多问题，但仅承载了空间作用，而非建筑学核心，因此一种由建筑学主导的城市设计方法是有限的。与此同时，伴随着广大公众对诸如住房可负担能力、交通宁静化、邻里感增强和发展的包容性等日常问题的关注，公众将城市设计视为一个更友好的、比规划更具象的方式(规划作为一个自上而下的解决问题方式,从来没有完全摆脱其城市重建时代的形象)。因此,需要公共领域注重公共利益的规划师提供的优秀城市设计。

但是,正如一些作者所述,城市设计与景观建筑学最新的、最根本的(考虑前半个世纪)关系正在逐渐形成。如果不冲突的话,城市设计和景观设计一般都被看作是分离的活动。最初自称为城市规划师的主要是建筑师,他们将城市设计视为规划和建筑的交叉部分,通过它来调解和克服两者之间外在的差异。景观建筑师常被视为是以城市边缘为目标的,随着时间的推移,甚至被指责加速了城市分散化和郊区化的发展。许多人认为,城市设计必须首先关注其自身所肩负的更艰巨的现代建筑及变革城市宣言的使命,而不是潜心于自然物设计的柔和艺术,或是培育对生态系统的善意关怀。[4]

自称是景观城市规划专家的新兴一代设计师对此提出质疑,他们认为城市设计的思考并不只是唯建筑的形式至上,他们指出:"难道景观不是现代化大都市真正的黏合剂吗?"当一个人在任何一个现代大都市地区游览时,这一令人吃惊的命题变得不那么叛逆,与景观相比,从空中所观察到的建筑物所占比例其实很小。我们不再建设像平面规划图所展现的那种坚固城市,其中的开放空间是没有任何建筑物的,或者是由周围的建筑物形态所塑造的。虽然在方法论和项目上还是有点含糊,但"景观都市主义"的承诺是强有力的,因为它可以促进合理的土地利用、环境管理和场所营造的整合。

由于城市规划,特别是景观建筑学对城市设计日益增加的理智要求,使得近期该领域呈现出最令人欣慰的发展。考虑到城市化的复杂性,我们应将对城市设计的关注更聚焦于每一个设计学科的中心,并对半世纪前的城市设计先驱者们的直觉(如果还未行动)致以迟到的敬意。相反,越来越多的对城市设计问题的关注已迫使该领域对社会和自然科学的多个方面予以警醒,如对运输和土木工程、水和废弃物管理、区划和公共政策,以及早期主要考虑他人责任的其他区域。

历史场所和法则的捍卫者,抑或是现代化的代理者?

当你坐在威尼斯的小广场(Piazzetta)附近,关于城市现状或未来的清晰认识可能会模糊。除了多愁善感,你认为当代城市性究竟是什么?它看上去比这里的城市性缺少很多的满足感吗?是因为大小,不是整个城市而是个体元素吗?是因为功能的分枝,重叠纹理与细节的缺乏,活动的分割,汽车的侵入吗?是太多的新奇还是"缺乏人性尺度"?

请振作起来!你是在威尼斯——一个被游客和少量居民所包围的城市。本地经济来源于旅游业;空气差、水脏臭、城市在下沉。虽然人们顽固地认为它是可持续的,但并不符合任何环境可持续发展的标准。哦,可它竟是如此的美丽!

这种希望延续古老城市状况与清醒适应当代需要之间的冲突(没有反思"过去的好

时光"），充分体现了城市设计的辩证性。

在当前的流行语——"新城市主义"（New Urbanism）中，思考城市主义前缀"新"的意义是有必要的。那些对短语不熟悉的人可能会猜测到，这是对一种新的城市主义的称呼，有点大胆和前所未有，正如 20 世纪早期的现代主义运动领导者所追寻的。对新城市主义规划师而言，"新"指的是对传统城市主义的重新认识，是对郊区幻灭后的城市主义的回归；对另一些人来说，新城市主义的"新"可能是指城市主义的重新定位，一种（面对非常明确的证据）对低密度、城市边缘蔓延、机动车出行和功能分散化在这里保留下来的接受。因此，"新"可以指的是当代城市主义的独特状态：大型购物中心、办公园区、"边缘城市"、主题零售和娱乐综合体，以及其他一些必须得到创造性解决而以免被抛弃的历史上的陌生环境。

人们可能会猜测，这种意义的多样性是发明"新城市主义"这个术语的人所预期的，作为一个标语也是成功的。它将新的魅力与一个相反的趋势相结合：减少新鲜度，增加舒适度。城市塑造中对新的需求并不普遍（除了生活水平改善之外），当新的需求出现时，相对于形式上的变化更模棱两可。变化总是令人兴奋和不安的。正如，当文化受到新的产品和技术的冲击时，人的生活方式就会试图在其他领域内调整以缓和这种冲击。从传统角度看，家庭和社区在无情的外部环境变化中为我们提供了喘息的机会。难怪在商务、技术和贸易前所未有加速创新的时代中，人们总是对古老遗迹和过去的生活方式怀有浪漫之情。

因此，城市设计师会发现自己被困在两种社会期望之中：在成为传统城市主义精髓的保护者的同时，也需要通过创造性地应对现状来谱写我们城市的未来。

分权决策时代的专业知识传播

城市设计很少是一项个人艺术的展示，也不是独奏家们的舞台，项目由谁做根本不重要。城市设计最重要的业主并不总是幕前那些付账单的人。持有狭隘视野的城市设计师并不少见，他们对于这些情况毫无意识或漠不关心。当然，洞察力和想象力在应对城市问题中是十分必要，而且是值得赞赏的，但一厢情愿的设计愿景却使人困惑，常常无助于推进一个城市设计的理念，反而更令人沮丧。那些对城市设计的价值和可能性持怀疑态度的人，往往是难以妥协的人。

今天，在规划设计阶段，任何发展规划或区域规划都需要超越专业性的合作才能完成，这些合作者包括直接相邻房地产的业主、周围的邻居、遴选的官员、公共机构、反对者（时常会有）、投资者、金融机构和管理者，这些全部统称为"利益相关者"。在利益相关者开辟的浅滩上航行，也许就是追求城市主义复杂理念和目标的最大挑战。不幸的是，通常能够达成共识的目标并非那么野心勃勃。然而，城市设计师不应沉溺于对分散管理中不可预知性的绝望，而是必须学会更有效的合作，主动参与真正的跨学科，支持别人的观点，即得到大多数人认可的观点，而不是权宜之计的支持。但是，设计师拥有的这些技能并不总是有效的。有人指责这样的混乱民主化过程会产生平庸之才，而另一方面，广泛的社区参与，可以让更多的人提供对项目有实质利益的案例。[5] 经验丰富的城市设计师信奉一句格言，"展望需要人才，实现需要天才。"

本书的第一部分探讨了 20 世纪中期导致城市设计规程概念化的缘由。它以发表在《进步建筑》（*Progressive Architecture*）杂志上的 1956 年哈佛大学的会议记录摘要为开始。因为拥有一群声望受人瞩目的参会者，这次会议被普遍公认为对城市设计更广泛的探索提供了原动力，并最终首开先河地开设了哈佛大学的城市设计课程。

埃里克·芒福德（Eric Mumford）着眼于这次会议复杂的历史时刻，追溯了关于现代化城市的讨论，与此同时国际现代建筑协会（简称国际建协，亦为国际新建筑会议）中的改革派团体正开始分裂现代建筑学，如十次小组（Team 10）和何塞·路易·塞特（José Luis Sert）试图在城市主义的旗帜下联合现代主义运动，将发言权从欧洲转移到美国。[6] 理查德·马歇尔（Richard Marshall）在回顾了 1956 年首次举行的哈佛大学城市设计会议第九次会议后，似乎不满于这些会议上对城市相对简单的理解以及很多模糊的讨论，但他仍赞同这些会议对城市主义主题展示的贡献和持续进行这种对话的价值。从他对上海的优势角度（译者注：理查德·马歇尔现为 Perkins+Will 建筑事务所董事，国际实践策略总监，曾被同济大学邀请作为客座教授参与访问教学，并在中国参与过多个城市项目实践，对中国城市发展的问题有较为深入的研究），他意识到城市主义的讨论应该再进行一次，这一次应在快速城市化的亚洲举办。

第二组论文代表了三位不同的著名建筑师和规划师的观点，他们是丹尼斯·斯科特·布朗（Denise Scott Brown）、槙文彦和乔纳森·巴奈特（Jonathan Barnett），他们的职业生涯横跨 1956 年会议以来的半个世纪，通过理智观察他们自己的作品能引导城市设计的演变更国际化。也许是因为他们的年龄和经验，社会议题（致力于人的舒适与健康是设计的责任，这在早期现代主义运动中十分重要）在某种程度上渗透了他们思想，而年轻一代对此似乎从未如此直接地清晰表达。斯科特·布朗重新呼吁规划师和建筑师之间更大的互动，她坚信，二者都必须更多地与社会学家及其他研究人类本质和需求的学者们互动。作为论文作者中唯一参会者的槙文彦，表达了他持续致力于 1956 年的梦想：创建城市形态和场所的复杂网络，便于人们相互愉快地交流。[7] 巴奈特则比较了 1956 年和 2006 年以来，他提出了城市设计中三个基本职能的相对权重：开展环境管理，强化公共领域，促进社会交流。

　　第三组论文提出了城市设计实践者的角色和分类。我和胡安·布斯盖茨（Joan Busquets）的文章都着重于不同领域的行动，我亦称之为"许多领域的城市设计"。[8] 虽然布斯盖茨和我所列举的分类和重点不一样，但都强调城市设计师需要承担许多重要的角色。关于研究城市设计跨度所采取的方法，理查德·索默（Richard Sommer）总结评论了 20 世纪城市设计传统知识的关键之处，叹惜在当代实践中对理论的忽视，要求在当前及未来的实践者具备更严格的理论基础。[9]

　　第四组的论文由迈克尔·索金（Michael Sorkin）"城市设计正处在一个'死胡同'"的大胆断言下引领，揭示了当今工作中的一些竞争意识。索金列举了迎合最低要求的陈腐策略，对以往良好城市主义时代的虚假召唤，以及由市场主导而非城市主导的目标。索金特别关注了新城市主义者们，他们为索金呈现了当代主流实践的最新状态。

　　艾米丽·塔伦（Emily Talen）直接驳斥了索金的观点，认为他的评论文章最大的特点是对建筑师们的创造性和新颖性持有错误的信心，以及他对历史悠久的城市惯例不负责任的蔑视。她的批评有些苛刻，因为索金所提倡的环境管理的创新方式，是新城市主义者不能忽略的一个目标（但在实践中却经常被忽视）。但塔伦理所当然地认为，蔑视惯例是反城市的，是 20 世纪中期的现代主义者的致命弱点。这些人致力于改善城市，并认为城市生活将在自我抗争的历史和文脉中做出最终妥协，这正是在最后一组论文中彼得·罗（Peter Rowe）所述的观点。[10]

　　荷兰二人组米歇尔·普罗沃斯特（Michelle Provoost）和沃特·范斯第霍特（Wouter Vanstiphout）极不赞同市场中的墨守成规派（对他们来说是传统主义者），以及那些"国际先锋导演"，索金可能也名列其中。相反，他们提出了介于自下而上的平民主义和现代主义的伦理回应之间的中间道路。他们假设了一个不同类型的现代改革者，一种温和的形式赋予的权力，他的创新来自于保持倾听市民的共同愿望和日常生活的需要。

　　第五组的论文提供了处于死气沉沉的常规和不必要的创新之间的"第三条路"的改变。肯·格林伯格（Ken Greenberg）用第三条路来形容环境保护主义、创意型城市经济的促进和"共享领导"构成的三足鼎立的平衡状态。其后的论文作者通过接纳城市设计决策过程中不断壮大的参与者群体来支持丹尼斯·斯科特·布朗的说法，但要求比他们现在做得更好。蒂莫西·拉维（Tim Love）在探寻一个位置，"介于郊区反蔓延议程……和近期媒体关注的由世界著名建筑师设计的大型建筑项目"。他意识到在这两种极端的类型之间存在着许多房地产的操作；但他主要认为，设计者应避免通用解决方案的陷阱，他列举了一个盲目模仿的案例，即曼哈顿的炮台公园（Battery Park City in Manhattan）。按他的判断，在城市混合用地的开发中，炮台公园配不上它公认的地位。查尔斯·瓦尔德海姆（Charles Waldheim）的第三条路使景观都市主义备受关注。城市设计正在进行的，也许是不可避免的转变：从其与建筑学的长期亲密关系到接纳景观建

兹比（Zippy）漫画，原稿发表于 2001 年 6 月 17 日。经比尔·格里夫斯（Bill Griffith）许可再版。

筑学作为其最合乎逻辑的、同源的学科。[11] 约翰·卡里斯基（John Kaliski）提出了第三条路，正如他提醒我们的，在民主决策的时代中，随着时间的推移，共识和联盟建设中的技能不太可能减少，这种经常与专家的"洞察"一样宝贵的技能，代表的要么是创新，要么是传统。[12]

最后一组文章的作者和专题座谈会的参与者给予我们一个更为全球性的视野：在广袤的欧洲和北美以外的、以前所未有的速度参与到城市化的地区需求，并专注于超出传统的核心城市模型以外的新兴城市主义。这些作者要求我们提出与全球网络经济、数字通讯和变化中的文化结盟与对抗相适应的城市化模式的观点。他们强调基础设施和现代化城市服务的重要性，不仅是场所的营造，而是在于一种更严肃的、对环境的关注。爱德华·苏贾（Edward Soja）、彼特·罗和玛丽莲·泰勒（Marilyn Taylor），用他们独特的方式呼吁一种激进的远离公众的转变，在他们看来传统主义者和改革论者之间很难存在切题的辩论。

苏贾、罗和泰勒将我们的注意力重新聚焦于多数作者共享的视角，尽管他们的视角存在许多分歧。但为了更好地服务于城市世界，需要一个更广泛的对城市化过程和形式的认识，这远远超出了我们对已知优秀城市的理解。具有城市思想，意味着向拉斯维加斯、威尼斯和上海学习，但不能将它们混淆成一个未来城市化的通用方程式；具有城市思想，需要对能源和复杂城市活力的真正关爱，是要寻找这种活力中的灵感，而不是将其提炼为少数几种模式；具有城市思想，需要具有探究的敏感性和对多元输入的接纳——是的，需要成为一个多面手，一个综合的全才，而不是一个一知半解的外行人。

我以被西塞罗（Cicero）称为"最有学问的罗马人"瓦罗的话语开篇，结尾想借用兹比（Zippy）的漫画。我认为他的漫画转载于此是令人振奋的，不是因为其抵制城市扩张的思想（尽管它与后来大量的反扩张的言论一样有效），而是那些对比鲜明的图像，告诉我们什么是好的，什么是不好的。兹比认为，对我们有益的是这样一幅城市景象：

一个高密度的（相对于拥挤）、空间遏制的、活动交叠的地方，一个带着社会近邻承诺的地球上的特定地点。这实质上就是城市设计应当为城市群体所提供的。在 1956 年那个著名的会议上，时任匹兹堡市长的大卫·L. 劳伦斯（David L. Lawrence），他的市中心顺利进入了"城市更新"，其表达了类似的看法："文明社会不是一长列的乡村别墅，也不是循环往复蔓延的、不完整的、周边荒芜的卫星城景观。"本书旨在避免重蹈那些人口孤立聚集，建在一片荒芜之上的城市景观，并希望有助于塑造出各种为城市群体所喜闻乐见的环境。

注释

[1] 截至 1975 年，仅 1/3 的世界人口居住在城市地区。到 2007 年底，世界城市人口已占总人口的 50%，且预计以每年约六千万的速度增长，到 2030 年底将占总人口的 60%。数据来源：联合国经社理事会人口部《世界城市化展望》（2005 年版）United Nations Population Division, *World Urbanization Prospects: The 2005 Revision* (New York: United Nations, 2006)；联合国经社理事会人口部《2007 年度世界人口状况：释放城市人口增长的潜能》United Nations Population Division, State of the World Population 2007: Unleashing the Potential of Urban Growth (New York: United Nations, 2007)。

[2] 城市设计领域有大量的文献可以考据，其中不乏一大批为定义城市设计领域所做的努力及一些对 1956 年会议主旨深化的文献。例如：Christopher Alexander, Hajo Neis, Artemis Anninou, and Ingrid King, *A New Theory of Urban Design* (New York: Oxford, 1987)；Christopher Alexander, Sara Ishikawa, Murray Silverstein, *A Pattern Language: Towns, Buildings, Construction* (New York: Oxford, 1977)；Kevin Lynch, *Good City Form* (Cambridge, Mass.:MIT Press, 1981)；Kevin Lynch, *The Image of the City* (Cambridge, Mass.:MIT Press, 1960)；这两本凯文·林奇（Kevin Lynch）的著作中《城市形态》（*Good City Form*）是对《城市意象》（*The Image of the City*）中他首次提出的理论进行的提升。Ed Bacon, *Design of Cities* (New York: Viking Press, 1967)；Paul D. Spreiregen, *Urban Design: The Architecture of Towns and Cities* (New York: McGraw-Hill, 1965)；Patrick Geddes, *Cities in Evolution: An Introduction to the Town Planing Movement and to the Study of Cities* (London: Ernest Benn, 1968 [1915])；Camillo Sitte, *City Panning According to Atistic Principles* (New York: Random House, 1965 [1889])。

[3] 这一章的最后提到的 2006 年关于城市设计的讨论中，不少参与者仍然表达了"建筑学应当主导城市设计"的观点。鲁道夫·玛查岛（Rodolfo Machado）的论点也许是最好的阐述，他写道"城市设计将会因为我们最杰出最有远见的建筑师的直接参与而焕发活力。"

[4] 这种感性认知在某种意义上与 19 世纪中期弗雷德里克·劳·奥姆斯特德（Frederick Law Olmsted）一代为代表的美国传统背道而驰，却持续贯穿在伊恩·麦克哈格（Ian McHarg）的《设计结合自然》（*Design with Nature*, 纽约 Natureal History 出版社，1969 年出版）一书中。该书中将环境因素视为城市规划中构建解决方案的生成力。

[5] 对于更广泛的公众规划决策参与，社区宣传运动本身发起了大量的文献支持，也偶尔质疑 xviii
其底线，而这个问题的提出可以追溯到简·雅各布斯（Jane Jacobs）的《美国大城市的死与生》(*The Death and Life of Great American Cities*，纽约 Vintage Book 出版社，1961 年出版）。雅各布斯作为记者参与了 1956 年的会议，甚至有些人通过她对于会议的评论推断她当时已经在撰写这本开创性的书了。

[6] 对于那段时期更全面的讨论可参见埃里克·芒福德（Eric Mumford）的《在 CIAM 会议上关于城市主义的演讲，1928—1960》（*The CIAM Discourse on Urbanism, 1928—1960*，MIT 出版社，2000 年出版）一书；及安东尼·奥罗夫森（Anthony Alofsin）的《现代主义的挣扎：哈佛的建筑、景观建筑和城市规划》（*The Struggle for Modernism: Architecture, Landscape Architecture and City Planning at Harvard*，纽约 Norton 出版社，2002 年出版）一书。

[7] 槙文彦对于当代城市主义的观点形成，极大地受到他所参与的第一次和随后的几次哈佛大学城市设计会议的影响，可参见其于 1964 年在华盛顿大学建筑学院的内刊上（Special Pulication #2, School of Architecture, Washington University, St. Louis, 1964）发表的《集合形态的调查研究》（"Investigations in Collective Form"）一文。

[8] 参考胡安·布斯盖茨（Joan Busquets）和费利佩·科雷亚（Felipe Correa）主编的《城市十线：城市化项目的新镜头》（*A New Lens for the Urbanistic Project*，哈佛大学设计学院 2006 年出版）一书。

[9] 为城市设计奠定坚实的理论基础做出学术贡献之一的是欧内斯特·斯腾伯格（Ernest Sternberg）的"城市设计的综合理论"。参考 *Journal of the American Planning Association*, Summer 2000: 265-78。

[10] 这个观点是由安德雷斯·杜安伊（Andres Duany）简要提出的。杜安伊被要求提交一篇论文刊登在《哈佛设计杂志》（*Harvard Design Magazine*）2006 年第 24 期时，提出了"缓解年轻轻率之举：绅士重新发现城市主义"的论点，具体如下：

> 这个 1956 年城市设计会议到底是什么？它看似就是一群中年绅士聚在一起，试图挽回他们当年年轻时轻率之举的后果，比如几年前的 CIAM 会议上他们抛弃了城市主义。
>
> 到 1956 年，对城市主义持摒弃态度的负面影响已经愈见明显，而塞特则决定哈佛必须带领修正这些负面的后果。各项讨论在摸索修正的正确方向。哈佛不久将教授一种更好的城市主义，尽管它不及柯林·罗在康纳尔大学对于空间定义的重新发现。而在欧洲，十次小组（因为健忘）在艰难的步履之下将重建道路网络；罗西将重拾设计类型学的尊严；莱昂·克里尔（Léon Krier）将超越世俗质疑再一次提出完整的传统城市的提案。由克里尔打开了眼界，一个有组织的年轻美国人团体将开发技术来重新表现大批量、现代化的城市主义。他们将完成那些中年绅士们年轻时本该完成的任务（如果这些绅士们当时考虑清楚或者没有因一战的混乱而愤世嫉俗的话）。
>
> CIAM 的出现和分裂是 20 世纪建筑史的史诗篇章，但是随之而来的世界城市所遭受 xix
> 的持续破坏，以及各代居民幸福感的减退却不能让人雀跃。对我们所有人来说，没有这几位先生们和他们的会议会更好。

[11] 至此还未有一部成熟的城市景观学的文献。早期为了涵盖这个新兴的领域而做出努力的有：Dean Almy, ed., *On Landscape Urbanism, Center 14* (Austin: Center for American Architecture and Design, University of Texas at Austin School of Architecture, 2007); Charles Waldheim, ed., *The Landscape Urbanism Reader* (New York: Princeton Architectural Press, 2006); James Corner, *Recovering Landscape: Essays in contemporary Landscape Architecture* (New York: Princeton Architectural Press, 1999)。这是一部先驱选集，该作者詹姆斯·科纳（James Corner）被认为是运动的发起者之一。

[12] 这篇论文初次刊登在《哈佛设计杂志》2005 年春夏刊上。

关于城市设计意义的起源

第一届城市设计大会：摘要

3　大会摘要最初发表并选自《进步建筑》杂志 1956 年 8 月刊。参与者包括：
查尔斯·艾布拉姆斯（Charles Abrams），埃德蒙·N. 培根（Edmund N. Bacon），
简·雅各布斯，捷尔吉·凯派什（Gyorgy Kepes），大卫·L. 劳伦斯，刘易斯·芒福德
（Lewis Mumford），劳埃德·罗德文（Lloyd Rodwin），拉迪斯拉斯·塞戈尔（Ladislas
Segoe），何塞·路易·塞特以及弗朗西斯·范厄里奇（Francis Violich）。

何塞·路易·塞特（哈佛大学设计研究生院院长）：我们美国的城市，经过了一段高速
发展和向郊区的无序蔓延扩张后，是时候需要承担其在昔日城镇繁荣之时未曾认识到的
责任了。与此同时，城市规划已经发展成一门新兴科学；今天的城市规划师们关注于城
市的结构、发展和衰退的过程，并研究关于地理、社会、政治和经济等因素，正是这些
因素塑造了城市。

　　在该领域的研究和分析方法建立之前，我们已对所处城市存在的问题有了比以往任
何时候更多的了解。事实上，近些年的城市规划更多地强调科学性而非艺术性。这或许
是出于对过往实践的自然抵触，那时的城市规划是基于表面"美化城市"的理念之上，
只追求粉饰"橱窗"式的效果而忽视了问题的根源。城市设计作为那种城市规划的一部分，
4　仅仅是处理城市的物质形态。它应是城市规划中最具创造性的部分，从中可以发挥更多
的想象力和艺术创造力。但从某些方面而言，它也可能是最难和最具争议的部分。由于
要考虑所有这些因素，相较其他领域，城市设计的探索尤显不足。

　　随着建筑、景观建筑、道路工程及城市规划新理念的发展，已有的程式必须摒弃。
由于这些领域都有独立的发展变化，因此各个领域都试图建立一套新的原则和新的语言
范式。同样的，由于不同专业领域在发展中彼此更加紧密联系，因此在城市设计方面它
们有可能实现整合。

　　我十分相信，在经历了多年单独的甚至是孤立的工作后，现在我们将顺理成章地到

何塞·路易·塞特，1958年摄。
图片来源：哈佛大学档案馆。
哈佛年报出版社版权所有。

达一个整合的时代。如同管弦乐团里的乐器，城市设计中的各个要素在整体演奏中各司其职，单个乐器的竞炫无法达到和谐之音。我相信，我们已经意识到要解决城市设计的问题，城市规划师、景观建筑师以及建筑师只是更大的专家团里的一部分；但我同时也相信，由于这三个专业已经紧密联系在一起，更容易预先达成共识，在这之后，再与可能组成这个团队的其他专家讨论参与和合作的问题。

作为城市设计师，首先要相信城市，相信其在人类发展和文化中的重要性和价值。我们必须具有城市胸襟。近年来我们听闻了许多有关城市的恶行——城市成为滋生罪恶的温床：犯罪活动、青少年犯罪、卖淫、疾病，当然还有交通拥堵。人们向往着逃离城市并在城外居住；一切美好和健康的生活属于郊区居民。对于亟须解决的城市问题，早期的城市规划师视而不见。在此，我愿为城市申辩。

我们不可否认，存在一种兼有公民性与城市性的美国文化。如果没有波士顿作为中心，新英格兰地区不可能如此繁荣。如果费城、芝加哥和旧金山没有成为真正意义上的城市，成为文化、学习和商业的中心，今日美国将不会成为这般伟大的国家。尽管伴随着过于拥挤的贫民窟和无情的投机买卖，我们同样也拥有了伟大的学习中心、博物馆、医疗中心、娱乐中心，所有的这些都是城市文化的产物。

与他们的长辈相比，这个国家的年轻一代（或许他们更像其祖辈而不是父辈），郊区意识薄弱，因为他们已经意识到我们社区不受控制的扩张只能使问题加剧恶化，而解决的方案唯有从整体上重塑城市。其必经之路不是去中心化，而是重新形成中心。我相信，随着人们对城区问题的愈加关注，未来几年的趋势即将发生逆转。如果我们希望同心协力地让我们所居住的城市变得更好，如果我们不想让中心城区沦为仅仅是一个商务中心

5

或者交通中心，我们就必须了解人及其物质需求和精神诉求，从中找到我们设计的方法和导向。我建议所有和我一样关注城市设计问题的人们，将人作为考虑的核心，以尊重人的一切活动作为指导因素……我认为今天大家过于关注名声和个性了，相反，团队工作的可能性和益处则被低估了。我们对一切天才的杰作表示欢迎，但首先我们得致力于提升一般标准。最美丽的城市必然是那些更和谐、更统一，以及更具精神延续性的城市。置身城市之中，感受的不只是一座座孤立的纪念碑，而是在一个和谐而充满活力的环境中欣赏杰出建筑物所产生的愉悦。

劳埃德·罗德文：消费者所追求的是在郊区已享有的隐私、公共空间、优质的学校，以及更宽敞的环境，而当代的城市设计现状则是被大部分的购物中心和工业区所充斥，显得贫乏且毫无价值。生产者们，有时他们也更深谙其意，以"市场"的强制专横为名逃避其本应承担的主要责任。由谁，或应该由谁来引领城市设计的风骚呢？我本以为应该是城市设计的专业人员，但又有什么证据显示这些专业人员确实对当前的城市设计有所贡献呢？他们目前做了什么可以证明是胜任其应担当的角色呢？我怀疑城市设计是否因其薄弱的知识积累和艺术能力而退缩。那么大学和设计专业也难辞其咎。目前，城市设计甚少出现在一个典型的大学生的视线中；寥寥的规划和建筑学院的毕业生会遇到上述这些问题，更不要提与之搏斗了。我们生活在一个不同寻常的时代：我们能将所想的变成现实。在当代建筑或规划的过程中，如果设计行业可以点燃这个群体对高雅和大尺度城市设计的热情和洞察力，并且如果这种发酵作用能改变公众的品位，那么这种效应将成为最激动人心的力量，推进我们的城市嬗变为魅力和愉悦之都。不必去找替罪羊，解决方案就在我们自己的后院。

查尔斯·艾布拉姆斯：严酷的现实的是——建筑学的毕业生们用了长达六年的时间，城市规划师们则用了两年的时间，获取与城市无关的信息，但二者却对财务知识以及政府职能运作几乎一无所知。作为之前提到过的四次革命的后果，过时的规则、绝对的融资限制和城市区划法，这些才是城市命运的真正仲裁者。立法架构、金融暴政、社会和政治禁忌决定了我们房子的设计、产业的布局以及交通干道的强化。如果有人对此质疑，我想问他，是否知道在联邦住宅管理局（Federal Housing Administration，FHA）手册管理下的建筑师的独创性还剩多少？弗兰克·劳埃德·赖特（Frank Lloyd Wright）能将一个地价在每平方英尺（译者注：1 平方英尺 =0.093 平方米）5 美元，每间房间造价2 500 美元的公共住房项目，建得不像一个住房项目吗？在实行建筑物免税政策的纽约，建设覆盖面积越大，能享受到的免税就越多，那么史岱文森镇（Stuyvesant Town）到底是建筑师的过错，还是大都会人寿计算的自然结果？私人开发商是希望建造文明纪念碑，还是产出最大化？企业家是唯利是图，还是企求流芳百世？

捷尔吉·凯派什：今天我们都在谈论与周围世界的格格不入——事物的发展速度超越了我们的掌控，事物变得更大而复杂，使我们无法理解和管理。不知不觉地，那些旧的结构原则、旧的形象、旧的看待事物的方式已无法再适用处理这些大尺度的事物了。

拉迪斯拉斯·塞戈尔：那些早期紧凑型甚至拥挤的城市在乡村"爆炸"了。但是，这种分散化并未给密集开发的中心区带来任何缓解，而是很快又被笼罩在同样由机动车辆引起的交通和停车拥堵的阴影下了。

简·雅各布斯：规划师和建筑师们倾向于以一种常规的方式思考，如将商店看成是一个直接提供物资和服务的地方——商业空间。事实上，城市居民区中的商店是一种更为复杂的存在，它已逐渐承载了更多复杂的功能。商店是一种强有力的纽带，让城市邻里街区成为一个社区，而非单一的住宅区。有一家商店就有一位店主。根据房屋管理局规划师的说法，一个大型超市可以取代30个熟食店、水果摊、食品杂货店以及肉铺，但却无法取代30位店主，即使是一位都不行。

　　商店本身就是社交中心——尤其是酒吧、糖果店，还有简式餐厅。一个商店通常都有一处空白的门面。在这些门面里充斥着各种各样的与教堂、俱乐部以及互助社团有关的事情。这些店面内的活动有着难以估量的价值。这是人们塑造自我的地方。如果你是个无名小卒，你也不认识什么名人，唯一能让你被知晓的途径就是通过这些确定的渠道，所有这些渠道都始于墙上的小洞。它们开始于麦克的理发店，或墙上有小洞的"法官"的办公室，之后就被传播到托马斯·杰斐逊的民主俱乐部里，法瓦尼议员主持着那里的会场，现在轮到你上场了。所有的一切都是从闲谈中开始的。

　　上述过程的实质性规定是无法具象化的。当墙上的小洞消失时，将会发生不同的情况。如果你观察位于纽约的史岱文森镇，你就能清楚地看到一个结果：那里的发展现在被一条无规划、混乱的、繁荣的商业带所包围，且在史岱文森营房附近充斥了流动的随军人员。当然，一个好的规划师可以妥善处理这条带。除此之外，还有一个更加混乱不堪的区域，是另外一条带。这里有勉强度日的合作式幼儿园、芭蕾舞蹈班、自助式作坊、异国情调的小店，它们是构成一个城市巨大魅力的一部分。无论是以中等收入人口为主的史岱文森镇，还是以低收入人群为主的东哈莱姆区（East Harlem），都经历着这一同样的发展过程。

　　你知道这意味着什么吗？这是城市生活一些非常重要的侧面，即城市魅力。创造性的社会活动和老旧衰败地区的活力转变，这一切在新的计划下将无立足之地。这是一种很荒唐的情况，足以让规划师们颤抖。这一切在程度上可以变得更好或更坏。引进购物中心，按照合适的地理位置及人口规模规划邻里单元，混合不同收入人群的居住及不同

9

10

简·雅各布斯，1961 年摄。
图片来源：commons.wikimedia.org

房屋类型的使用，密切关注推土机的动向，这些都是基本的做法。即使没有太多的诉诸行动，已经有人在思考这些问题了。

我想增加四条建议。首先，回去看看那些充满活力的老城区。请注意那些有门廊和人行道的房屋，以及这些门廊和人行道是如何归属于那里的人们的。客厅是不能替代的，这是一个不同的设施。第二点，我认为规划师必须更精明地设置商店的分区和布点。幸运的是，在零售行业，如果给予机会，经济效益和社会效益可以达到共赢。第三点，建筑师必须最大限度地利用社会设施，诸如洗衣房、邮政信箱、成年人结伴消遣场所等，这些看上去无足轻重的便利设施的社交功能可以被更好地提升而不是降低。第四点，我们必须更加关注户外空间。仅让光线和空气进来是不够的；仅将闲置的空间当作一种画架来展示建筑物的艺术美是不够的。在很多的城市发展规划中，未建设的空间是一个重要的切入点。

斯托罗诺夫（Oscar Stonorov）、格鲁恩（Victor Gruen）和山崎实（Minoru Yamasaki）底特律的格拉希厄特重建规划（The Gratiot Plan，未建），贝聿铭的华盛顿西南区规划，以及费城的一些项目，如路易斯·康的米尔克里克规划（Louis Kahn's Mill Creek），都非同寻常。户外空间至少应该和贫民窟的人行道一样具有活力。我认为，在将郊区引入城市的话题讨论中，我们被严重误导了。城市有其独特的优势，而我们却不遗余力地试图攻击它，并将其套入一些非城市的不恰当的模仿之中。在城市重建中，出发点必须厘清是否可行，是否有魅力，最重要的一点是能否为城市生活带来活力，这些都是首要的素质，即必须给城市带来新的决心、价值和快乐。

11

埃德蒙·培根，20 世纪 50 年代摄。
引自《城市的设计》（*Designs of Cities*），
埃德蒙·培根著。摄影：James Drake。

刘易斯·芒福德，1957 年 12 月摄。
图片来源：Bettman/Corbis。

刘易斯·芒福德： 如果这次会议什么也没做的话，那至少还可以回去说：真是愚蠢之极，以摧毁一个亲密的社区结构为代价来建立一个物质结构。接着，我们将会更好地思考诸如此类的项目，正如我常在建筑学院的绘图板上看到的。首先会不惜任何代价去保留亲密的社区结构，然后，去寻求与之相适应的现代形式，使之能以充分经济的方式为商店店主和其他人所接受。

弗朗西斯·范厄里奇： 从这次大会中我们可以推断出这样一些观点：首先，一群相互冲突和重合的权威，正如我们的 30 号案例；第二点，工程意识占主导地位；第三点，政治——即这些当选官员的决策取决于给予其最大压力的利益团体，而并非来自于技术或专业层面的判断；第四点，"开拓精神"；第五点，城市设计的文化框架的基本缺失（这是前几点的基础）；第六点，传统专业介入城市设计的缺失（在这里批评美国建筑师联合会（AIA）和美国规划师协会（AIP）作为专业组织在这件事上的不作为）；最后一点，也是最重要的一点，在城市设计层面协调三维规划的技术缺失。

埃德蒙·N. 培根： 美国国会拨款十亿美元来创建一个新的城市环境的举措令我们所有人责无旁贷。但问题在于，当我们千辛万苦地清除了旧的环境，重新安置了成百上千户

12

家庭，当我们把十亿美元消耗殆尽后，这个新的环境是否值得这些付出？无论我们从理念还是从人的层面去审视对于城市设计所做的准备，我们都必须心怀顾虑地暂停一下。我们有三个主体：规划、建筑及管理。而我们所缺失的正是将它们作为一个整体进行运作的能力。

　　建筑师在设计建筑单体时已几乎穷尽才思，而规划师则热衷于创造一些宏大和非物质的概念，比如区划、土地利用控制、密度准则和标准。管理者和政策制定者，即城市环境基本形态的真正设定者，通常将所追求的建筑层面放到最后考虑……我们必须承认，迄今为止我们多数的努力都在个体项目中，这仅仅只触及了问题的极小一部分。我主张在一个公平、统一准则的基础上，使用剩下的五亿美元里的较大部分创立一系列拨款项
13　目，在老旧社区中均匀地兴建一些公共空间核和林荫道。这将避免在"邻里街坊"之间人为地制造分隔界限，即便邻里本身也并非是固定的……关于公共政策制定中谁占主导地位和政策形成过程中行政管理的重要作用，对建筑专业思考而言都是陌生的概念。规划师通常将建筑实体结构的设计作为一个细节考虑，管理者则更多地考虑特定的项目和流程，而不是潜在的相互关系。我们所需要的是"建筑师—规划师—管理者"三者的结合，如果我们能够做到了这一点，我们才可能拥有真正的城市设计师。

塞特：一个人在该领域工作越久……越坚信：我们不能按简单的公式而无限期地重复工作。如果我们希望给城市带来生活气息，我们就必须拥有正式的和非正式的，个人的和不朽的各种元素。如果每个小地方都要像纪念碑式的不朽，那么最终我们在市中心就根本看不出任何意义了。因此，任何事物都关乎一个规模以及规模之间相比照的问题。现在我们意识到新的城市呼唤一系列新的元素——所有的事物都将不再是原本的样子……
14　在这里的展会上，匹兹堡、费城、芝加哥以及其他城市展示了一些现有的成就，这些都是 20 年前已预测的乌托邦结果。如今这些乌托邦变成了现实。

大卫·L. 劳伦斯（匹兹堡市市长，来自 1956 年 5 月起点意义的会议上的发言）：或许，城市在技术上是过时的；或许，明天的世界并非属于郊区居民，而是他们的同族人，退一步而言，是那些前任的郊区居民。但在我们的设计中并不这样认为。我们认为，文明不是一连串乡村别墅，也不是在荒芜之中贯穿着碎片化的卫星城景观的蔓延。我们认为，必须有一个中心。在那里，最高端的技术可以融合，思想和服务可以相互交流；在那里，稀有之物和魅力之物可以得到升华；在那里，管理艺术得以实践，以应对各行业和政府日益增长的复杂需求；在那里，人们对于和同类交往的愿望可以得到满足。这一直以来就是我们设计匹兹堡这座城市所秉持的理念。

在国际现代建筑协会（CIAM）分裂中兴起的城市设计

埃里克·芒福德

20世纪50年代城市设计在哈佛的发展，与十次小组对于国际现代建筑协会（Congrès 15
Internationauxd' Architecture Moderne，以下简称国际建协/CIAM，1928—1956）的
挑战，通常被认为是两个独立的现象。前者主要被认为是学术方面的实践，其最终的结
果未明；后者则被认为是一个主流文化变迁的开始，直接开启了20世纪60年代的波普
艺术和反传统文化。尽管城市设计依旧作为一门学科而存在，但学科的内涵在不断地被
重新定义；尽管其最后的会议终结于1981年，可十次小组这一段历史被学者们津津乐道。
随着极富魅力的来自欧洲的主角的登场，诸如艾莉森和彼得·史密森夫妇（Alison and
Peter Smithson）和阿尔多·范·艾克（Aldo van Eyck），十次小组无疑成为一个值得
研究的对象。城市设计在哈佛的历史则是另一个故事。其中的主要倡导者不乏一些赫赫
有名的人物，如美国历史上的何塞·易斯·塞特（1901—1983）和西格弗里德·吉迪恩
（Sigfried Giedion，1893—1968），他们常被认为是第二次世界大战之前对建筑学作出
最卓越贡献的人物。他们在哈佛的活动现在只能引起传记作家们、他们以前的学生和同
事们的兴趣了。然而，回顾颇受争议有城市设计"奠基之父"之称的塞特的城市设计思想，
可以清楚地发现，两个看似分歧的语境（即城市设计和十次小组），其内容实质上是互 16
相交叉的，而两者对于今日的学科领域仍有紧密关联。

十次小组起源于国际现代建筑协会（CIAM），那时塞特担任会议主席和哈佛大学设
计研究生院院长。塞特和十次小组的成员（其成员常变，其中包括艾莉森和彼得·史密森，
范·艾克，乔治·康迪利斯（Georges Candilis），沙得拉·伍兹（Shadrach Woods）和
雅各布·巴克马（Jacob Bakema）共同享有由国际建协定义的关于"建筑—规划师"的
理念：即能让城市主义的各个相互关联的部分有机结合，而非专注于任何单一部分设计
的人。今天，尽管这个理念未被普罗大众所接受，但已广为设计师们认可。由国际建协
共同发展的这一理念，集合了塞特和十次小组成员的思想，而在20世纪30年代初期
也曾由勒·柯布西耶（Le Corbusier）和来自荷兰、德国和苏联先锋派的成员提出过。

塞特，1931 年至 1936 年担任加泰罗尼亚国际新建筑会议领导者之一，他一直努力将这一理念引入巴塞罗那。在那里，他和加泰罗尼亚当代建筑与设计联盟（GATCPAC）的其他成员致力于重建西班牙的主要工业城市。他们认为现代城市设计的宗旨在于改善大多数人的生活条件。加泰罗尼亚当代建筑与设计联盟在巴塞罗那的马西亚计划中提出了解决过度拥挤、不卫生的住房条件以及工业基础建设需求的方案。塞特将此方案作为国际建协所倡导的"功能城市"的一个范例，发表于他在 1931 年至 1937 年参与编辑的 GATCPAC 的学术期刊《AC》（*documentos de actividad contemporánea*）上。[1]

1939 年，受西班牙佛朗哥政府迫害而流亡纽约的塞特，依然致力于将国际现代建筑协会的理念发扬光大。在他的《我们的城市能够存活吗？》（1942）一文中，他首次用英语以简短概括的形式发表了著名的 1933 年第四届国际新建筑会议（CIAM）的成果。随后，塞特的城市化理论进入了第二个阶段：一方面继续将国际新建筑会议的关注点集中在满足大众需求的大规模的重新规划上；但是，另一方面可能是为应对北美城市的不同情况，新增了对步行区的考虑，以满足社交及政治集会的需求。

1943 年，塞特和吉迪恩还有法国画家费尔南德·莱热（Fernand Léger）共同发表了一份声明《纪念性的九个要点》（"Nine Points on Monumentality"），呼吁对于纪念性象征性表达和集会的"人的需求"给予新的关注[2]。一年后，塞特发表了一篇论文《城市规划中的人文尺度》（"The Human Scale in City Planning"，1944）[3]，主张基于"邻里单元"的原则重新规划都市区域，这是一个以学校和其他当地的公共设施为中心的步行可达区域，以此抵制美国城市方兴未艾的"蔓延"。

"邻里单元"的概念在 20 世纪 20 年代由英国和美国的建筑师们发展起来，并在 20 世纪 30 年代在美国得到了诸如刘易斯·芒福德和埃利尔·沙里宁（Eliel Saarinen）等名人的大力提倡。这个概念普遍运用于新的近郊发展规划中，直到现在依旧如此。塞特的重要贡献在于，他不仅接受了这个规划的框架，而且开始倡导城市步行生活的文化和政治的重要性。恰恰也是在那个时期，白人中产阶级蜂拥搬迁至郊区，许多企业和联邦政府都认为这一迁徙运动是可取的，也是不可避免的。超越早期国际现代建筑协会以"大众兴趣"为基础的重新设计城市的尝试，随着对步行的城市"核心"的崭新关注，塞特最终发展出了城市设计这门学科。于是，与十次小组殊途同归，城市设计也从 20 世纪 50 年代中期的国际现代建筑协会中分离出来。

城市化 vs 郊区化：城市设计的兴起

20 世纪 50 年代初期，城市设计这个名词首先是由塞特和吉迪恩介绍给哈佛大学和公众的。塞特似乎是在 1953 年的一次讲课中首次公开使用了"城市设计"（Urban

Design）这个名词，就在他被哈佛大学任命为设计研究生院院长后不久。当时是在华盛顿召开的美国建筑师联合协会（AIA）大西洋中部区域的会议上，塞特在一系列 AIA 专题讨论会上做了发言，题为"建筑师、城市设计及城市更新"[4]。该会议由华盛顿的规划师路易斯·贾斯特门特（Louis Justement）主持，研讨会的演讲嘉宾包括乔治·何奥（George Howe）、乔治·福尔摩斯·帕金斯（George Holmes Perkins）、亨利·丘吉尔（Henry Churchill），以及前田纳西州流域管理局规划师、时任联邦国防动员办公室城市目标部主任的特雷西·奥格尔（Tracy Augur）[5]。塞特的发言似乎是最后一分钟追加上去的。他在演讲开始就赞扬了华盛顿是一个"以建筑为本进行规划的中心"，在那里，人们可以"在建筑中赞叹城市的重要性，建筑物之间互相关联，建筑物与所环绕的公共空间互相关联，城市在一个规划的环境中被精心设计和建造。"他随后批评了"最后一代的规划师"：认为他们"对我们所称的市区视而不见"，因为那里有着"非人性的尺度、交通拥堵、空气污染、过度拥挤，等等。"其结果是"郊区化更甚于城市化"，城市变成了一个"孩子们遭碾压、成年人被灌醉，一个当你结束了一天的工作后就迫不及待想离开的地方"。[6]

18

与自 20 世纪 20 年代以来的所有前辈们形成鲜明对比的是，塞特认识到这种情况是可纠正的。他预见到：建筑师现在面临的挑战将是在现有的城市中心中如何"操作大型的城市综合体，将城市规划、建筑和景观建筑整合起来，形成一个完整的环境"。尽管当时美国的政治环境或许使塞特无法明确这个新的城市环境究竟是为谁而建，然而国际现代建筑协会的城市主义理论却立足于城市重组的目的，是为了更好地满足工薪阶级对于更好的住房条件、更有效的商业基础设施，以及更多机会能在城市附近享受大众娱乐的需求（这暗含了初期环保意识的觉醒）。这也与柯布西耶倡导的一致：在绿化带中建造宽敞间隔的建筑群，取而代之密集的传统城市建筑肌理。塞特并没像加泰罗尼亚当代建筑与设计联盟在 20 世纪 30 年代那样去谴责旧城中心的超高密度，而是附和了刘易斯·芒福德的话："我们的文化是关于城市的文化，是市民的文化。"城市中心区诸如"雅典卫城、圣马可广场和协和广场"，被塞特誉为是"一个恒久重复的奇迹"。与我们如今主要是从游客角度的观察方式不同，他把这些场所看作是空间和功能的范式，为行人提供面对面交流的空间。他认为，这些场合是唯一能够让市民文化（我们今天所称的市民社会）得以延续，并能够抗衡以大众媒体为基础的政治所产生的日益集中和非民主力量的场所。[7]

《建筑实录》（Architectural Record）期刊以"城市何去何从？"为题报道了此次会议。[8] 塞特的谈话被描述为辩论的一方，另一方则以城市和田纳西州流域管理局规划师特雷西·奥格尔（Tracy Augur）为代表，他表示，"在我看来，防御因素，应该是城市规划中首要的考虑因素"。幸运的是，奥格尔认为，"用来减少城市抵御原子弹袭击脆弱程度的空间标准正好也适用于城市规划师对更加宜居目标的追求"。奥格尔坚持这个主张多年，他详细阐述了他的观点，对于远程轰炸机携带的原子弹，"城市中心最易成为攻击目标"。取代继续在城市区域建设，奥格尔认为我们应该"直接引导新建筑的建设形成分散的城市模式，而这些小型而高效的城市更适应现代生活的需要"。[9]《建筑实录》期刊报道了塞特反驳奥格尔的观点时说，"你不能去扰乱城镇的历史格局"。塞特反对大规模的分散建设，但他建议可通过修建外围的购物中心和市区周边停车场以减少城市交通的拥挤。随着对中心城区再开发的关注，这些建议为未来几十年的许多中心城区的"城市更新"确立了方向。[10]

19

这场泾渭分明的辩论，在塞特关于城市设计的定义与奥格尔及其他人所倡导的鼓励分散化的花园城市规划理念之间展开，而这种花园城市规划在罗斯福新政时期被广泛采用。以塞特为代表的现代主义城市化思想，在20世纪20年代得到了法国的勒·柯布西耶以及德国左倾建筑师的进一步发展，他们主张将密集的19世纪劳工阶层的居住区，改建成一种新型的住宅和工作场所，而它们常常位于城市的边缘地区。

与勒·柯布西耶及很多国际现代建筑协会的其他成员所不同的是，塞特看到了步行城市生活的优点，也就是今天我们所定义的"城市"内容，而不是郊区，那种或多或少

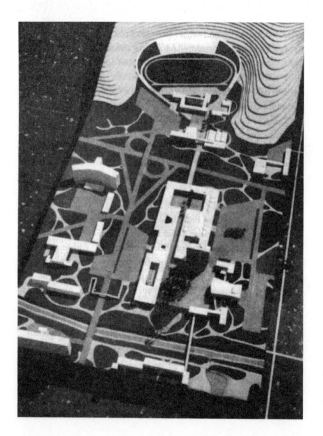

巴西汽车城市民中心模型，该项目由保罗·莱斯特·维纳、保罗·舒尔茨及何塞·路易·塞特合作，1945年摄。
引自《当代建筑十年》（*A Decade of Contemporary Architecture*），西格弗里德·吉迪恩著。

纽约洛克菲勒中心屋顶上的简·哈尔斯曼
（右）与萨尔瓦多·达利的服装设计，
1953 年摄。
图片来源：Philippe Halsman/ 玛格南图片社。

的由汽车主导的环境。而这正是被 CIAM 以及罗斯福新政的规划师所倡导的。对于设计这种步行城市空间，塞特从 1944 年以来就一直强调使用"人的尺度作为基本单位"的理念，这与勒·柯布西耶不谋而合。两者都认为，"人的自然框架"已被大型的当代城市所摧毁，因此，这些城市难以"为人类交往提供便利，从而提高其人口的文化水平"。尽管在功能上与传统的城镇广场相似，塞特倡导的新的市民中心将是"一种全新的形式和内容"，而绝不会是对过去的复制。[11]

从 1941 年至 1958 年，塞特和他的 TPA 事务所（Town Planning Associates）合伙人保罗·莱斯特·维纳（Paul Lester Wiener）以 1945 年的巴西汽车城项目作为开始，就已经在拉丁美洲的项目中设计这类市民中心了。尽管在这个项目中，最基本的规划概念依旧是立足于典型的国际现代建筑协会风格，即宽敞分割的板式住宅楼，类似于勒·柯布西耶在法属北非未实施的 1934 年内穆尔计划（现在的盖兹瓦特，阿尔及利亚）。[12]在这个汽车城项目中，塞特和维纳加入了市民中心元素，这可能是从埃利尔和埃罗·沙里宁（Eliel and Eero Saarinen）在底特律地区的同期作品中获取的灵感，即行人可自动进入的市民中心。从 1947 年的第六届国际新建筑会议开始，塞特用他的汽车城项目以及之后的拉丁美洲城镇规划项目，唤起国际现代建筑协会对人类的尺度问题和现代主义的城市步行"核"设计的关注。

塞特关于市民中心的理念与吉迪恩的观点并驾齐驱。作为国际现代建筑协会 1929

20

年至 1956 年的秘书长，吉迪恩与塞特在 1929 年就已相识。在 1937 年的一篇论文《我们需要艺术家吗？》（"Do We Need Artists?"）里面，吉迪恩提出，在一个现代社会，艺术"已经融入于生活……这意味着艺术的表达将不需要任何理由，而不仅只是作为盛放我们情感的容器。"他认为，"每个人都向往一种环境，那是他内心欲望的象征或折射"。[13] 塞特和吉迪恩所倡导的新的纪念性形式给予现代建筑师的启示是：尽力在功能性重组的城市环境中去创造一些场所，让艺术可以满足吉迪恩所定义的一种集体表达的欲望。其成果将形成象征性的空间，用以组织情感、行动模式以及生活与工作场所。在《空间，时间和建筑》（Space, Time and Architecture，1941）这本书中，吉迪恩已经建议"空间组织和形塑处理"这样的地方在纽约洛克菲勒中心要预先考虑。[14]

20 世纪 40 年代，塞特和吉迪恩的实践活动受勒·柯布西耶（也许还有沙里宁）作品的启发，形成了一种关于中心城市建筑设计的新方法。1949 年，塞特主持了在意大利的贝加莫举行的第七届国际新建筑会议。贝加莫是个古老的中世纪城市，他对比了贝加莫与那些因无序发展和缺乏计划而陷入混乱的现代大城市之间不同的"人的尺度"。他认为国际现代建筑协会的工作就是一种对现状的"精神反叛"，应努力去矫正建筑和城市化领域所面临的困惑。[15] 1950 年的春天，塞特和维纳说服了勒·柯布西耶同意将"城市的心脏"定为 1951 年举办的国际新建筑会议的主题。当时，他们三人都致力于波哥大总体规划（Bogotá Master Plan）。[16] 勒·柯布西耶推荐了英国的国际现代建筑协会成员，即现代建筑研究小组（Modern Architectural Research Group，MARS）作为此次大会的主办。在杰奎琳·蒂里特（Jaqueline Tyrwhitt）[17] 的指导下，现代建筑研究小组组织了第八届国际新建筑会议，会议于 1951 年 7 月在伦敦附近举行，主题为"城市的心脏"。

塞特未发表的第八届国际新建筑会议的开幕词，与他已发表的更为著名的版本有所不同的是：他认为顺应"城市去中心化趋势"，"城市中的大多数人已经郊区化"。[18] 因此，"如果想要对我们的城市做点什么的话，我们就必须再一次地谈到市民以及城市（civic and urban）"。对于塞特来说，唯一的"生活在城市里的优势"就是"让人们聚首，交换想法，自由讨论"；在新兴的郊区，"新闻、信息、视觉、或图像"都来自电视（20 世纪 50 年代开始普及）或广播，因此，"一个人仅能看到别人欲展示的，仅能听到他人欲告知的"。塞特认为这是"极度危险的"，因为在未来，"生活在郊区的人们将只会听到或看到"那些主宰的媒体"希望他们看到或听到的内容"，这会直接干预到"我们的选择，以及我们选择的自由"。

由于"城市已然变成过度膨胀的庞然大物"，塞特希望国际现代建筑协会建立一个"核心的网络"，以便将步行中心周围的广大城市地区重新中心化，让人们聚集起来。塞特相信，这些核心将会容许人们集会和讨论，去"讨论所有那些对我们生活方式而言极其重要的东西，如果我们相信将要继续在城市生活"。这些应该由"一个专业团队"来规划，他所指的是以"社会学家们为主",尽管他补充到"也许由我们自己来开始这一探索也无妨"。关键之处在于要将中心城区专属行人的理念广泛应用,这样"从最大的到最小的,核心是营造一个步行的天地"。

由蒂里特起草的现代建筑研究小组(MARS)写给大会的正式邀请函中,将核心概念与国际现代建筑协会的四项功能以及大都市的"五级量表"联系了起来。国际现代建筑协会的四项功能分别是居住、工作、交通及娱乐。大都市的"五级量表"分别是:村庄或者原发的住宅群、小型街市中心或邻里街坊、城镇或城市区域部分、城市或大型城镇,以及拥有数百万人口的大都市。所有这些都必须拥有属于自己的核心。[19] 塞特认为,还应存在一些其他的通用原则,因为气候上"各国不同","生活的标准、方式、风俗及诸多其他因素"各异。在他的结束语中,他引用了西班牙哲学家何塞·奥尔特加·加塞特(José Ortegay Gasset)在《大众的反叛》(The Revolt of the Masses)[20]里关于城市广场的人类中心重要性,同时补充道:"在我们研究了将露天场所带入城市之后,我们还是觉得有在其中某处加入市民空间(civic space)的必要。"

塞特、十次小组以及哈佛城市设计,1953—1957 年

就在 1953 年塞特担任哈佛大学设计研究生院院长和建筑系主任之前,国际现代建筑协会内部已出现了分裂。"年轻的成员"组成的十次小组开始质疑国际现代建筑协会的四项功能分类,进而挑战瓦尔特·格罗皮乌斯(Walter Gropius)、塞特、吉迪恩、蒂里特和他们的盟友对于这个组织的控制。与此同时,国际现代建筑协会的所有成员一如既往地分享一个理念,即建筑学和城市规划"没有分界线"。[21] 他们也认可吉迪恩所说的"空间想象"可以塑造建筑环境,它是"这样一种可以处置空间中各种体量的想象力,通过不同的结构、不同的大厦之间所产生的新的联系,从而达到一个新的合成,一种象征的整一性"。[22]

在吉迪恩撰写于 20 世纪 50 年代早期的论文和《新建筑学的十年》(A Decade of New Architecture,1951)一书中,他列举了这种方法的大量例子,涵盖了伊姆斯独户住房的胶合板椅、弗农·德玛尔(Vernon DeMars)、理查德·努特拉(Richard Neutra)、阿尔瓦·阿尔托(Alvar Aalto)、密斯·凡·德罗(Mies van der Rohe)的住房综合体和其他的一些公共建筑、邻里单元及"城镇的核心"的范例。[23] 尽管吉迪恩的这些国际现代建筑协会的示例被建造出来的寥寥无几,但也就在这一时期,塞特的核心理念以不同的方式开始真正体现在实际的项目中。

彼得罗·贝鲁奇(Pietro Belluschi)、莫里斯·凯彻姆(Morris Ketchum),以及后来的维克多·格鲁恩、贝聿铭设计的郊区购物中心,开始将核心理念运用在 20 世

四五十年代初期快速分散化的美国大都市地区中。不久以后，贝聿铭为开发商威廉·泽肯多夫（William Zeckendorf）在丹佛、华盛顿、蒙特利尔等城市项目中开始设计现代主义的混合使用的步行中心区。塞特拟邀请贝聿铭在哈佛设计研究生院授课，但贝聿铭因项目太忙而分身乏术，[24] 格鲁恩则应邀在最初的两届哈佛大学城市设计会议上发言。在 1961 年的《美国城市的形态》（"The Shape of the American City"）一文中，塞特和蒂里特建议："也许一些新的购物中心能给什么是'精心设计的聚会场所'提供一种思路"。而第七届哈佛大学城市设计会议（1963）就聚焦了"购物中心——城际活动的核心"的主题。[25]

但是，在国际现代建筑协会内部，塞特倡导的核心理念作为国际现代建筑协会城市主义的中心内容受到了十次小组的质疑。十次小组摈弃了国际现代建筑协会城市主义的基础功能，并揶揄这些哈佛教书的国际现代建筑协会"教授们"，如史密森夫妇在 1955 年描述格罗皮乌斯、塞特、吉迪恩、蒂里特的那样。[26] 取而代之四项功能，十次小组在第十届国际新建筑会议上提出了"人际交往"的概念，探讨在一个"领域"里的"交际规模"，而由帕特里克·格迪斯（Patrick Geddes）组织的河谷研究，成为项目分析的基础。[27] 史密森夫妇借助了格迪斯关于社区与其环境之间关系的图解，试图将国际现代建筑协会在城市重构中的功能主义转变为追求更无形的规划目标，即致力于将人类活动与其周边的自然更紧密关联。他们有意地使用很宽泛的术语，以便可以包容在国际现代建筑协会里面展示的各类实际情况，当时国际现代建筑协会的成员包括了来自欧洲、北美洲、加勒比海、亚洲、法属北非等超过 20 个国家的组织。

十次小组建议替代国际现代建筑协会功能主义的术语，基于一套产生于战前劳工阶级政治运动的分类，一套源自最直接经验之上的关系，在他们看来更接近于战前西欧人的立场。取代国际现代建筑协会的"四项功能"，即居住、工作、交通和娱乐，史密森夫妇提出了一套由环境所决定的条件来组织国际现代建筑协会项目的比较分析，范围涵盖了从乡村里的独立小屋到密集城市环境中的大型项目。[28] 塞特、吉迪恩、蒂里特为了回应十次小组提出的挑战，在哈佛进一步发展了"城市设计"的概念，并创立了一个国际主义城市的方向以区别于国际现代建筑协会的成员，因为后者正越来越多地受到来自欧洲的十次小组理念的影响。

1954 年，塞特还邀请吉迪恩在哈佛大学设计研究生院督教更多的历史课。城市设计这个名词首次出现似乎是在吉迪恩 1954 年秋季的"城市设计的历史"课程上。这门课程可能是对他在耶鲁和麻省理工的"城市中心"讲座内容的进一步深化，所使用的教材包括了他在第八届国际新建筑会议上的"核心的历史背景"讲座。[29] 它的观点与吉迪恩同期的文章紧密相关，吉迪恩也重申了市民中心的社会性需求，并把市民中心放入一个可溯源的历史谱系之中。在他的文章《文艺复兴时期城市的空间和元素》（"Space and the Elements of the Renaissance City"）中，吉迪恩强调了文艺复兴时期是如何塑

25

造城市空间的，并以米开朗琪罗重新设计的罗马的卡比托利欧广场（the Campidoglioin Rome）来佐证。[30]

在另外一篇文章《城市生活的人性化》（"The Humanization of Urban Life"）中，吉迪恩则追溯了"住房运动的社会性和审美性"之间联系的发展，从1919年的荷兰到勒·柯布西耶的马赛公寓，他认为"集合的家庭住宅对城市设计贡献良多"。他随后敦促"当代建筑的第二个阶段"需要关注"城市生活的人性化"，这其实是综合了柯布西耶式的住宅类型和步行中心的城市公共空间，以塞特和维纳在拉丁美洲（如秘鲁的钦博特）所做的城镇中心为典型。[31] 他从米开朗琪罗的卡比托利欧广场案例得出结论：城市民主的形式实际上是由一个专制政权所建造的。吉迪恩或许已经意识到某种新兴的矛盾：在国际现代建筑协会试图设计以行人为本的城市架构以顺应民主的新的社会性导向，与战前世界的真实现状之间是存在冲突的。

然而在哈佛，这样的质疑因为塞特和吉迪恩开始创设城市设计这门新兴学科的基础而被一度搁置。虽然哈佛环境设计工作坊的很多合作项目与国际现代建筑协会早期的项目类似，而且与前任院长约瑟夫·赫德纳特（Joseph Hudnut）和建筑系主任瓦尔特·格罗皮乌斯提出的概念非常相似，[32] 但在塞特时代的哈佛设计研究生院中也开始出现了其他声音。波士顿的建筑师让·保罗·卡尔汗（Jean-Paul Carlhian）当时执教一门"城市的设计"课程，另一位建构主义雕塑家瑙姆·加博（Naum Gabo）和塞特的同事约瑟夫·扎莱夫斯基（Joseph Zalewski）则共同执教"设计研究"课程。[33]

在1954—1955年间，意大利的国际建协成员厄内斯托·罗杰斯（Ernesto Rogers）以访问学者身份指导一个设计工作坊，并在哈佛讲授"建筑构图原理"。[34] 在第八届国际新建筑会议上关于"核心的视觉表达"的讨论上，罗杰斯拒绝区分"永恒的艺术和临时的艺术"。他

26

康涅狄格州哈佛市的宪法广场，约1960年摄。引自《城市环境的中心》（*Centers for the Urban Environment*），维克多·格鲁恩著。
摄影：Peter Mohilla。

说："每当我们划下一条线，我们就应该让它永远存在。"[35] 在他著名的卡萨贝拉宣言（Casabella Manifesto）里，阐述了这一立场。"连续性，"他强调，"如果不是植根于传统，没有任何工作可被称为真正的现代"[36]，这也体现了战后意大利现代主义的一种强烈的"文脉"倾向。

国际现代建筑协会意大利成员组的这一立场受到了史密森夫妇在奥特洛召开的 1959 年国际新建筑会议上的严厉挑战，而对这一立场的拒绝也是造成国际现代建筑协会最终消亡的主要原因之一。另一方面，同一时期在哈佛，可以看到塞特和罗杰斯正在定义保守的现代主义立场，即步行中心城市的文化和政治重要性成为现代建筑学的一个核心价值。与此同时，他们和吉迪恩一起重新评估了在新的城市设计框架下"历史"一词的含义，在相同背景之下为学生们提供了历史的城市空间模型，诸如来自勒·柯布西耶、卢西奥·科斯塔（Lúcio Costa）和奥斯卡·尼迈耶（Oscar Niemeyer）、塞特，以及巴克马的最新的城市主义作品。

1955 年春，国际现代建筑协会这一新方法的概念基础首次被称之为"城市设计"出现在一次讲座上，由塞特、景观建筑师佐佐木英夫（由格罗皮乌斯的拥护者、规划师雷金·萨克斯（Reginald Isaacs）从伊利诺伊大学请回到哈佛设计研究生院）和卡尔汗联合教学时提出。它被描述为鉴于关注"城市规划的物质表达"，被定义为"市镇设计"（civic design，这个术语仍在本文中使用，大致在同一时期，同义词"城市设计"（urban design）也出现于宾夕法尼亚大学），用于处理"尺度和规模——即建筑群、开放空间、道路和它们之间的关系"[37]。塞特在讲座中提到，要追溯影响社区形成因素的重要性，包括"地理和气候"，以及继续思考建筑师和城市规划师的作用。尽管佐佐木参与了这次会议，但景观建筑师的角色并未被提及，这点是值得思考的。[38] 在提出环境污染、交通拥挤等城市问题后，塞特总结道："这些非自然条件对城市人口造成的影响还有待观察。随着城市人口稳步增长，是时候该考虑采取根本措施来改善城市环境了，因为只有将环境作为一个整体来考虑才有意义。"[39] 这个观点很清晰，但多少带点孤芳自赏的感觉，因为它是基于"城市设计师可以独立分析和设计一般民众所需的建成环境"。与此同时，塞特和佐佐木对现代主义的城市思想所做出的努力，即融入了对步行城市环境和自然环境的崭新关注，奠定了一种新的思路去理解城市设计在塑造大都市发展中所扮演的角色。

在颇具争议的第十届国际新建筑会议筹备之际，塞特的教学和实践却占用了他的大部分时间。自 1953 年以来，他和维纳就一直全力忙于为古巴做一个国家级规划，类似于之前为哥伦比亚所做的那样。他们向时任古巴总统、军事领导人富尔亨西奥·巴蒂斯塔（Fulgencio Batista）提出了一项区域规划，他正热衷于为他的政府创造一个新的建筑形象。1955 年，塞特在哈瓦那工作了一整个夏天，他和维纳着手开始哈瓦那的中心城（Plano Piloto）规划。这个规划包括了一套对交通、娱乐以及城市公共设施的全面重组，他们还建议在老城的改造中（后来备受诟病）嵌入新的高层建筑和市民核心网络，以便民主公开集会之用，正如塞特自 1944 年以来一直所倡导的那样。[40] 但颇具讽刺意味的却是为一个独裁政权建造一个"民主"的公共空间，而当时这个问题并未被论及。

1955 年，在蒂里特的协助下，塞特开始准备首届哈佛城市设计会议。当时，他还担任国际现代建筑协会的主席，与维纳和他的剑桥小工作室（1954 年秋成立）正忙于在纽约及哈瓦那的项目。[41] 这次大会聚焦于塞特的理念："经过一段时间的快速发展和郊区蔓延后"，中心化的城市仍然是美国文化的一个关键要素。因此，在塞特看来，建筑师和规划师"必须具有城市思维"。一直到 1956 年，这个理念被许多演讲者反复评价和阐述，他们都以不同的方式挑战了所谓的传统规划智慧。其中的很多观点对之后美国人关于城市的思考产生了深远的影响。当时随着塞特知名的哈佛项目（如霍利约克中心，Holyoke Center）的初具雏形，塞特、吉迪恩、蒂里特，有时还有格罗皮乌斯，常聚集在哈佛设计研究生院继续他们的国际现代建筑协会活动。[42]

在第十届会议上，有来自宾夕法尼亚大学的国际建协小组成员布兰奇·兰克（Blanche Lemco，后更名为布兰奇·兰克·范·金克尔，Blache Lemco van Ginkel），波士顿的国际建协小组成员扎莱夫斯基，以及来自澳大利亚国际建协小组成员爱德华·赛克勒（Eduard Sekler）[43]，他在 1956 年的秋季学期与吉迪恩一起在哈佛设计研究生院教授历史。来自于波兰的国际建协成员杰茨·索尔坦（Jerzy Soltan），他曾在巴黎和勒·柯布西耶共事，也是连接哈佛和十次小组的桥梁人物，在塞特的邀请下，于 1958 年加入哈佛设计研究生院。[44] 1956 年的 8 月，塞特召开了第十届国际新建筑会议，会议在当时南斯拉夫的杜布罗夫尼克附近举行，主题是"人类栖息地的未来结构"。他认为，第八届会议"重读了已然存在于核心中的功能之间的相互联系"，给雅典宪章加上了"全新的基本篇章"。

与此同时，塞特肯定了十次小组为第十届会议所准备的样本框架。[45] 在他的闭幕致辞"国际现代建筑协会的未来"（The Future of CIAM）中，塞特强调了这个机构的国际化，提醒人们注意在哈佛"我有来自全世界各地的年轻人：亚洲、北美洲、南美洲、欧洲、南非、等等"，而且这些年轻人都"知道并愿意了解国际现代建筑协会"。在评价十次小组所提出的样本框架时，除赞其"优秀"之外，他还提到"对世界上的一个地区而言，限制太多了。"他建议采用一种新的结构来促使更多其他地区的参与，"并不只是美国……（但）也可以是日本，或者印度，还有世界上的其他地方"，他又补充，"比如说，在巴西所做的工作也是相当杰出的，我相信……随之还有日本。"卢西奥·科斯塔和奥斯卡·尼迈耶在巴西的工作，以及前川国男、丹下健三等在日本的工作之前很少受到来自塞特及国际现代建筑协会的关注。

国际主义一直是国际现代建筑协会的组成部分，但塞特此时提出了一个更广阔的地理范围。他说，国际建协在未来将会产生最大影响的可能是"建筑和规划的教育"，因为有这么多的成员都已参与其中，所提及的国际建协成员（许多名字未明）已在欧洲、哥伦比亚、以色列、美国和日本从事教学。[46] 在第十届国际新建筑会议宣布了解散国际建协现有所有小组的决定，这是为寻求一个全新的、更年轻化的，而且是真正国际化的组织而铺平道路。之后，塞特提议建立一个新的"三十人小组"来引领国际现代建筑协会在欧洲、美洲及亚洲三足鼎立的局面，由罗杰斯担任副主席，巴克马接替塞特担任主席。在塞特的机构重组提案里，十次小组和国际建协意大利小组成为"国际建协／欧洲组"的主要成员。"国际建协／东方组"则包括了日本的丹下等人、印度的柏克瑞斯·多西（Balkrishna Doshi）、新加坡的林少伟（William Lim），以及来自缅甸、以色列、摩洛哥以及阿尔及利亚的成员。[47]

尽管有些建筑师（如丹下和多西）很快在他们各自的国家声名大噪，但是却对国际建协所做的贡献甚微。1959 年，在国际建协于荷兰奥特洛召开的会议上，范·艾克和巴克马指出，格罗皮乌斯时代的"旧国际现代建筑协会"的关键点是城市核心理念 [48]，并且与史密森夫妇一起决定停止使用国际现代建筑协会 CIAM 这个名称。自此之后，塞特、蒂里特和吉迪恩在一定程度上还与在大学里的 CIAM 成员保持联系。尽管十次小组坚持反对继续使用国际现代建筑协会 CIAM 之名称，但是塞特仍希望国际现代建筑协会能够继续下去。

1957 年，在第二届哈佛城市设计会议结束后不久的一次会议上 [49]，塞特与格罗皮乌斯、吉迪恩、蒂里特和巴克马会面讨论了国际现代建筑协会的未来。会议纪要上显示，吉迪恩说"关键问题（是）……国际建协还剩下多少生命力"，当时只有荷兰小组还在继续运作。巴克马则坚持"更体面地说，国际建协曾经有过辉煌岁月"。由于如果继续下去的话，肯定会受到来自史密森夫妇和马克思·比尔（Max Bill）的攻击，也就是说，一方面会受到来自十次小组的攻击，而另一方面，也会受到来自推崇严谨的准科学及新包豪斯学派的比尔的乌尔姆造型学院（Hochschule für Gestaltung Ulm）的抨击。然而，格罗皮乌斯和塞特不能确定 CIAM 是否应该结束，而且塞特提到"印度、日本、南非的情感和意识正进入一个新领域"，并补充道"这根主线必须继续下去"。[50] 讽刺的是，将国际建协事业继续下去的是十次小组、塞特的哈佛设计研究生院及其继任者们，而并非国际建协自己。

结论

31   显而易见，城市设计起源于哈佛和十次小组对国际现代建筑协会的挑战，这两个现象是密不可分的。如果前者是塞特致力于发展一门结合了建筑、景观建筑以及规划的综合性专业学科的产物，那么后者则与国际建协享有着共同的根基，这可以追溯到勒·柯布西耶和其他20世纪20年代激进主义建筑师的作品。十次小组尝试通过引入"人际交往"的理念将这些根基发扬光大，在某些案例中体现了一种新的文化策略，即运用兼有商业和传统地方性的正式形象，包括那些非西方化的内容，去批判早期的现代主义。这种倾向，通过不同的方式体现在史密森夫妇的作品，以及范·艾克在阿姆斯特丹的孤儿院等项目中，最终无论是对教皇还是后现代主义都产生了一系列的影响。但是，十次小组的观点，正如塞特关于城市设计的概念，都植根于国际建协早期的将城市设计的对象从个别客户变为城市大众的努力。两者都尝试提出一些有用的概念，以期通过建筑设计去分析和改变整个人类环境。在他自己的工作中，塞特试图在他的哈佛校园规划中实现这个愿景，但是，最成功的案例却可能是皮博迪公寓（Peabody Terrace），还有在波士顿大学校园的规划，这两个项目都是1958年创立的塞特、杰克逊和古尔利联合事务所来完成的。在1968年至1975年间，塞特继续将这个理念贯彻在由他的事务所承接的纽约州城市发展公司（New York State Urban Development Corporation，UDC）在纽约罗斯福岛（Roosevelt Island）的项目上。他的影响力也体现在UDC的其他项目中，这些项目是由他之前的学生罗夫·欧豪森（Rolf Ohlhausen）和约瑟夫·瑟曼（Joseph Wasserman）完成的，不仅如此，还体现在许多其他的前哈佛学生们在国际上以不同方式展现的工作上，诸如槙文彦、弗兰克·盖里（Frank Gehry）、马里奥·科雷亚（Mario Corea）、迈克尔·格雷夫斯（Michael Graves）、桂成宇（Kyu Sung Woo）等。

尽管存在修辞和个人差异，回顾十次小组和塞特与吉迪恩在20世纪50年代所确定的城市设计方向，在今天看来大同小异。虽然依照美国式的观点，搁置不理这时期或是空谈，或是野兽派建筑的做法都是趋附潮流的，事实上，那个时期产生的许多城市主义的观点依然沿用至今。这些观点包括认识到城市步行生活和文化机构作为"城市的心脏"的重要性；优化组织交通环岛模式的需求；自然环境作为城市主义组成部分的价值，以及公开的党派政治对于强化中心城市的缺失。尽管塞特的作品在美观性和功能性方面存在争议，但是，在一个迅速发展的城市去中心化的大时代背景下，他以强调城市步行活动来体现历史和现代结合、技术和艺术结合的努力，仍被认为有着不可估量的当代重要性。

32

注释

感谢威廉·桑德斯和亚历克斯·克里格的约稿；感谢哈佛大学的哈希姆·萨基斯（Hashim Sarkis）、玛丽·丹尼尔斯（Mary Daniels）和依蕾·萨尔多恩多（Inés Zalduendo），宾夕法尼亚大学的南希·米勒（Nacy Miller），巴塞罗那高级建筑技术学校的何塞·罗维拉（Josep Rovira），苏黎世联邦理工学院的布鲁诺·毛瑞尔（Bruno Maurer），维也纳的爱德华和帕特·赛克勒（Eduard and Pat Sekler）；感谢在圣路易市的我的家人的耐心。

* 注释中的缩写：

CIAM　　　　苏黎世理工大学国际现代建筑协会（CIAM）档案馆
JLS　　　　哈佛大学设计研究生院塞特档案馆
SP　　　　普林斯顿大学 Stamo Papadaki 档案馆
UPB　　　　宾夕法尼亚大学艺术研究生院 1918—1967 年院长通信记录

[1] 参见《AC》杂志伊格拉西·德索拉·莫拉莱斯（Ignasi de Sola-Morales）的文章 "La nueva arquitectura y el asimétrico diálogo entre Barcelona y Madrid," www.residencia.csic.es/bol/num8/estrabismo.htm.

[2] 参见 José Luis Sert, Fernand Léger 和 Sigfried Giedion 的文章 "Nine Points on Monumentality"，未发表的版本是应美国抽象艺术协会（American Abstract Artists）之邀于 1943 年创作的。已出版的版本可见于：Joan Ockman and Edward Eigen, eds., *Architecture Culture: 1943—1968* (New York: Columbia Books on Architecture/ Rizzoli, 1993), 39-30.

[3] 参见 José Luis Sert, "The Human Scale in City Planning" in Paul Zucker, ed., *New Architecture and City Planning* (New York: Philosophical Library, 1944), 392-412. 1943 年秋，塞特在拉兹洛·莫霍利·纳吉（László Moholy-Nagy）的芝加哥设计学校开了一门名为"城市中心化与城市郊区化"的讲座。这也许是塞特第一次提出这些观点。1943 年秋，塞特以"城市规划中人的尺度"为题在耶鲁大学开设讲座，其内容与发表在由祖克尔编选的文集上的论文类似。

[4] 参见：Josep Lluís Sert，"Urban Design"，October 23, 1953, Folder D91, JLS. 这项活动是由一组演讲构成的，起先塞特并不在列。可能正是塞特在这次美国建筑师协会系列讲座上采用了"城市设计"（Urban Design）这个 20 世纪 40 年代时埃利尔·沙里宁在他的匡溪艺术学院曾几次提到的词。

[5] 参见 Letter, Louis Justement to George Howe, October 7,1953, UPB 8.41, Box 9, Folder, Dean Perkins Correspondence, 1953054. 这个活动被用一个新词所报道 "Whither Cities?"，参见《建筑实录》杂志 1953 年 12 月刊。

[6] 参见 Sert, "Urban Design"，October 23, 1953, Folder D91, JLS, 2.

[7] 参见 Josep Lluís Sert 在第八次 CIAM 会议上未发布的 "The Theme of the Congress: The Core" 一文，CIAM JT-6-16-36/41.

[8] 参见 "Whither Cities?"，《建筑实录》杂志 1953 年 12 月刊。

[9] 参见 Tracy Augur, "The Dispersal of Cities as a Defense Measure"，*Bulletin of the Atomic Scientists*, April 1948, 131-34.

[10] 参见 "Whither Cities?"，《建筑实录》杂志 1953 年 12 月刊。在这则报道中并没有提及塞特就保留和重建历史城市中心的更广泛的评论，也没有记录任何其他活动参与者的评论观点。

[11] 参见 Sert, "The Human Scale in City Planning"，392-94, 407-9. 20 世纪 30 年代中期至 50 年代，埃利尔·沙里宁在匡溪艺术学院指导的一批城市设计论文都是以类似的观点作为基础的。其中一例便是究·奥贝塔（Gyo Obata）的《圣路易斯市：城市设计研究》（*St. Louis: A Study in Urban Design*，Cranbrook Academy of Art，1946 年）一书。感谢奥贝塔提供此书。

[12] 参见 Le Corbusier and P. Jeanneret, *Oeuvre Complete, 1934-38*, 7th ed. (Zurich: Editions d' Architecutre Zurich, 1964), 26-29.

[13] 参见 Sigfreied Giedion, "Brauchen wir noch Kon, "Br?" plastique, Printemps 1937, 19-21. 在这之后，吉迪恩出了一版英译本的《建筑，你和我》（*Architecture, You and Me*, Cambridge, Mass.: Harvard University Press, 1958），以对照他的德文原版。

[14] 参见 Sigfried Giedion, Space, Time and Architecture (Cambridge, Mass.: Harvard University Press, 1941), 569-80. 在之后的几年里，吉迪恩在推广"艺术综合体"的相关概念的同时，也不断提升新纪念性空间和城市中心的重要性。1942 年，他在耶鲁开设了以"城市中心与社会生活"为题的讲座，而后来，1949 年他在苏黎世联邦理工学院及 1951 年在麻省理工学院时，也再次讨论了这个题目。这

些讲座采用与埃利尔·沙里宁和卡米洛·西特的《按照艺术原则进行城市设计》（Der Städtebau，1889）类似的、国际现代建筑协会式的"同尺度比较法"来分析对比历史城市中心案例。

[15] 参见"Séance d'ouverture"，CIAM 7 Bergamo 1949 Documents (Nedeln/Liechtenstein: Kraus Reprint, 1979)，1-2；作者从法文原件中翻译。

[16] 参见 Letter, Sert to Godfrey Samuel, March 5, 1950. 此信被 Jos Bosman 大段引用，"CIAM after the War: A Balance of the Modern Movement," *Rassegna*, December 1992,11.

[17] 南非出生的景观建筑师蒂里特曾在伦敦建筑联盟学院（AA）就读，20世纪20年代时学习建筑，30年代时又攻读规划。30年代末，蒂里特成为劳斯（E.A.A.Rowse）——一位受帕特里克·格迪斯（Patrick Geddes）影响的物理学家及结构工程师——的助理。蒂里特在 AA 就读时劳斯指导了该校短暂的区域发展规划课程，而 1938 劳斯离开 AA 的规划学院后，蒂里特在他的规划与区域重建协会里开始工作。1941 年，她取代劳斯的指导地位，为战时的盟军士兵开设一系列城镇规划的函授课程。

[18] 塞特的《国会的主题：核心》（"The Theme of Congress: The Core"）一文在未发表的第八届 CIAM 纪要中，这篇文章和他熟为人知的《社区生活的中心》（"Centres of Community Life"）一文完全不同。后者发表于 J. Tyrwhitt, J.L.Sert, and E.N.Rogers, *CIAM 8: The Heart of the City* (New York: Pellgrini and Cudahy, 1952), 3-16.

[19] 塞特在他的《社区生活的中心》一文中重述了这些观点。1944 年，塞特提出了一种相似但不相同的尺度层面的类型学，其中剔除了"村庄或原始住宅群落"，增加了"经济区域"的概念。参见塞特的《城市规划中人的尺度》（"The Human Scale in City Planning"）一文。

[20] 引用了蒂里特、塞特和罗杰斯在第八届 CIAM 会议上的发言，尽管现在不太为人所知，西班牙哲学家奥特加·伊·加塞特曾经在战后那些批判大众文化、提倡现代艺术的"人文性"的文化精英中非常受到推崇。关于他观点的具体论述可参见詹姆斯·斯隆·艾伦（James Sloan Allen）的《商业与文化的罗曼史：论资本主义、现代主义和文化重塑的芝加哥—阿斯彭运动》(*The Romance of Commerce and Culture: Capitalism, Modernism, and the Chicago-Aspen Crusade for Cultural Reform*，University Press of Colorado，2002 年出版) 一书中的第 180-192 页。

[21] 参见 J.L.Sert, "The Human Factor in Architecutre and City Planning," December 18, 1952, Folder D69, JLS.

[22] 参见 Sigfried Giedion, "Spatial Imagination," in S. Giedion, *Architeucture, You and Me* (Cambridge, Mass.: Harvard University Press, 1958), 178.

[23] 参见 Sigfried Giedion, *A Decade of New Architecture* (Zurich: Grisberger, 1951)。在圣路易斯的杰斐逊全国拓荒纪念园项目的竞标中，最后获胜的沙里宁的作品被分在"雕塑"一类。

[24] 贝聿铭为泽肯多夫设计的建筑有待细部研究。对他该时期建筑的概述可参见 Carter Wiseman, I.M. Pei: A Profile in American Architecture (New York: Harry Abrams, 1990), 46-71. 感谢 2004 年我在哈佛大学做讲座时的一位博士生科勒·罗斯凯姆（Cole Roskam），感谢他对于塞特和贝聿铭之间往来通信的研究。

[25] 参见 J.L.Sert and J. Tyrwhitt, "The Shape of the American City," in *Contemporary Architecture of the World 1961* (Tokyo: Shokokusha Publishing, 1961), 101-6; "The Future of the American Out-of-Town Shopping Centre," Ekistics 16: 93 (August 1963), 96-105.

[26] 艾莉森和彼得·史密森第一次直接被提到与 CIAM 小组的关系是在 1956 年 3 月 28 日（被误认为 1955 年 3 月 28 日）给"Candilis, Bakema and Co.,"的一封信中，标题为"艾莉森·史密森，十次小组在 CIAM 中产生"。

[27] 参见 Team 10, "Doorn Manifesto," 1954, in *Architecture Culture: 1943—1968*, ed. Joan Ockman and Edward Eigen (New York: Columbia Books on Architecture/Rizzoli, 1993), 183.

[28] 史密森为第十届国际新建筑会议提出的 CIAM 基本框架说明了这个观点，可参见《建筑回顾》（*Rassegna*）杂志 1992 年 12 月期的第 43-45 页。

[29] 参见 Design 1-3a. History of Urban Design. Official Register of Harvard University: The

Graduate School of Design LI (May 19, 1954), No. 11, 30. 这门课程在课程目录里的描述为"对城市设计的过往经验延伸并运用到当代的规范中"。这门课不像吉迪恩后来在哈佛的讲座,并没有任何的档案记载。

[30] 参见 Siegfried Giedion, "Space and the Elements of the Renaissance City," *Magazine of Art*, January 1952, 3–10.

[31] 参见 S. Giedion, "The Humanization of Urban Life," Architectural Record 111 (April 1952): 121–29, 后收录于吉迪恩的《建筑,你和我》(*Architecture, You and Me*):125–33

[32] 赫德纳特为哈佛大学设计研究生院的建立设定了概念基础,而格罗皮乌斯则为哈佛设计研究生院第一次与国际现代建筑协会建立联系。关于赫德纳特在城市设计方面的贡献,参见 Jill Pearlman, "Breaking Common Ground: Joseph Hudnut and the Pre-history of Urban Design," in *Josep Lluís Sert*, ed. Mumford and Sarkis。

36

[33] 加博(Naum Gabo)曾在战时和赫伯特·里德(Herbert Read)在英国工作,后于 1946 年移居美国。尽管舍特对他在哈佛的讲课大力支持并有意将其出版,但学生对其并不接受,因此加博任教一年后决定不再续约。参见 Martin Hammer and Christina Lodder, *Constructing Modernity: The Art and Career of Naum Gabo* (New Haven, Conn.: Yale University Press, 2000), 351.

[34] 塞特曾在 1949 年 7 月 23 日至 30 日举办的第七届国际新建筑会议期间和罗杰斯待在米兰,1956 年他推荐哈罗德·哥耶(Harold Goyette)出任哈佛大学规划办公室的首位主任。1954 年哥耶是罗杰斯和塞特的学生。

[35] 厄内斯托·罗杰斯是意大利国际建协小组领导人,他的 1946 年米兰重建计划(A.R.Plan)提出将城市的历史文化中心保留为一个步行区域,将商业中心移到主要高速交通干道的交叉处。1951年 11 月,格罗皮乌斯授予罗杰斯哈佛大学设计研究生院院长一职,然而罗杰斯决定留在米兰。参见 Josep M. Rovira, *Josep Lluís Sert: 1901–1983* (London: Phaidon Press, 2004), 315.

[36] 参见 Ernesto Rogers, "Continuit à /Continuity," *Casablla 199* (1952): 2.

[37] 参见 Design 1–3b. Urban Design. Official Register of Harvard University: The Graduate School of Design LI (May 19, 1954), No.11, 30–31.

[38] 在塞特作为院长的期间,佐佐木最大的成就是他称为"土地规划"(land planning)的学科被凯米·麦卡基(Cammie McAtee)所继承。参见 "From Landscape Architecture to Urban Design: The Critical Thinking of Hideo Sasaki, 1950–1961," in *Josep Lluís Sert*, ed. Mumford and Sarkis.

[39] 参见 Sert, Sasaki, Carlhian, Seminar on Urban Design, Folder D119, JLS.

[40] 参见 Rovira, *José Luis Sert*, 177–81; Tim Hyde, "Planos, planes y planificaión: José Luis Sert and the Idea of Planning," in *Josep Llu í s Sert*, ed. Mumford and Sarkis. 塞特和维纳尝试在古巴革命后为科斯特罗政权效力但没有成功,他们的合作也在 1959 年 3 月底终结了。

[41] 参见 Fumihiko Maki, "J.L.Sert: His Beginning Years ar Harvard," *Process: Architecture* (1982): 13–14. 1953 年至 1954 年间,槙文彦在哈佛大学设计研究生院是塞特的学生。1954 年秋,槙文彦开始和扎莱夫斯基(Zalewki)为塞特工作,之后 1956 年他在圣路易斯的华盛顿大学任教并于 1958 年设计了华盛顿大学的斯坦伯格大厅,1962 年至 1965 年间,他返回哈佛教授城市设计课程。

[42] 参见 CIAM, "To All CIAM Groups Delegates, and Members," May 30, 1956, Box 12, SP C0845. 此时北美国际建协小组分别在波士顿、多伦多和费城建立了支部,其中费城小组成员有罗伯特·格迪斯(Robert Geddes)、乔治·考斯(George Qualls)、布兰奇·兰克和宾夕法尼亚大学建筑系的所有设计课教授。

37

[43] 参见 CIAM, "To Members of Group USA Omnibus," June 11, 1956, Box 12, SP C0845. 这次会议与会的有塞特,维纳,蒂里特,格罗皮乌斯,哈佛设计研究生院新教员、基础设计教师文森特·索洛米塔(Vincent Solemita),及波士顿建筑师、TAC 建筑事务所格罗皮乌斯的助理 H. 莫斯·佩恩(H. Morse Payne)。

[44] 参见 Jola Gola, ed., *Jerzy Soltan: A Monograph* (Warsaw, 1995).

[45] 参见 J.L.Sert, "Opening talk, August 6th, 1956," 在未被发表的文件名为 "CIAM 10 Dubrovnik 1956," 中 CIAM 42-X-14-19.

[46] 参照 J.L.Sert, "General Assembly to receive report on the future of CIAM, Address by J.L.Sert, President, August 11, 1956, in unpublished documents titled "CIAM 10 Dubrovnik 1956," CIAM 42-X-38-40. 塞特提到的国际现代建筑协会中熟为人知的那些老师有厄内斯托·罗杰斯、吉迪恩、科内利斯·范·伊斯特伦（Cornelis van Eesteren）、杰茨·索尔坦、彼得·史密森、莱斯利·马丁（Leslie Martin）和密斯·凡·德罗。

[47] 参见 1957 年的 CIAM 会议信函 CIAM Circular letter from Sert, February 26, 1957, CIAM 42-JT-22-3. 这次会议与会的有塞特、格罗皮乌斯、吉迪恩和蒂里特。国际建协美洲部成员有乔治·考斯、H. 莫斯·佩恩、乌尔里奇·弗朗兹恩（Ulrich Franzen）、美国的弗莱德·巴塞蒂（Fred Bassetti）、加拿大的布兰奇·兰克、哥伦比亚的吉曼·桑玻尔（German Samper）、阿根廷的安东尼奥·博内特（Antoni Bonet）和古巴的马里奥·罗马尼亚奇（Mario Romañach）等人。

[48] 参见 Bosman, "CIAM after the war," 14.

[49] 前两次哈佛城市设计会议的详细情况可参见 Richard Marshall, "Shaping the City of Tomorrow: José Luis Sert's Urban Design Legacy," in Josep Lluís Sert, ed. Mumford and Sarkis.

[50] 参见 "Meeting at 2 Buckingham Street, Cambridge, Massachussetts, April 15, 1957," CIAM 42-JT-22-11. 这些会议纪要中有大量拼写错误的名字，如 Max Bill 的名字在会议纪要的原稿中被写作 "Max Bells"。

难以捉摸的城市设计：定义与角色的永恒难题

理查德·马歇尔

38　塞特的文章探寻当代城市的本质以及解除可怕顽疾的良方，超越知识与热情，这使我看到了一个新的信念，它不逊于自然科学，为我们塑造和点亮明日的都市。

——约瑟夫·赫德纳特（Joseph Hudnut）

* 摘自何塞·路易斯·塞特《我们的城市能存活吗？城市问题的初步了解、分析和解决方法》（*Can Our Cities Survive? An ABC of Urban Problems, Their Analysis, Their Solutions*，以下简称《我们的城市能存活吗？》）一书的序言。

　　曾于 1936 年至 1953 年任哈佛大学设计研究生院任院长的约瑟夫·赫德纳特在《我们的城市能存活吗？》的序言中的向何塞·路易·塞特"新的信念"致敬。[1] 当人们阅读 1956 年在哈佛召开的第一届城市设计会议的会议记录时，应该思考赫德纳特说的话，因为它们描述了该书和日益受人关注的城市设计基础的一个方面。赫德纳特宣称他在塞特的书中发现了一个新的理念，它将不逊于自然科学，为我们塑造和点亮明日的都市。它不仅是一个宣言还是一个新的福音，当《我们的城市能存活吗？》将国际现代建筑协会的理念传播给美国的听众的同时，也将何塞·路易·塞特奉为了先贤。

39　　《我们的城市能存活吗？》于 1942 年出版。自 1939 年起，它已成了连接塞特在欧洲的旧生活和在美国的新生活之间的桥梁。在字里行间中我们瞥见了他萌芽中的思想，这种思想成为他日后在城市设计的教学和实践基础。在全书的 250 页中，塞特勾画出国际现代建筑协会关于城市问题的概念，即将城市分解为一系列的离散的问题——居住、娱乐、工作、交通以及大尺度规划，并提出了清晰的解决途径。在此后的 50 年间一直未变。

　　尽管我们有些人相信我们有解决的途径，为何社会中的其他人却拒绝聆听我们的方案？毕竟我们是专家。那么其他人肯定是错了，那些更热衷他们的汽车和郊区住所的可怜的人，他们都需要被教育！

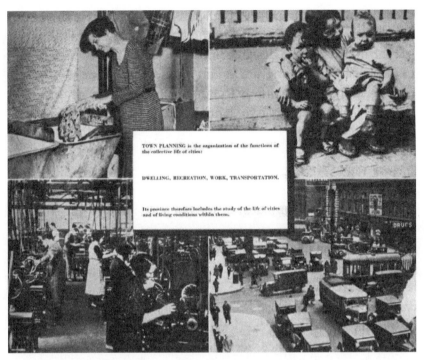

引自《我们的城市能存活吗？》，何塞·路易·塞特著。

在这 50 多年里我们看见这种态度已在设计专业中出现，而赫德纳特在《我们的城市能存活吗？》一书中的所见对于这种信念的形成至关重要，即设计专业人员在城市的形成与发展中，可以在知识及实践层面获得与自然科学同样权威的一席之地。赫德纳特所提出的"新的信念"，认为设计真的能够影响城市的基本情况。在 20 世纪 50 年代的美国城市设计的发展中，围绕着塞特在哈佛的教学，通过 13 次的城市设计会议，以及由这些会议促使建立的哈佛城市设计课程的发展，我们同时目睹了如何发扬这种信念，以及如何在与社会和城市的接触中定义它的内涵。而且我们发现，城市设计的许多争议总是围着这些关于权利和地盘的问题展开。

何塞·路易·塞特是一个有坚定信念的人。他于 1953 年秋天上任哈佛大学设计研究生院院长，同时，他便着手探寻解除当代城市"可怕的顽疾"的良方。正是通过这一探寻，他开始在学院里发展出一个"共同基础"的概念。对于塞特而言，这个共同基础是一个关于建筑、景观建筑和规划的调解空间以期治愈这些顽疾。这个共同基础将成为一个试验田，治愈方法将得到发展。

在 1956 年的会议中，塞特和他同时代的人被一个想法所启发，即设计专业应当在城市化的问题中占据知识及实践层面的应有地位，但是他们也为如何定义这种地位而伤

40

透脑筋，而这种挣扎似乎从未真正停止过。我认为，从那时到现在，这也是城市设计的一个特点：持续地面临着挑战。而设计行业也从未能真正得到所希望的地位，尤其是城市设计师从未能真正地抓住城市的复杂性，或是在城市设计中所扮演的角色。通常，这种复杂性被简化为一个困惑，为何这个世界没有给予更多关注。其结果是设计专业经常成了最不重要的角色——当然未被当成他们心目中的治病者角色。

城市设计不应该也不能被简化为任何简单的公式。它应该以一种整体、复杂、平衡的方式更好地阐释城市状况的物质形态和功能组块。其定义的问题恰恰反映出城市设计运作的复杂性。当城市变得日益复杂，城市设计也变得更加难以操作。当今城市状况引发的挑战性远比 1956 年的时候大得多。

41　事实上，在阅读这些会议纪要时，我对"城市病"的描述以及设计能够治愈它们的天真观点感到惊讶。或许是因为我是在上海的办公室中重读了那些文章，当我从 30 层办公室的窗户放眼望去，我想，1956 年城市所面临的问题相对于今日的上海，拥有 1 600 万人口和惊人的发展速度的城市是多么的微不足道。

1950 年世界上最大的城市是拥有 1 200 多万人口的纽约。而如今，拥有如此人口的城市将难以跻身世界大城市的前 15 位。1950 年的伦敦是世界第二大城市，拥有人口 800 万人口；东京是第三大城市，拥有人口 700 万；巴黎第四，拥有人口 600 万。预测显示，到 2015 年世界上最大的城市将是东京，拥有 2 700 万人口；达卡市将拥有 2 300 万人口；孟买将有 2 200 万人；圣保罗将会有 2 100 万人；而德里将拥有 2 000 万人。[2] 自 1956 年后，城市正以超乎想象的速度增长。而前所未有的巨型城市也带来了新的问题和挑战。

此外，世界人口增长最快的地区已经从欧洲和美国转向亚洲以及其他发展中国家。这些趋势应该让我们思考今日城市设计面对的新现实和新定位。如今世界上绝大部分人口都生活在城市环境中，像上海、孟买、曼谷这样的城市比伦敦、巴黎、纽约这些城市拥有更多的共性，从而，城市化的经验和城市设计范围将从以欧洲为中心的如何设计城市的理念，转向更多地从其他城市的视角出发的理念。这是未来城市设计的最大挑战。同时也提出了城市设计如何在巨大、快速的城市发展进程中定义自身的问题。

这种复杂而崭新的社会环境，如人口从乡村到城市的流动和经济全球化，正影响着城市的运作方式，值得深思与不断实践，而论及城市在全球化的今天所扮演的角色则是多种多样的、活力充沛的，无法轻易概括。我们正面临史无前例的城市状况，诸如中国、印度以及南非。据预测，截至 2008 年，人类历史上首次全球总人口的大部分将生活在42　城市里。城市及城市生活将成为这世界上大多数人口所共有。这将引起对于城市设计的角色和定义的深刻反思。我们面对的问题是，这将是城市设计担当重任的时代吗？这种情况会提升还是会减弱城市设计的地位呢？

胆怯的社会向善论者

为了理解 1956 年的会议纪要，我们需要了解塞特是如何想象城市设计的作用以及城市设计师的角色的。从塞特于 1956 年会议之前发表的文章中，可以清楚地看到，他并不认为城市设计师是（或应该是）英雄甚至上帝一类的人物（虽然他确信城市设计能够且应拥有一些权力）。事实上，恰恰相反，塞特关注的是城市现状中的普通要素，而并非是天才设计的某些纪念碑式的杰作。塞特认为，城市并非由个体行为组成，而是一个普通的环境造就城市成为其本该有的样子。

在《我们的城市能存活吗？》一书中，他写到"如果没有对日常生活的重组，即住房、娱乐中心、工作场所，以及与之连接的街道和高速公路的正常运作，那么，城市生活将不能为个人或者整个社区带来好处。"[3] 对于日常生活的关注，使得塞特的城市设计的观点不同于和他同时代的那些更倾向于拿破仑式的设计师们（如勒·柯布西耶）。塞特的关注点同样不同于 20 世纪 30 年代在美国出现的"市镇设计"的惯例。这一强势而已确定的惯例，源于推崇城市美化原则的城镇规划。塞特认为此类惯例只关注于纪念碑式的市中心，而忽视了生活在这些中心附近街区里人们的生活状况。[4]

即使处于《我们的城市能存活吗？》一书出版时的那个年代，塞特关于城市设计的概念，更多的是提供了一个城市化的整体观。然而，有一点是很清楚的，塞特对"重组我们的日常生活"非常感兴趣，也正是从这一点上，我们再次看到了他的两重性——既有对于目前状况的批判，也有令人存疑的、甚至是夸大的关于设计师应"重组"生活环境的观点。

究竟是谁，使塞特看到做这样的重组是有趣的？或许这是一件令人惊奇的事，城市设计作为一个术语被首次使用大约是在 1953 年。《我们的城市能存活吗？》一书中并没有用到这个词。在该书中，负责解决此类问题的专业人士是"城镇规划师"，他们的任务是与其他专业人士协作，如社会学家、经济学家、卫生专家、教师、农业学家等等，这些人共同准备区域规划方案和"领导"专业人士准备总体规划，期间他们将负责决定这些作为城市生活基本元素的"器官"的位置以及布局[5]。但是，对塞特而言，城镇规划师更多的是指一种精神状态而非一种职业的划分，因为很多自称为"城镇规划师"的人大多都是建筑师。事实上，在《我们的城市能存活吗？》一书中，很多与"城镇规划师"有关的特质都是与那些城市设计师的必备素质高度相似的，而城市设计师这一称呼也在 20 世纪 50 年代的哈佛城市设计专业中发展出来。

塞特解释一个"城镇规划师"需要"一套完整的关于程序步骤的知识，且随着不断更新的技术而拓宽"。[6] 这显然是认为城镇规划师所需知识的广泛性和多样性要远超于建筑师。塞特并不提倡给建筑师再增加一个职业角色，他也并非赞同要创造一个超级职业，即一个天才的建筑师能处理所有复杂的城市问题。他更多的是在倡导一种新的态

43

度，城镇规划师更应该是一个协调者，一个对他人行动的促进者。这个观点一直贯穿在塞特的城市设计概念中。城市设计师将会是其他专业工作议程的促进者，而不是做出非凡方案的人。

塞特的城镇规划师将需要新的知识和技能，但不应该被赋予城市最终决定者的权力。"不能由城镇规划师一个人来决定人们的需求以及怎样能够满足人们的这些需求。人体器官的复杂性及其物质和精神的愿望需要得到（他人）的帮助……为复兴现存的城市或塑造新的城市……城镇规划师应加入到这些专家中，一起工作……"。[7]

在之后的一篇论文《社区生活的中心》（"Centres of Community Life"，1952）中，它是《城市的心脏：城市生活的人性化发展》（*The Heart of the City: Towards the Humanisation of Urban Life*）一书的引言，该书由塞特和杰奎琳·蒂里特（Jaqueline Tyrwhitt）及厄内斯托·罗杰斯共同撰写，塞特对《我们的城市能存活吗？》一书所论及的许多问题又做了补充和展开[8]。他写到，事情正变得越来越明显，尤其是1929年在法兰克福举行的国际新建筑会议后，对现代建筑问题的研究必然会导向城市规划，而且这两者之间很难划出一条明显的界线。在许多方面，最初在《我们的城市能存活吗？》书中所关注的焦点已从单一的建筑转到了整个城市，由此扩大了建筑学的探寻领域，正如其所说"建筑与城市规划比以往任何时候都更加紧密相连，许多建筑师都面临着旧区重建、新区发展中创建新的社区的问题。"[9]

在《社区生活的中心》一文中，使用糅合称呼的"建筑—规划师"，描述了一种新的专业人员，他们探索一个更广泛和不同种类的知识。这个"建筑—规划师"的新名词取代了早期的城镇规划师，但是再一次的，《社区生活的中心》一文中并未使用城市设计这个术语。塞特对"建筑—规划师"更为精准的定义是："'建筑—设计师'只能够帮忙建立一个框架或容器，在那里，可以形成社区生活。我们意识到对这样一种生活的需要，一种真正的市民文化的表达，而这种文化我们认为由于城市生活目前的混乱现状，是在当今的城市里被严重束缚的。自然而然，这种觉醒的市民生活的特点和情况并非完全取决于一个可行的框架，而是受制于每个社会的政治、社会和经济结构。"[10] 在这个段落中，我们已经弄清楚了正如塞特所说的"建筑—规划师"的局限性。这个论题在塞特的作品中一再被提及，这也体现了塞特所认为的城市设计师是一个非英雄主义的、谦卑的角色。

在拿到哈佛终身教职的最初几年里，塞特邀请了西格弗里德·吉迪恩（Sigfried Giedion）来校任教。城市设计这个词首先出现在1954年哈佛设计研究生院的课程里的。这个词是通过吉迪恩的"城市设计的历史"课程，以及塞特、佐佐木英夫及让·保罗·卡尔汗共同执教的"城市设计"课程而被首先介绍到哈佛大学的。

第一届会议——奠定基石

在哈佛开设了尚未成型的"城市设计"课程的数年后，塞特做了一件具有标志意义的事：1956 年 4 月 9 日至 10 日在哈佛大学设计研究生院举行了第一届城市设计会议。这次大会的目标在于定义城市设计。为了更好地理解此次会议，我们需要认识到塞特视此次会议为一种表达方式，以探索是否有一整套更为广泛的城市设计赖以建立的原则。从塞特保存的那个时期的教学笔记中可以清楚地看到，塞特已计划在哈佛开设城市设计专业，同时他也渴望这一设想能得到建筑师、规划师和景观建筑师的强烈认同。

会议通知邀请参会者来探讨"规划师、建筑师及景观建筑师在城市设计和城市发展中的作用"。[11] 出席会议的有：建筑学教授罗伯特·格迪斯，匹兹堡市长大卫·劳伦斯，费城的规划师埃德蒙·培根，哈佛设计研究生院的爱德华·赛克勒教授及院长何塞·路易·塞特，现代主义建筑师、密歇根大学教授威廉·马舒罕（William Muschenheim），景观建筑师盖瑞特·埃克博（Garrett Eckbo），建筑师理查德·努特拉，城市规划师查尔斯·艾略特（Charles Eliot），景观建筑师佐佐木英夫，辛辛那提的规划师拉迪斯拉斯·塞戈尔，政策知识研究者、作家查尔斯·艾布拉姆斯（Charles Abrams），麻省理工学院的高级视觉研究中心主任、画家、设计师及作家捷尔吉·凯派什，麻省理工学院城市研究专业教授劳埃德·罗德文，麻省理工学院的社会学家弗雷德里克·亚当斯（Frederick Adams），哈佛法学院教授查尔斯·哈尔（Charles Haar），哈佛设计研究生院教授、英国景观建筑师、城市规划师杰奎琳·蒂里特，购物中心倡导设计师维克多·格鲁恩，刘易斯·芒福德，简·雅各布斯（建筑论坛的副主编）和其他知名人士。

会议发言的摘要发表在《进步建筑》杂志上，奠定了本文反思的基础。[12] 摘要由蒂里特根据大会的录音和笔记精心编辑整理而成。[13] 尽管在哈佛已经召开了 13 次城市设计会议，但这次会议则是第一次将部分成果出版出来。在哈佛的档案室里可以看到这份原始材料，我们不得不感叹杰奎琳·蒂里特过人的天赋，能够从一堆不相干的讨论中整理出共性点。而我们在《进步建筑》杂志中读到的材料是精心地为塞特计划开设城市设计专业课程的推进而造势的。

在他的开幕致辞中，塞特明确地表达了他的一个主要关注点：这些专业"共同基础"的发展要求这些专业扮演非英雄主义的角色：

> 每一个它们（建筑、景观建筑、道路工程、城市规划）都努力想建立一套新的原则和新的语言形式，但是，只有这样才是合乎逻辑的，即整合不同专业的进步于城市设计之中，通过各个专业共同的努力去塑造一个物质环境的完整蓝图……我知道，在我们的时代谈论团队合作是困难的，因为我们正处在一个个人崇拜和英雄崇拜的时代，但是，恕我冒昧直言，最好的城市不是那些天才

45

46

们的杰作，而是那些可靠的默默无闻的人们的作品。就如城市设计所言，最好的城市是最和谐的，能使它们的差异达到更好的统一和平衡。规模和对规模的知识是这种平衡作用的关键因素，这比城市拥有展示某个天才创意的引人注目的孤零的纪念碑要重要得多（这是我的重点）。[14]

这代表了成功城市的基本美学标准。综合不同专业学科是塞特城市设计理念的一个主要要素。的确，值得注意的是，城市设计最初的讨论就包括了来自建筑、规划和景观建筑的代表。即使未找到一个"共同基础"，至少他们聚集在一起，"专业"面对如何定义设计专业人员在塑造城市中应扮演的角色和挑战。大会的成果揭示了不同专业背景对城市设计的关注。此外，似乎还达成了一致的共识，即城市需要根本的变化，而这些"专业"将会被重组以应对这些问题。1960年，人们极少可以看到"地面上的"城市变化是源于这次大会的决议。

大会还关注了另一个当务之急的议题，即关于"塑造当代城市的力量"的讨论。这次讨论似乎引发了参与者相当大的争论。这次讨论与现实的联系相当紧密，会议主要讨论了设计专业在影响城市塑造结果上的相对劣势。劳埃德·罗德文（于1959年与马丁·迈耶森共同创立"麻省理工—哈佛"联合城市研究中心）认为问题的本质在于"建筑师、规划师以及景观设计师（塑造城市）的力量被排在最末位。"[15]

这种论点就某些因素来看是非常吸引人的。该论点再次提到了关于如何定义城市设计专业人员角色这样的永恒话题，而罗德文也对城市设计的可能性产生了置疑。因此，城市设计从一开始就充满了各种不确定性。罗德文不断发问：谁才应该是"城市设计的弄潮儿？"以及"有何证据证明这些专业（建筑、规划、和景观建筑）真正可以为今天的城市设计做出贡献？他们目前做了什么可以证明他们可以胜任那样的角色？"[16]我认为罗德文提出的最有趣一点是：当初这样的问题在1956年被提出，而如今同样的问题仍然会被问及，就和现在一样，真实的权利被其幻觉所掩盖。

大会剩下的部分包括了一系列的正式讲座和讨论及随后的正式晚宴。匹兹堡市长大卫·劳伦斯研究了匹兹堡的案例，埃德蒙·培根则阐述了费城的案例，维克多·格鲁恩讲解了沃思堡的案例。麻省理工学院城市与区域规划系的系主任弗雷德里克·亚当斯就"城市设计的实施问题"展开了讨论。"大会在对"城市设计在当今是可能的吗？"的讨论中落下帷幕。[17]回顾最后的两组讨论，我们可以发现主要情形还是像塞特后来所描述的"一团虚假的和气"。

第二届城市设计会议（1957年4月12日和13日）旨在从更高层面定义城市设计。有意思的是，在第一届会议上认可的概念并没有被讨论。为了推进讨论，大会宣布了一整套新的宣言，并借此形成会议议程。会议的讨论范围被缩小了。塞特可能意识到了第一届会议上讨论的广度问题，因此力求更专注和更清晰的表达。虽然现在人们清楚地意识到，经济学、社会学、心理学和其他学科对当代城市的形态的确是有影响的，但当时的城市设计却有意识地只与规划、建筑以及景观建筑的专业技能相关联。会议召开之前，邀请函里包括了这个声明："本次会议仅限于讨论规划过程的设计部分。这并不意味着设计部分比其他部分更为重要，比如相关数据的建立或者实施的手段，但这些可能与社会学、经济学或者政府更直接相关。"[18]

在这里，有意思的是对城市设计范围的缩小。我们看到了讨论范围变窄后，脱离了"外界"权威指定的内容，只限制于设计专业人士可以掌控的部分。通过这一范围的缩小，我们可以看到城市设计的内在矛盾：一方面，承认城市的复杂性，城市设计必须"重组"以适应这种复杂性；而另一方面，也承认专业权威的局限性，应当在已知的专业权威下简化城市设计的相关条款。首届大会提出了对于城市设计范畴的诉求，并确定了一个议题，即需要"重组"设计专业人士以便他们能掌握和影响这一范畴。所以，他们从最初开始就已承认了设计专业人士的局限性。到第二届大会时，关于复杂性的争议被如何简化所取代。从那时起，城市设计努力和城市现状的复杂性达成一致，关于权威、控制以及范畴的争议变成了如何定义城市设计的基础问题。在第二届会议上，"共同基础"的议题被提及了数次，显然，它的被提及是用以维护设计专业在规划师和其他人所掌控的领域中的主导位置。在这里，我们清楚地看到建筑师的纠结，以及他们将城市从规划师的权威下解放出来的企图。有意思的是，通过对第一届和第二届会议的比较，我们可以看到，在第一届会议上，人们可以尽情地寻找和探索边界所在，而在第二届会议上一套清晰、狭隘的边界已经被假设出来，相关条款似乎正在被制定。

到了1959年4月召开的第三届会议，城市设计的定义看似已得到了充分的发展，因此开始了第一次关于项目的案例研究。有意思的是，此次会议的任何结论或者原则体系都从未出版过，而且在所有的会议材料里都看不到选定案例的标准。有趣的是，聚焦于建筑学的讨论促进了城市设计从规划议题中的进一步分离，但从研究主题和参会人员可以明显地看到，景观建筑层面的影响也在减少——景观并未在案例研究中被加以讨论。这种明显的缺失标志着与前两次会议的根本性转变，并定下了后续会议的基调。所谓的"共同基础"，即建筑、景观建筑和规划将协同应对城市化问题，被迅速地让位于一个较窄的建筑学概念以看待城市设计在世界上的作用。

同样有意思的是，本次会议上尝试解决有形的设计问题，这与前两次会议不同，议事日程丢弃了塑造城市"力量"的抽象观点。事实上，塞特在他的开幕致辞中明确地提及了这点，他宣称"在第二届会议之后，我们中的许多人意识到，尽管这些会议被认为是有趣的、具有启发性的，但是继续讨论这些一般性的主题毫无用处，因为这意味着我们的重复。"[19] "塞特也表达了对这些城市设计讨论的失望，并将之前的会议结果描述为"一团虚假的和气"。[20]

在他开幕致辞的最后，塞特发表了一个令人瞩目的声明，这个声明强调了在这一时

48

49

宾夕法尼亚州费城社区山的住宅楼和联排别墅开发，贝聿铭设计，1964 年摄。
摄影：George Leavens，图片来源：Time Life Pictures。

期对城市设计的定义，同时也必然会影响到哈佛大学设计研究生院的城市设计专业学科的开设："这是一个关于城市设计和城市设计特殊方面（住宅）的会议。我想，我已经说得够多了，这不是一个关于城市规划的一般性会议。"[21] 显然，这些项目都是塞特构想的城市设计在实际运用中的案例，同时，尽管认定城市设计是一个"共同基础"，但我们也发现，城市设计已提出了明确范畴的诉求，其结果最终会影响城市设计学科在学校的定位。当然，在世界上，城市设计已成为一种由建筑师来定义和实践的活动。

在第三届会议上，有六个（译者注：原文为"五个"，有误）项目被展示和讨论：贝聿铭在费城的华盛顿广场（Washington Square）和他在圣路易斯的米尔克里克住宅区项目（Mill Creek）；密斯·凡·德罗和路德维希·赫伯思恩（Ludwig Hilberseimer）在底特律的格拉希厄特重建（即拉法叶公园，Lafayette Park）；斯基德莫尔、奥因斯和梅里尔（SOM 建筑设计事务所）在芝加哥的梅多斯湖住宅项目（Lake Meadows）；麦克林·汉考克（Macklin Hancock）在多伦多的当米尔斯社区项目（Don Mills）；斯德哥尔摩城市规划办公室的魏林比新城项目（Vallingby）。会议材料是由哈佛大学设计研

伊利诺伊州芝加哥的梅多斯湖住宅项目和湖岸草地住宅项目（Prairie Shores），
SOM 建筑设计事务所设计，1966 年 3 月摄。图片来源：Bettman/Corbis。

究生院的校友们提前整理，随后这些校友们在当时的在校学生的协助下，成了各个讨论组的记录员。在大多数情况下，项目的建筑师、开发商以及城市规划师不仅在信息的收集过程中给予帮助，并且参与了会议的讨论。在经过一天的讨论后，六个讨论小组都向由校友和学生组成的大会做汇报，之后，在哈佛设计研究生院校友会主席罗伯特·格迪斯的主持下进行了一下午的公开讨论。

正如格迪斯所言，这六个获选项目被公平地划分成了两个一组。魏林比和当米尔斯是新城；梅多斯湖和格拉希厄特有着相似的规划和基地情况；华盛顿广场和米尔克里克与周围环境有相似的联系，并有相似的问题和规划。第三届会议的形式被认为是成功的，并成为了之后几届（包括第五届）会议的模板。第六届会议则改变了规模，讨论了关于城际发展的问题。但是到了 1964 年，第八届会议重新将注意力转到了城市中心，那时美国正在发生的许多变化所折射出的问题引发了对社会、政治、经济的关注要远远超过对于形式和美感的重视。

总而言之，后面的会议更趋向于抽象化和普通化，也许这正是城市设计内在特点

50

51

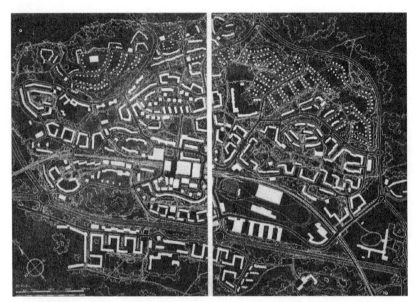

斯德哥尔摩总体规划，瑞典斯德哥尔摩城市规划委员会设计，约在 1957 年制图。
引自《建筑实录》（*Architectural Record*）1957 年 4 月刊。

的反映——定义的模糊性。第九届会议（1965 年）和第十届会议（1966 年）讨论了设计教育。第十届会议还再次提出了城市设计定义的问题。会议讨论了"在建筑与城市设计中转换教育的要求"，关于"什么是城市设计"的精确定义还存在明显的争议。当时的哈佛大学设计学院研究生院建筑系系主任本杰明·汤普森（Benjamin Thompson）将城市设计描述为"大尺度的建筑"。华盛顿大学建筑系的罗杰·蒙哥莫瑞教授（Roger Montgomery）将之描述为"项目尺度的设计"。同为哈佛大学设计研究生院教授的塞吉·希玛耶夫（Serge Chermayeff）和杰茨·索尔坦则在一篇联合声明中称"建筑与城市设计仅是一个单一的专业，这些专业的核心是设计。"

诚然，希玛耶夫和索尔坦看似精确地表达了城市设计学科是作为建筑学的一种延伸在学校和实践中的发展轨迹，而不是完全与之不同。有趣的是，当时哈佛大学设计研究生院城市设计系系主任维罗·冯·莫尔克（Willo von Moltke）得出了与建筑系同僚完全相反的定义："城市设计并非建筑设计。城市设计的功能、目的和目标就是为将来提供形式和秩序。通过总体规划，城市设计为城市发展提供了一个总体方案和总体形式。它主要是涉及了其他专业参与的协同努力。" [22] 从这两种观点我们可以看出，对于什么是城市设计的争议仍未解决，比如说希玛耶夫和索尔坦所宣称的，城市设计是建筑设计的延伸，但他们也不能说明城市设计如何成为建筑设计的延伸的，而当冯·莫尔克拒绝接受这样的定义时，他自己的定义似乎也不充分。

53

最后一届城市设计会议举办于 1970 年。这次大会由哈佛大学设计研究生院和国家城市联盟（National Urban Coalition）共同主办，旨在讨论大规模工业化住宅的广泛影响。这次会议强烈地受到哈佛大学设计研究生院和美国社会普遍发生的显著变化影响。1969 年，毛瑞斯·基尔布里吉（Maurice Kilbridge）接替塞特成为哈佛大学设计研究生院院长。同时，学校正经历着活跃的学生政治运动引起的动荡，使得这次会议的气氛变得政治色彩浓重。对于城市设计属性的研讨让位于对国家和联邦房屋政策的批评，而讨论城市设计作为一种学科的努力则被塞特所描述的 "一团虚假的和气" 所取代。

定义与角色的永恒问题

1957 年 4 月，首期《综合体》（*Synthesis*）杂志出版，这是一本哈佛大学设计研究生院的学生刊物，旨在为学生们提供一个探讨和工作平台。这本刊物专注于城市设计，每期含 10 篇学生和教职人员的论文，其中就包括埃克博、佐佐木、蒂里特和规划师威廉·古德曼（William Goodman）。1956 年圣诞节前，《综合体》的编辑们写信给 32 位杰出的建筑师、景观建筑师、规划师、社会学家、经济学家、律师和优秀公民，向他们征询城市设计的定义。在蒂里特撰写的《城市设计的定义》（"Definitions of Urban Design"）一文中对此有详细的表述。

54

这其中有 10 人拒绝给出城市设计的定义：其中 4 人是因为过于忙碌，像保罗·鲁道夫（Paul Rudolph）就属于这类；另有 3 人则断言无法给予城市设计定义。罗伯特·摩西（Robert Moses）的回答很简洁："我无法满足您的要求。"同样的，赖特写道："我对此毫无兴趣。"尽管非常粗略，勒·柯布西耶认为城市设计应具备这样一种形式，"城市是一个社会最重要的表达，城市化的任务是组织土地的利用以便符合人们的工作需求，它分为三个类别：① 农业生产单元；② 线形工业城市；③ "中心—发散型"交换城市（思想、政府、商业）。城市研究是一门三维的科学。高度与水平的扩展同样重要。"[23]

理查德·纽特拉写道："城市设计就是赋予社区以形状并且塑造其活动。它不但涉及空间中的动态特征，也涉及时间。"[24] 瓦尔特·格罗皮乌斯写道："好的城市设计体现为对于始终富于想象地创造城市生活环境的不懈努力。如今，机械自动化正削弱人性，为了改变这一现状，现代城市设计师激动人心的工作便是协调自然、技术和经济等诸多因素，创造美好的生存环境，以满足人类情感与现实的需求。"[25] 西格弗里德·吉迪恩"富有诗意"地写道："城市设计应该是你与我之间关系的视觉呈现。"[26] 这不禁让人又想起塞特说过的话："一团虚假的和气"。

反对精确定义：将城市设计看作一种思考方式

问题源自第二次世界大战后快速城市化的压力，美国市郊的快速增长以及欧洲很多流离失所的状况迫使哈佛大学设计研究生院培养训练学生以应对大尺度设计的棘手问题，而这需要设计和规划的综合能力。我们阅读了有关第一届城市设计会议的会议记录，以及此后12次会议对定义城市设计的范畴所做的努力。这种努力今天仍在继续，因为城市设计总是缺少清晰的角色定位、范畴及权威。

在过去的一百年间，设计和规划专业日益形成了一个清晰的学科范围。在这样的背景下，也许城市设计的独特价值源自它的模糊性，而并非是提供了一个连接更加专业化设计工作的整体框架。出于城市设计的特质，它拒绝绝对的分类方式。城市设计不应该被当作建筑、景观建筑或者规划专业。城市设计不是一种专业，而是一种"思维方式"。它不是分割和简化，而是一种综合。它试图用整体的方式运作于被学科界限支离的世界中，它试图去解决城市状况的全部现实问题，而并非是通过学科镜头所看到的狭窄片段。

城市设计一直并且持续处于发展中，它不期望更加清晰的定义或者专业的认可，而是期望成为一门应对城市条件复杂变化的专业。城市设计使那些能够提出问题的通才发挥更重要的作用，并且在别人试图区分时他去寻求联系。不断变化着的复杂因素造就了城市的现状，这些因素被划归在不同的专业之下，城市设计师需要理解不同的专业，进行跨专业的交流，将它们整合在一起。

如果城市设计将会主宰今天城市的命运，那我们得先准备好理解城市的特质。在1950年，全世界有86个城市的人口超过100万，而如今有400个城市达到这样的规模，到2015年，预计将不少于550个，而这其中有95%的增长会发生在发展中国家的城市中。我们正目睹一些人口超过800万的巨型城市的出现，而且更为壮观的是，某些人口超过2000万的超级城市也已出现。根据《远东经济评论》的观点，到2025年，仅在亚洲就会出现10到11个人口超过2000万的超级大都市，包括雅加达(2490万)、达卡(2500万)、卡拉奇(2650万)、上海(2700万)。[27] 我们的问题是：这些集合城市的增长是城市的最终胜利，还是如麦克·戴维斯(Mike Davis)所说的[28]，是我们见证了有史以来最大的人类和生态的梦魇？假如真是如此，我们作为城市设计师应为此承担怎样的责任？我们将扮演什么角色？我们将如何应对？

毫无疑问，城市设计师必须倡导可持续发展以及高质量的城市空间。他们必须根据一套强有力的原则提出极具挑战性的问题并给出解决的方案，旨在创造充满生机的、令人向往的并且宜居的邻里环境和城镇中心，与更大的社区连接在一起，并且保留珍贵的自然资源。在一个过度迷恋于最大或者最新奇的建筑标志的世界，要求城市设计师能够关注于居民的福祉，强化社区并且增强市民参与。

当我从办公室的高窗眺望出去，是上海那巨大的斑驳陆离的城市景观。我回想起

1956 年所讨论的"可怕的城市疾病",带着些许妒羡。我不知道在面对新的艰难现实时,城市设计能有或会有一个什么样的未来。

注释

[1] 塞特于 1942 年在哈佛大学出版社出版的《我们的城市能存活吗?城市问题的初步了解、分析和解决方法》一书是基于 CIAM 会议的。在塞特的众多名字拼法中,我沿用《进步建筑》1956 年刊登的第一届城市设计会议纪要中的写法。

[2] 世界银行, 2006, www.worldbank.org/urban/facts/html.

[3] Sert, *Can Our Cities Survive?* 229.

[4] Jose Lluis Sert (1956a), Opening Remarks to the Urban Design Conference, April 9, 1956, Loeb Library, Graduate School of Design, Rate NAC 46 Harc 1956. Hereafter referred to as "Sert 1956a".

[5] Sert, *Can Our Cities Survive?* 222.

[6] 同上, 224.

[7] 同上, 234.

[8] Jaqueline Tywhitt, Jose Lluis Sert, and Ernesto Rogers, eds., *The Heart of the City: Towards the Humanisation of Urban Life* (London: Humphries, 1952).

[9] Sert, "Centres of Community Life," in *The Heart of the City*, er. Tyrwhitt, Sert, and Rogers, 3.

[10] 同上, 11.

[11] Urban Design Conferences, Proceedings of Spring 1956 Conference. Transcripts, Notes, etc. Harvard University Archive, 1956a, UA V 433.7.4, Subseries IIB, Box 19, containing transcripts from audiotapesm with notes from Tyrwhitt to Sert and drafts that Sert annotated. Hereafter refered to as "Harvard University Archive, 1956a."

[12] "Urban Design," *Progressive Architecture*, August 1956, 97–112.

[13] [17] Harvard Univerisity Archive, 1956a.

[14] "Urban Design," *Progressive Architecture*, August 1956, 97.

[15] [16] 同上, 11.

[18] Harvard University Archive, 1957a, 2nd Urban Design Conference Announcement and Program, dated April 1957. Leob Library, Graduate School of Design Rare NAC 46, Harv 1957.

[19] [20] [21] Harvard University Archive, 1959, 3rd Urban Design Conference Program, April 25, 1959. Loeb Library, Graduate School of Design, Rare HT 107.U712x 1959 (loose leaf files in the archive).

[22] Harvard University Archive, 1966, 10th Urban Design Conference Proceedings, April 17 and 18, 1966. Loeb Library, Graduate School of Design, NAC 46 Har 1966:14.

[23] [24] [25] [26] Synthesis, Graduate School of Design, April 1957 (loose leaf files in the archive).

[27] Far Eastern Economic Review, *Asia 1998 Yearbook*, 63.

[28] 参见 Mike Davis, "Planet of Slums: Urban Involution and the Informal Proletariat," *New Left Review* 26 (March/April 2004): 5–3.

57

城市设计实践五十年

城市设计五十年：个人的视角

丹尼斯·斯科特·布朗

61　　* 纪念戴维·A. 克兰（David A. Crane, 1927—2005）

　　如果读过 1956 年哈佛大学第一届城市设计会议的报告，并且了解之后发生的事情，谁能没有一种辛酸的感觉？虽然参会者的兴趣和专业广泛，但他们对城市的未来持有乐观主义，并相信通过资金和立法，实现他们对美国城市愿景的道路已经打开了。

　　查尔斯·亚伯拉姆斯认为：政治革命释放了设计师要实现任何事情所需的所有宪法权力"。[1] 弗雷德里克·亚当斯相信，近期的城市更新立法使得"对已完成项目及其周边环境的实际形态的控制成为可能"。[2] 对于费城规划师埃德蒙·培根来说，由国会拨款 10 亿美元来创建一个新的城市环境，意味着"一种我们无法逃避的责任。"[3] 他似乎还没有发现教皇西克斯图斯五世（Sixtus V）为罗马而作的规划（后来成为培根彻底重组费城方案的基础），而推荐了路易斯·康的米尔克里克住宅区项目作为城市模型(尽管培根阻碍了康剩余的职业生涯）。1956 年，培根为国家独立历史公园（Independence National Historical Park）所做的规划顺利进行，匹兹堡的城关中心（Gateway Center）62　和伯恩特公园（Point Park）的规划，被市长大卫·劳伦斯誉为"一个位于中央商务区心脏的绿带边界"。[4]

　　如今，这两个项目已成为令人惋惜的过去式。尽管经过多年的努力，但它们的宏伟63　愿景既没有达到城市性，也没有达到舒适性。以"人类迁移"为传统的城市更新成为会议上公认的未来的有效方法之一。

　　尽管维克多·格鲁恩为他的方案提供了一个周全而合理的基础，但他还是失败了。20 世纪六七十年代建造的大多数步行购物中心于 80 年代被拆掉。[5] 弗雷德里克·亚当斯倡导一种对汽车的美学理解，他还建议以设计控制来打击"猖獗的个人主义、商业主义，以及我们社会中大众品味的匮乏"。[6] 50 年后，我们可能会看到这两项建议相左。捷尔吉·凯派什希望"一种新的结构意义，一种新的秩序"[7] 与我们更广阔、更快速的世界相称，且基于当代抽象表现主义艺术家的感性——他自己及其周围那些 20 世纪 50 年代现代主义建筑师的感性。可以说，这些感性是城市更新项目问题的一部分，这种对笛卡尔式几何图形和纯粹性的推崇，使新建筑和规划的选择变窄，并带来了更多不必要的拆除。

相比之下，简·雅各布斯的理论更浅显些。在声称美国城市旧式移民地区的价值时，她简洁地陈述了她的主要哲学思想。虽然她聪明且富有想象力，但她的观点在很多方面受限于建筑学和城市主义。小意大利社区（Little Italy）不是城市生活唯一良好的形态，它不是一个处处适用的模型。其他社会思想家则需要从她单一思维的理论中取其精华。

而艾布拉姆斯则谱写了城市经济学的诗歌 [8]。他是一位战略思想家并且是一位语言大师，一个在充满规划术语的世界中不寻常的结合体。他对经济和城市发展问题的把握，从部落到发达经济体的研究跨度，以及置疑普遍认可的知识的开明思想，帮助我转向研究建筑学和城市主义的"进化"哲学（而不是"强加"）。所以，当他担任 1967 年布莱顿海滩竞赛的评委时，我和罗伯特·文丘里（Robert Venturi）很遗憾地获悉，他并没有发现我们的设计和他思想之间的相关性，而是遵循了他的朋友何塞·路易·塞特的判断。

罗德文关于塑造城市的力量的论点帮助我形成了城市设计及其发展过程的观点。我同意他的看法，建筑师、规划师和景观建筑师被"列为最不重要的力量"，城市设计可能因为"知识和艺术资本的薄弱"而受到阻碍。但在 50 年后，他呼吁的设计专业却燃起 "在当代的建筑学或规划过程中与做大尺度城市设计时同样的激情和洞察力"，[9] 事实证明似乎好的城市的建造不止会耗费设计师的激情。我部分认同罗德文提出的"大众"观点。[10] 通过理解赫伯特·甘斯（Herbert Gans）的论述或观察市场营销专业如康卡斯特的案例，我们应该知道，我们必须将"大众"的概念拆分成分组（subgroups）、细分（segments）和概况（profiles）。

拉迪斯拉斯·塞戈伊讨论了交通系统的城市建设倾向。弗朗西斯·维厄林奇描述了一个关于交通系统威胁现有历史城市的案例。他认为原因在于政治和权利（或权力机构）的重叠以及工程和开拓的心态。他把协调方面的分歧归于文化框架的缺乏，专业参与的不足，以及"最重要的是城市设计层面的三维规划统筹机制的缺乏。" [11] 相同的理由如今仍被提起。雷金·艾萨克斯扩展了罗德文的城市形成力量的清单。他注意到芝加哥大学的规划学院遵循其社会和政治学家的意见，然而他怀疑"非设计专业"不能将数据输入"充分的激发条件"以引起设计师的兴趣。[12] 有些问题永远不会结束。

塞特，作为国际现代建筑协会中的欧洲建筑师，凭借他在哈佛大学的地位，将欧洲的现代主义标准带到美国，他依然足够智慧地看到美国城市规划中的许多学科对他所引荐的勒·柯布西耶和国际现代建筑协会的城市主义所作出的回应。他相信城市学科之间需要综合，呼吁城市设计提供"和谐的结合"——这是城市设计讨论多年来一直重复的术语。塞特是一个有能力的会议召集人，并能定义问题，但他仍称赞匹兹堡和费城的市区重建——"今天这些乌托邦成为现实。"而我们可能称它们为噩梦。虽然塞特的预见已经超越《雅典宪章》所确定的内容，超越国际现代建筑协会著名的城市设计规则，但是在他的讲话中，他更像一个美国的城市规划师，无法使用规划概念来重新思考现代建筑的优先性。[13]

这些发言者教导了几代建筑师和规划师，他们是我老师的老师。他们在会议上定义的方法，从根本而言是哈佛大学建筑学和城市设计的教育方法，在20世纪五六十年代被美国大多数建筑院校采纳，并成为后期现代主义的建筑学和城市主义的指导力量，特别是在大量联邦政府资助的市区重建项目中。

在20世纪五六十年代，我从其他思想家那里获得了对于城市设计的印象。1956年，我从一所英国的建筑学院毕业，在那些战后重建的日子里，我对城市主义充满了狂热的兴趣，开始了沉淀自我的欧洲研究之旅。1958年，我进入宾夕法尼亚大学美术研究生院城市规划系。[14] 那时，戴维·A.克雷恩刚从美国哈佛大学设计研究生院毕业，正在欧洲做一个城市研究课题。他在罗马偶遇了罗伯特·文丘里，从而向他学习了欧洲城市主义和巴洛克及风格主义的建筑。因此，这些对文丘里和我以及克雷恩产生的影响，不仅来自欧洲和美国，对我和克雷恩而言，还有来自非洲。但那些来自美国的曾影响过我们的城市思想家们正在淡出哈佛辩论的舞台。他们是：瓦尔特·格罗皮乌斯、马丁·瓦格纳（Martin Wagner）、约翰·布林克霍夫·杰克逊（John Brinkerhoff Jackson）、路易斯·康、威廉·惠顿（William Wheaton）、罗伯特·B.米切尔（Robert B. Mitchell）、马丁·迈尔森

66

"在纽约上城第103大街附近，贫民窟被无情地推倒，为像这样破坏城市天际线的低造价住房项目让道。"纽约曼哈顿，1959年摄。
图片及摘录来源：亨利·卡蒂埃－布列松（Henri Cartier-Bresson）/玛格南图片社。

（Martin Myerson）、瓦尔特·伊萨德（Walter Isard）、布里顿·哈里斯（Britton Harris）、约翰·迪克曼（John Dyckman）、凯文·林奇、杰奎琳·蒂里特（事实上其出席会议并做了会议记录）、戴维·克雷恩、赫伯特·甘斯、保罗·克里希斯（Paul Kriesis）、梅尔文·韦伯（Melvin Webber）、保罗·达维多夫（Paul Davidoff），以及与哈佛大学关系密切的（这种说法也许并不恰当）菲利普·约翰逊（Philip Johnson）。另外，现代欧洲人、野兽派和十次小组在哪里呢？

从今天的角度来看，哪些主题被错过了呢？一个主题是对后期正统的现代建筑的讨论，这在欧洲正如火如荼，而在美国则刚刚开始。野兽派和十次小组主张城市街道生活，以及以传统和原始城市形态的复杂性（"没有建筑师的建筑"）对抗光辉城镇的简单性。他们的对抗主要针对当时以塞特为代表的国际建协成员，他们认为国际建协已经失去了它的火花。因此，他们不可能在哈佛大学有影响力。另一个主题是全球主义，这是那些有国际性实践经验的与会成员的核心部分，直到现在也是，但这个主题仅被亚伯拉姆斯提到。[15] 还有一个主题是教育，哈佛大学很可能成立了克雷恩在宾夕法尼亚大学任教的工作坊。而对我的城市设计、规划和建筑学的设计教学而言，它们只提供了形式，并没有内容。

哈佛大学基于格罗皮乌斯源于包豪斯（Bauhaus）的教学模式，国际现代建筑协会以城市为中心的建筑学观点，都由塞特在会议上提出。这些在 20 世纪 50 年代后期宾夕法尼亚大学的建筑学和规划教学中都有出现，并在芝加哥大学规划学院变得日益重要。脾气暴躁的社会科学家几乎不会向建筑师问好，然而他们的思考在我的教育中发挥了惊人的作用。在全体教员的退出而引发重新考虑设置规划系课程期间，比较 1956 年哈佛大学和 1960 年宾夕法尼亚大学的辩论将是有趣的。在接下来的 4 年中，宾夕法尼亚大学的规划师对城市未来的热情变得更为温和，因为他们主要是一群以社会科学为背景的规划师。

城市设计，从以前到现在

自 1956 年以来发生了什么？如其他的领域一样，城市设计追求潮流与时尚，并且被一切可利用的资源驱使，尤其是来自华盛顿的基金。所以相同的思潮影响着城市设计领域乃至整个社会，近些年来，资源的提供者也认为城市设计师占主体是非常重要的。20 世纪 60 年代，呼吁公民权利和反对市区重建的运动同时爆发。两次运动的倡导者声称在城市更新中城市设计和建筑愿景才是问题的部分根源所在。社会规划师（那些积极追求社会公平、从事规划的社会科学研究者）批评"建筑师"，但实际上，他们批评的仅仅是他们职业生涯中遇到的那些受过规划训练的建筑师，或出于对城市的兴趣，在相

67

关的咨询公司或机构有过实践或培训经验，就自称为城市设计师的建筑师。社会规划师指责他们将大尺度的建筑设计称为城市设计；指责他们缺乏城市设计所需的社会经济和技术的知识；指责他们对价值体系认识的幼稚，对多元文化社会的无知；指责他们竟声称要领导规则团队（事实上，由于他们被训练得比其他成员更懂得协调一致，他们正领导着这支队伍）；指责他们的无知将团队引入歧途。培根是他们批评的典型，时常成为他们批评的标靶。

相比之下，建筑师在城市规划部门或市区重建机构遇见这种城市设计师时，他们称呼他为"规划师"。当建筑师发现自己必须按照他的设计导则工作时，批评城市设计师对于建筑设计的知识不足以制定现实的指导方针。1982 年，以我的经历，我总结了作为一个建筑师和规划师的两难处境："缺乏城市知识和建筑学上的深度，城市设计师两头落空；规划师声称他们的处方不切实际，建筑师认为他们的设计没有天赋。"[16] 在建筑和规划领域，一些城市设计师假定自己是穷人和无代表权者的拥护者的角色来回应社会运动，但这样的角色不能支持全职的职业生涯。

20 世纪 70 年代，我们开始看到一种相生相依的趋势：历史保护和环境可持续性。从那时起，两种趋势或多或少地与城市设计平行运行。它们依次平行于建筑学中的后现代主义，以及全国范围内偏向共和政治和共和主义经济学、尼克松主义（Nixonism，译者注：尼克松制定的收缩美国全球义务、调整国际关系的外交新方针。其中心点是美国将不再承担保卫世界自由国家的全部责任）和里根主义（Reaganism，译者注：里根制定的与苏联争夺第三世界的施政方针）。从公共部门和公共工程中退出，因而减少了对城市设计和规划的支持，剥夺了他们的基金，城市主义者玩弄着公共与私人之间关系的哲学观念，借助公共资金对私人投资的杠杆作用，但是最终受益的是私人部门。拉斯维加斯，由于公共广场上的私人表演，成为公共部门私有化的绝好例子，因此属于新城市主义，它是具有后现代解构主义和新现代主义（PoMo. Deconstructivism and Neomodernism）特征的城市设计，这两者都是对早期现代主义的一种后现代怀旧形式。这似乎并行地对私人部门产生冲击，他们的顾客主要是私人公司或非政府组织。

我所称的"特殊利益"或"直取咽喉"的城市设计是在私人部门中的一种实践形式，它最早出现在战后早期的城市更新活动中，在 20 世纪 70 至 80 年代逐渐增强，并持续到今天。此时为开发商和开发团体服务的城市设计师，正如他们应当的那样，致力于了解他们客户的需求，并以城市更新机构和商会作为后盾，在城市中有力地维护这些需求。相比其他城市设计师，他们和他们的客户更有经验，更有融资能力。并非所有的私人开发商都能直取咽喉，一些社区监察团体也是这样，我曾经听一个规划主管说，"我由衷地厌倦了每一个恃强凌弱的开发商和他的招牌建筑师一起到来。"

现在我们有了全球主义，每个人都打算到中国去。

哈佛大学城市设计课程的影响

自 1956 年以来什么仍在持续？因为我既不是一个学者，也不是一个历史学家，我无法全面勾勒出 1956 年后哈佛大学城市设计的思想轨迹，作为一名从业者在相关领域进行写作，除了我所看到的以外我不能做任何声明。但是，因生活经历丰富，见识广泛，我可以为所参加过的会议"写会议纪要"。我也试图通过我的工作并超越它，去追寻我老师的思想轨迹，以明确什么仍在持续。我的职业生涯并没有反映出城市设计职业的标准或平均水平，因为那并不存在。但是，我的经验可能与关于哈佛大学的影响的讨论有关，因为 20 世纪 40 年代末宾夕法尼亚大学美术研究生院（GSFA，现在叫宾夕法尼亚设计   69
学院）接受了哈佛大学设计研究院的"移植"。

当费城改革民主党从哈佛大学聘请福尔摩斯·帕金斯重整宾夕法尼亚大学的美术研究生院时，他同时也带来了威廉·惠顿、伊恩·麦克哈格（Ian McHarg），以及年轻的罗伯特·格迪斯、乔治·卡尔斯（George Quarls）和戴维·克雷恩。1958 年，我被路易斯·康在英国新粗野派中的声誉和费城正在进行城市规划的兴奋消息吸引来到宾夕法尼亚。但是，当我进入宾夕法尼亚的规划系时，我发现，不同于宾夕法尼亚大学建筑系，它已脱离了哈佛大学的城市主义，受到其他思想的影响。以强大的社会科学为基础的芝加哥大学规划课程显著地影响着宾夕法尼亚大学的规划思想。康以他在建筑硕士课程中的堡垒作用，对市镇设计课程施加影响，同时反过来影响哈佛大学的建筑系。我认为，康的力量不为人知的一个方面是，他向宾夕法尼亚规划师学习，尽管有时他也对他们做出傲慢的评论。[17]

在宾夕法尼亚大学的规划系，我发现这是我从未遇到的最具挑战性的学术环境。赫伯特·甘斯提出了"城市社会学"的多元思想。甘斯结合了简·雅各布斯对城市社会的复杂性和多样性的理解，用一种更广阔的视角看待社会、群体和结构。他批评"建筑—规划师"和城市设计师对社会问题的理解是有限的，批评他们不假思索地用中产阶级的价值观来回答多元团体提出的问题。这种说法正击中我的要害，我在英国和非洲时就经历过与群体价值观发生的冲突。此外，甘斯是经济学家和区域科学家，他认为经济决定了城市模式，他还是运输系统和城市系统的规划师，他能基于计算机的分析而预测交通设施和区域发展之间的关系。另一边坐着的是保罗·达维多夫，他要求重新定义规划过程，将公民参与纳入其中，使得在 20 世纪 50 年代的城市规划中，尤其是在城市重建中，被忽视的底层公民能参与到规则过程中来，这也是哈佛大学会议所希望的。在民权运动时期，达维多夫定义的规划过程以及他关于规划师和建筑师作为底层阶级倡导者角色的建议，对于年轻规划师而言是一个感人的号召。麦克哈格在景观系中提出的"人与环境"   70
共存的理论，我感觉是不系统的，理论上站不住脚的，但他的追随者将其理论应用于景观建筑学、区域规划、法律、城市设计和规划领域，涉及范围从"可持续性"的广泛计算到暴雨管理，从而使该理论变得适用且重要了。

　　克雷恩是宾夕法尼亚大学规划系物质规划工作坊的负责人，他也是我学生的指导教师，我的主要助手。他作为一名设计师，对我周围那些社会和系统规划师理念的创造性回应，使我受益良多。克雷恩指引我研究区域科学家瓦尔特・伊萨德的晦涩著作[18]，及哈佛大学的杰奎琳・蒂里特编写的描述地理学家帕特里克・格迪斯对印度村庄建议的"保守性的治疗"的书[19]。后者通过图像形象地介绍了"由内而外"的观点（working from within），这种观点猛烈抨击了罗德文和伊萨德关于城市塑造力量的观点，却与康"想成为"（wanting to be）的哲学，及甘斯和达维多夫号召建筑师发展出比现代建筑更具包容性的城市设计方法等存在关联。

　　在克雷恩的写作和教学中，他最先建立了一套新的城市象征，以能帮助城市设计师在面对这些挑战时重新思考他们角色。他曾经提出一个形象的"千人设计师的城市"，在民主社会中，城市设计师是城市决策者等级系统中的一部分，他们知情或不知情的决策将影响城市的物质空间。像塞特一样，克雷恩认为城市设计师应该是一个协调者——许多人中的一个特定角色，帮助引导其他人的决策，但是这种引导服从于变幻莫测的民主决策。我们这些城市设计师，不同于独裁的统治者，一个"哲学家的国王"。我们对城市未来物质形态的预测仅是一个模糊的近似值。在这种意义上，城市设计仿佛是"在一条河流上绘画"。

　　如同康，克雷恩通过一首诗为设计者解释了强大的运输规划概念，即"运动的四个面"：第一面，街道是出入方式的提供者；通过这一面，有了第二面，街道是城市的建造者；在第三面上，街道提供户外生活空间；而第四面，街道是一个信息的提供者。这种表达方式足够简洁和具体便于建筑师领会，而他们总是被规划师冗长的抽象概念搞得不知所措，但它仍跨越了关注全球性和社会性的经济和系统规划，而且它包括了一个主题（我和文丘里的主修的专业）：建筑学和城市主义沟通的地方。

　　克雷恩从哈佛大学"城市形态决定因素"的概念入手，他让我开始研究城市居住模式的调节剂：社会、经济、技术和自然的力量。1961年，他让我著写《有意义的城市》（"Meaningful City"）一文，我第一次尝试理解城市象征主义和城市交通。[20]他对《雅典宪章》总则的回应已转向对城市"组织"的关注，他指的"组织"是位于城市的主要环线和最大的公共设施之间的部分。他认为如果城市设计师要协调"千人设计师"的建设决策，就应当理解这些"城市组织"内的普遍建筑类型，城市的"主题性单元"（如费城的联排式住宅）和正在出现的新类型（如20世纪50年代的区域购物中心）。

　　克雷恩研究了城市中公共和私人的关系（例如，如何在仅有城市基础设施提供的地方建造住宅），考虑这种关系能否作为私人城市建筑的指南。从这一点上，他发展了"首要网络"（capital web）的理念，它指的是城市所有公共建筑和公共工程的总和，包括流通系统。因为它包含了大约一半的城市建筑量，他认为这个系统可被作为私人建筑的框架和指南之用。

面临 20 世纪 50 年代城市改变的难题，克雷恩对城市的更新周期进行了哲学上的思考。他引导我们关注凯文·林奇的讨论，即关于是否存在一种规划方法能让城市变化引发更少的困境。特别是，林奇认为我们能为物质性改变制定规划（即使它的范围和详细程度是无法预测的），并列出了这样做的几种方法。[21]

1960 年，克雷恩在两篇具有重大影响的文章中列出的这些理念 [22]，它对我们这些将自己的角色看作横跨建筑和规划的人来说是一个路标。此时，大多数的城市设计教育将建筑学作为中心，通过建筑师传授建筑设计师建筑学知识。克雷恩抓住城市社会科学和系统规划的困难和棘手的本质，凭借他的隐喻，找出城市设计师像设计师那样有创意的出路，就像史密森夫妇，用他们对"积极的社会整形"的兴趣，瞄准了城市设计，但又放弃了实现的希望。克雷恩凭借他的想象力，将规划知识应用于野兽派和十次小组的社会理念中，以促进这些理念变成"可操作的"（这是一个受欢迎的规划词语）。尽管在职业生涯的后期，克雷恩偏离了这个思想而转向其他的领域和兴趣，但我认为，他在这个时期的贡献可以跻身于 20 世纪城市设计最重要的思想家和哲学家之列。

72

宾夕法尼亚大学规划系的工作坊教学源自哈佛大学。或许在帕金斯的坚持下，作为规划师和城市设计师的入门性教学，是一个位于发展中地区的新城案例。在这里，规划学科提出的多层面观点可以一同考虑——当然，有些也会被移除。将这个城市设在一个遥远的国家，可以让学生们学会综合更广泛的问题，而不会陷入细节之中。克雷恩，罗伯特·斯科特·布朗(Robert Scott Brown)和我，身处于非洲之外并致力于研究这个课题。

纽约莱维顿住宅模式的风格，李威特住宅建造公司（Levitt and Sons）宣传册，1957 年图。
图片来源：宾夕法尼亚历史和博物馆委员会州立博物馆。

然而，我们与克雷恩的第一个设计教学，"旁遮普新城"（New City Punjab），尽管从表面上看，是一个使用了柯布西耶的昌迪加尔计划的真正的哈佛大学工作坊，但却是极端的修正主义者。这是一个在季风气候下的自助房屋项目，我们将"首要网络"理念应用于基础设施中以适应"千人设计师"的建房需求。

通过对非洲项目的教学和在英国及欧洲的旅行，我对宾夕法尼亚大学产生了兴趣，当时，粗野派和十次小组也刚出现。在 3 年的研究生学习、旅行及工作中，我已开始思考问题，宾夕法尼亚大学的规划课程出乎意料地回答了这些问题。这些问题包括了探寻人们是怎样生活的，期望怎样的城市生活，而不是设计师觉得他们应该如何生活。在宾夕法尼亚大学，城市社会学的课程围绕着回答困惑十次小组的问题而开设，克雷恩的工作坊帮助我们去发现如何使用规划师教导的方法。在我英国的旅途中，我写了篇关于后现代主义的评判文章，想重新评估功能主义的建筑学说，对风格主义的建筑尤为着迷。然而，非洲和英国的经历，使我对大众文化产生了兴趣，如非洲城市人的民俗与城市文化的不纯粹结合，如美国大众文化对英国 20 世纪 40—50 年代原始波普艺术运动的诠释。[23]这种混合物为 20 世纪 60 年代的美国做好了准备。

1960 年，我在宾夕法尼亚大学留校任教并遇见了罗伯特·文丘里。作为同事，我们分享了感兴趣的话题，包括了英格兰和意大利的风格主义与历史建筑、波普艺术、流行文化的象征意义。文丘里是建筑系中没去哈佛大学的少数教员之一。他也是对宾夕法尼亚大学社会规划运动表示同情的少数人之一，这次运动引起我强烈的深思 [24]。事实上，细读文丘里的《建筑的复杂性与矛盾性》（Complexity and Contradiction in Architecture）一书，你会发现它在许多方面是宾夕法尼亚大学社会骚乱的动荡时期的产物 [25]。在最后一章——我在日常环境中不断遇到的攻击揭示，正如文丘里提出的，"普通大众难道都不对吗？"

1965 年我搬到加利福尼亚州，在加州大学伯克利分校和加州大学洛杉矶分校任教，研究西南地区的城市化，这是宾夕法尼亚大学的规划师告诫我们建筑师应该了解的地区，克雷恩将其描述为一个新兴的城市形态。在那里，我继续保持我在欧洲和非洲养成的习惯，拍摄城市化和流行文化——莱维敦（Levittown）、拉斯维加斯、内城组织、商业带和商场、广告牌、高速公路、立交和快速公路的交通大教堂。这些日常环境元素对建筑师来说是无趣的，建筑师更愿意在不寻常的地方找到它们的多样性（例如在法属苏丹多贡的都市生活中）。或许帕特里克·格迪斯可以理解蒂里特令人难忘的观察："无论是婆罗门还是不列颠人"都不会被教育去支持印度人的村庄，而这对我来说是经常的，因为我研究的就是如何理解城市的蔓延。我讲授我在研究和设计中使用的"城市形态的决定因素"，将它作为讲座课程和设计课项目，以此磨炼我管理类似克雷恩的工作坊的技能。

当文丘里来加州大学洛杉矶分校给我的学生做演讲时，他和我一样发现了日常环境的魅力。他承认，汽车导向、霓虹灯点缀的拉斯维加斯（现在早已不复存在）是新兴的郊区商业景观的某种原型。他和我一样对通过工作坊的研究项目分析这种原型的城市结构（特别对它的象征意义）感兴趣。1967 年我们结婚了，于是，我将对城市和流行文化的兴趣、我的规划背景、打破规则的风格主义偏好，以及这种形式的工作坊，一并带进我们共同的实践中。我们第一个共同的实践是《向拉斯维加斯学习》（*Learning from Las Vegas*）[26]，并在这里开始了我们职业三部曲：通过观察学习，通过教学和写作来进行理论化及实践。这些活动以及它们的结合，定义和实现了我们的职业生涯。

我们和克雷恩及其他城市设计师一样，也经过了一系列因社会变化而不断改变关注主题的阶段。1968 年，当我们准备拉斯维加斯工作坊时，一个社会规划师找到我们，他问我们是否愿意成为费城南大街一个受到高速公路威胁的低收入社区的主要规划师和建筑师。因此，在实践的最初几年，我们的工作在拉斯维加斯和南大街同步进行。作为一名职业规划师而不是学术规划师，我的第一个项目是在南大街社区做一名志愿者。

此后大约每十年，我都会为这个专业找到不同的存在方式。在 20 世纪七八十年代，我们为一些内城街区和小的主街做规划，后来也做过一些更大的规划：如迈阿密海滩艺术区中的部分区域规划，历史悠久的滨水城市孟菲斯中心区的比尔街区规划。因此，我活跃于社会、经济、文化和实体规划中，活跃于多元文化论中，也致力将环境系统和交通系统与其他实体系统和模式联系起来。

在这些项目中，我采用了参与式规划的方法，用以去理解 20 世纪 80 年代聘任我们为建筑师的文化机构的复杂客户群体，这是保罗·达维多夫以其非凡的见识向我们推荐的，并且也是他尝试过的。但在尼克松主义和里根主义盛行的那些年，我遗憾地发现，城市里能提供的基金太少，作为公共部门的顾问，我们没办法开展城市规划的实践。就在那时，我们收到了达特茅斯学院邀请，请我们去做他们校园的扩展规划。

自 1988 年以来，在项目中，我将城市和校园规划与设计结合起来，这要求我从地域来思考城市和它的经济，并从整体性去思考校园——即它在教育政策、基础设施、环境和交通规划的需求之间的复杂关系。这些项目给了我们一个从总体规划到一个大型建筑项目的机会，这是规划的第一个建筑增量，它是一个图书馆、一个校园中心或一栋生命科学综合楼。在这些作品中，我们实现了克雷恩的目标，即从规划学科中演变出城市设计。进一步而言，我们让规划学科适应建筑物的设计；换言之，在我们民用建筑学和理论建筑学中，我们在建筑物内部编制土地使用规划和交通规划。用克雷恩的话说就是，我们让街道通过建筑，用它的"四个面"作为设计的原动力。

我的一个理想的观点是（只允许小范围改动！）：用十年时间编制一个校园规划，从它的城市环境、组织模式以及教育政策开始研究，直到研究出可服务新政策的合适的新结构和新模式。尤其是当第一个增加的项目能涵盖一系列强有力的联系，如物质联系和各学科间的联系，这将成为这个校园至关重要的"思想的汇集"。我在达特茅斯、宾夕法尼亚以及密歇根大学有过类似的经验。我近期的项目是布朗大学的校园生活设施系统的可行性研究和指导北京清华大学总体规划的更新。

尽管目前还没有一条被称为"城市设计"的职业道路，我不能称我的经验是典型的，证据表明，正如我所描述的那样，人们有各自应对社会发展趋势的方式。尽管宾夕法尼亚
76 大学的课程介绍称市镇设计课程的目的在于培养天才设计师，但是我相信我的城市设计专业的学生很少有人会成为设计师。很多人日后都成了优秀的管理者，他们从政府的规划机构起步，后又加入非政府机构或私营公司。有些会成为自己公司的负责人，有些成为开发商，其余的成为学者。大多数人发现，比起城市设计，他们进入新领域或建筑实践领域能取得更长期的发展和得到更好的支持。也许他们的协调能力更适合他们新的事业。

重新定义今天的城市设计

观察和学习、教学和实践的经历促使我和文丘里为了记录那些在一个特定的时间里与建筑和城市设计相关的事而去写作。在 20 世纪六七十年代，社会规划师批评的顶峰时期，我把自己定义为一个马戏团骑手，努力将规划和建筑学偏离的马车拉拢一起前进。

从那时起，我们的作品，包括文丘里的《建筑的复杂性与矛盾性》（*Complexity and Contradiction in Architecture*）和我们合著的《向拉斯维加斯学习》，努力寻求一个能符合我们所见的社会现实的建筑学和城市设计的观点。在这个过程中，克雷恩作为我们的战友，一起从哈佛大学的现代主义中（几乎公开地）分离出来。[27] 在 20 世纪 60 年代中期，我写了一本《城市形态的决定因素》（*Determinants of Urban Form*）的书，书中包括 7 个章节，但我没有资金完成它。它的内容渗透了我们其他的著作，涵盖了 40 年专业经验，2004 年，它的一些内容出现在我们的著作《建筑作为风格主义时代的符号和系统》（*Architecture as Signs and Systems for a Mannerist Time*）的第二部分。[28]

1980 年，我直接定义城市设计。我称自己为建筑师和规划师（不是城市设计师，不是"建筑—规划师"），将城市设计定义为这个光谱内的一个焦点：建筑是一个窗口，我通过它观察（个人的和专业的）世界。建筑和规划之间的跨度（至少）是我的工作所关注的范围。城市设计是（我做的或参与）设计的一种类型，这不是一个规模问题，而是方法问题。来源于哈佛大学，但又不全来自哈佛大学，对我来说，城市设计的基本方
77 法是更专注于对象之间的关系，更关注链接、环境，而不是对象本身。它涉及较长的时间跨度，随着时间的增加，因为不同层次和不同类型决策的相互关联，所以决策是复杂的，分部门的。城市设计是复杂的细微组织，它调和间或出现的不和谐乐器，形成一个和谐的结合，需要意识到某一层面的不协调可以在另一个层面和谐解决。[29]

例如，考虑一个老城区的主要街道。多数的设计指南列举了以下方面的规则：现状、远景、材料、遗留物、店面、标识、障碍物、海拔线。这些通常被全面地运用于整个街道。

我相信，真正的城市设计导则应该针对私人和公共建筑、传统和现代的建筑，以及平民酒吧给予不同的指导。在这个例子里，保护私人建筑的景观回廊的诉求可能会被公共建筑所忽略，当然（在是否形成风景）这一点上是有争议的。这种类型的城市设计需要耐心。

我的定义不完全是哈佛大学的思想。它吸收了克雷恩和甘斯的，以及小部分十次小组的观点，关于不和谐的部分则纯粹来自文丘里。其余的，整合起来的都是我的思想。对于建筑学、城市设计和规划之间的差异，我的解释如下："将一群建筑师、城市设计师和规划师置于一辆观光巴士上，他们的行为将显示出他们关注的局限性。建筑师会对着建筑、高速公路、桥拍照，而城市设计师期待着上述三者并列的那一刻，规划师则忙于交谈而无暇顾及窗外的风景。" [30]

五十年后：城市设计的现状

随着撤消对社会规划的支持，消除城市设计部门在政府机构的权力地位，城市设计师在公共部门的作用似乎已经降为处理美学的疑问和制定设计导则。如果建筑师和律师未受过规划培训，他们可能缺少老练，难以协调数以千计的设计师。作为一个遵循城市规划师导则而工作的建筑师，以我拥有的许多经历，我写道：

> 缺乏明确的定义和缺乏在城市设计任务中明确的角色分配导致了混乱。用城市设计导则来指导民用房屋的建筑师会令人沮丧，因为城市设计导则已被城市规划师演变为行政办公楼的设计规范，在制定时忘了考虑民用房屋。或者，城市设计师尝试改善人行道以适合新的购物商场，他可能会与提供路灯的城市机构发生冲突；或者，博物馆的建筑师很少能成功地说服景观建筑师，在设计博物馆对面的公园时考虑到博物馆大门和开放空间的需要。在设计评论委员会上，倒霉的建筑师可能会是一名愿望落空的建筑师，而不是城市设计政治家，因为他不同意选择覆层材料，不同意指定有个人喜好的品牌产品和供应商。或者，设计导则可能要求所有的街道都有成排的树，不管它们是否阻挡了店面、街道路标或有历史建筑外立面；或者，要求工程项目25%的开放空间是草坪，不管项目的位置、形状和功能——这样许多世界上最受欢迎的广场也被忽视。整体建筑规划的私人建筑师可能被公共部门的设计师所摆布，仅根据由外而内要求的有限理解，而不考虑由内而外的要求。[31]

78

这些都是真实的故事！

设计导则可能缺乏对于历史和理论的精深，但更糟糕的是设计师却要参照导则工作，这些导则往往缺乏对所指导的建筑类型功能要求的理解。在波士顿的一个项目中，导则强制规定了一座建筑的楼层平面必须非常宽才能满足高度限制和规定的面积。唯一可能的结果是，每层将会有一些公寓没有外窗。最后，我们放弃了。

在校园规划中，我发现设计导则将一栋生命科学实验室置于陡峭的斜坡上，还展示了一个包含几个互联的、下沉的、广场建筑的"指示性规划"。我们不可能将生命科学现代研究所需要的基础设施置于该规划中。我发现校园规划往往会涉及高度和质量关系、建筑材料以及视点和远景，但很少涉及项目所在的校园和邻近小镇的活动模式，以及帮助我们决定建筑入口的行人、汽车和卡车的进入模式。当我询问这些变量的信息时，我总是被告知，"我们不做这些。"文丘里称这样的导则为"校园美化"，他将其定义为"在学院礼堂前面种植牵牛花"。

然而，作为一名校园规划师，我用图表示出应考虑的变量和活动的模式，给单个项目的建筑师提供校园规划设计中所需要的信息，大家对此是不屑的，他们认为"你无法告诉我任何事情"，但问题仍是：如何在单独设计师和城市之间建立一种创造性的默契？

2004 年，像蜜蜂围绕花蜜一样，利益方蜂拥而至把我们挤出几个大城市的项目后，我写道："围绕城市这个'蜜罐'项目的利益冲突的交叉口不是一个管理性问题，我们能使它成为一个创新项目吗？偶尔可能而已。" [32] 我在这里不打算采用隐喻，而是直接引用埃米尔·哈伦（Emile Verhaeren）的诗《船》（*The Ship*），我把建筑师描述为大暴风雨中的一个水手：

> 那掌握舵桨反抗风浪的人啊，
> 感受双手之间整艘船的摇摆。
> 他摇摆于恐怖，死亡和深渊之间，
> 遵从每一颗星星和每一个意愿，
> 以这种方式掌握联合的力量，
> 似乎可以克服和征服永恒。[33]

这是城市总体规划的传统建筑学观点。城市问题是对"总体"的一个挑战。20 世纪60 年代，这个词引起了社会规划师的蔑视，但事实上，正如最富有经验的参会者查尔斯·拉姆斯已察觉到的：联邦城市更新立法的风浪已经平息了，城市问题已经服从了总体规划。

50 年后我少了很多雄心。在大型城市项目的旋涡中，我质疑是否有人能在起伏的大海中发现或创造更宽或更小的清澈水池。"一个小小的水手建筑师能通过思考来理解整体吗，或者它只是妄想？或许是后者。" [34] 我正思考世界贸易中心大厦，在那里，尽管城市的美好愿望和城市骄傲在规划中得到了民主的参与，但是一些重要的城市问题仍被忽视，而且没有形成一致的设计。或许存在我并没见过项目的底层平面图，更遑论城

市的活动模式和转运系统的设置，并将其概念性地与地区经济相关联。不同交通模式的 80
使用者转为步行者的场所（或附近场所）的分析要点在哪里？思考这些要点怎样才能与
这些场所和建筑物内的活动模式相关联，这些要点怎样才能与个体建筑的入口相关联？
如果这些"城市—建筑"模式不是一个综合设计的生产器，它又怎么能够成功呢？

　　1985 年，我总结了这些问题："不同层次的设计师得到了自己客户的支持，他们可
能会觉得在单个项目或城市地区有话语权……混乱的发生是因为无论是公共部门还是私
人部门的建筑师对他们自身角色的性质和局限，抑或城市设计工作的正当程序（或公平
竞争）的无知。"[35]

　　总之，"千人设计师"在这，但和谐曲在哪？"首要网络"是一种构想。问题不是
开发商的城市设计师是否已将控制缩减而损害了公共部门的利益，或遮蔽了人们晒太阳
的公园，而是没有足够与之抗衡的力量，没有足够完善的规划方案，没有足以支持产生
一个更公平结果的程序。领土的裁决和控制领域的谈判应当基于法治，政府作为全体委
托的规划者，应当发起建立公平的程序，"但是，相反地，政府指定设计评审委员会，
显示自身对问题的无知和不愿意重新思考问题。无论如何，都应避免不公正的强迫，审
美的削弱和放纵则需要起草所罗门智慧的审美规则。"[36]

　　自 20 世纪 60 年代以来，我的城市设计著作，在一定程度上成为这个领域发展的领
头羊。我希望这些著作传递出我所批评的，我的目的不是宣称城市设计是无价值的努力，
而是鉴于城市设计的困境，应完善它的实践以面对其复杂性，从业人员应当从他们的教
育中获得比他们通常拥有的城市生活更大的复杂性，以及比在建筑学理论中更多的哲学。

对于困惑的指南

　　我怀疑，是否我们能像与会成员们所期望的那样，获得埃德蒙·培根曾经拥有的那 81
些权力，不论是善意的或恶意的。我们将不得不以我们仅有的工具找到实践的方法。

　　多年以来，我曾以马戏团骑手、水手和凳子跨立者这些我在城市设计实践中的隐喻
主角，提出对城市开发的指导中的各种减少不公平和增强创造力的措施。从较长的列表
中，有两项涉及我在这里所说的：

> 　　（导则）应是启发性的而不是规定性的，应当开放机会和诱导热
> 情而不是收缩和抑制。导则应当建议细微差别而不是批准授权。
> 它们应当通过语言和图示传达头脑中的意向。语言图片的描绘需
> 要暗示的、诗意的文字。图示不应看上去像建筑图纸，它们应更
> 概要、更自由，能够给予他人以想象空间。然而，城市设计图示
> 应清晰的区别规定性的意图，预测对城市发起的干预的反应以及

愿景。除了描绘期望的地区总体特征之外，导则必须说明城市以提供或需要什么，而且必须建议可能的私人部门对此的反应。为了显示行动和反应的需要，意味着城市设计中测绘和草图绘制是一种动态标准，并要求在没有设计特定的单个建筑的情况下，描述可预见反应的能力——这些绝非易事。[37]

对于建筑师，当没有机会去控制时，也许其他的哲理必须占优势："要取得更多的惨烈胜利，建筑师必须学会什么是可以控制的，以及如何创造性地放手一些他们无法控制的东西，并分配这种权力……通过更好地理解规则和角色，水手可能偶尔变成冲浪者，乘风破浪，在政治中寻找一种驱动力，也许是暂时的和脆弱的，这样将使事情可以沿着合乎逻辑的轨迹做成（我作为规划师的自尊心发问，这是谁的逻辑？），尽管周围有数千人的帮助——好运，丹尼尔和尼娜·里伯斯金（Daniel and Nina Libeskind）。"[38]

当今城市设计教育

1956 年，存在着对如何真正改善城市设计与规划教育，以及讨论这些改善如何构成的展望。在 20 世纪 60 年代，在城市社会性和经济性思想的伟大复兴中，这些展望在建筑学院的规划系内走向成熟。这对其来说已是足够好的了，当华盛顿的财富缩减时，这种力量消散了。但那个时候，即使是那些尽心尽力地将学科内容覆盖城市发展各个方面的院校，我们似乎也没有能力展开课程去深入地培养知识渊博和富有创意的城市设计师。

宾夕法尼亚大学有个为期两年的"城市设计"（Civic Design）硕士学位项目，通过结合建筑学和城市规划的学位必修课程，并融合其他的选修课程要求。在这里，我试图帮助年轻建筑师获得他们经历中不熟悉的信息，例如，他们应掌握的城市社会学和交通规划。令人痛心的是，从这种教育中，我们既没有看到大量伟大的城市设计，也没有看到太多的学科理论发展。也许其中一个原因是，当他们开始时，他们是新手建筑师，没有建筑工程的实际经验。他们的城市设计训练既不能增加这方面的经验，单薄的联合学位课程安排又不能使他们深刻理解城市规划。他们的规划训练没有很好地纳入其建筑学身份，部分原因就像克雷恩一样，伟大的转译者是罕见的。

我想我们不得不承认，我们的教育不是一个城市设计师完美的培养方式。并且它会变得更糟，因为规划部门失去了他们的社会思想家和活动家，建筑师失去了对社会问题的兴趣。所以最终大多数城市设计师主要还是受建筑学的培训，而且我相信这种情况一直持续至今。

我们很少雇用那些具有城市设计资格证书的人进入我们的公司。我更喜欢寻找那些具有视觉和语言能力，而且有 3~4 年建筑设计经验的建筑师。然后，我训练他们的城市设计能力。当然，这不是一个完整的城市规划或城市设计培训，但它通常足以满足我们所做的城市校园规划和大尺度城市建筑的工作。

城市设计是一门学科吗？

对我来说，城市设计缺少学识，缺少理论和原则，缺少一套被普遍认可的工作方法，缺少一个机构设置，缺少大量的从业人员。只有拥有这些才能构成一门"学科"。缺少它们，城市设计师只能借用建筑学的规范、方法和概念，但这种做法是落后的。他们借用了理论的衣服——建筑学的旧衣服，"现在是后现代主义，之前是《雅典宪章》。他们还借用来自欧洲城市的模型。在任何情况下，美国城市思潮，无论优点还是缺点，都不是公共部门所推荐的城市设计的基础。"[39]

83

近来我对规划研究得不多，但当我浏览规划期刊中城市设计的覆盖范围时，它似乎只限于新城市主义，如果知道这些甘斯（Gans）会说什么？

文丘里和我所做的城市研究与设计，今天对于美国和欧洲建筑学院的年轻建筑师和学生，包括一些来自哈佛大学的，看起来仍是有趣的。他们研究我们的城市理念，特别是关于拉斯维加斯的城市理念。关注城市通讯和城市地图的建筑学学生和学者们都转向我们关于象征和城市系统模型的研究中。但我们没有听到城市设计师们的反馈。

依我看来，自克雷恩发表的论述以来，城市设计师几乎没有产生关于城市设计的重大哲学构想，城市设计理论已发展到一定程度，但还是源自建筑学的基础。雷姆·库哈斯（Rem Koolhaas）的作品是一个例子，当然也包括一些在哈佛大学的作品，它们紧随我们拉斯维加斯研究的脚步，记录了内华达州拉斯维加斯街道，25年后仍沿用类似的方法研究非洲的城市化——这就是从拉斯维加斯到拉各斯（Lagos）。

涉及学科建设，有可能是一个新的城市设计学科的建设团队，他们是建筑学的新学者。由于已引入的学术潮流和传统专业课程并存，因此，在过去20年的建筑学教育中，已能看到建筑学博士的大量增加。依我的经历，他们已大大拓展了学术领域的深度，建立了学科。有多少人将他们的目光转向了城市设计？在欧洲学院派建筑师中间，已显示了这种兴趣增长的迹象。精力充沛的论文作者们有助于形成一门城市设计的学科。

未来是什么？

没有多少1956年会议的预言能经受得住检验，我的预言也未必。也许比较明智的是讨论必备的态度，而不是可能或期望中的情境。对于未来而言，一个好的立场可能是

将城市设计看作:

84
1）一个特别广泛和跨学科的主题领域;

2）从街角到区域以及更广的工作尺度;

3）有许多个项目持续进行,与建筑的周期相比,既有较短的也有较长的;

4）涵盖多元的决策者、设计师和多元文化,并要求理解决策过程以及团体价值观;

5）创造专业和跨学科的多元的联系;

6）提供不同于建筑学的复杂词汇来描述城市形态。这些词汇,从克兰、林奇、我们自己和其他人的定义中提炼,以有关尺度和对象的不同方式来定义和组织城市形态;

7）必须理解城市政治,以及城市设计师在其中能够扮演的众多角色;

8）介入任何有关公平到象征意义的斗争,我们希望这是友好的斗争。

城市设计必须有助于协调建筑使用者和更广泛社区中人们的需求。建筑的外部空间不仅仅是为了观看,内部空间也不是业主自己单独的事情。内部和外部之间的裁决关乎每个人,这比美学更加重要;通过城市设计,个人和社区必须解决他们那些时有冲突需求的方面。

我们应该如何为这个复杂的专业培养人才,这个问题存在于最初的会议召集人的头脑中,并成为贯穿本文的一个线索。尽管我批评了宾夕法尼亚大学的城市设计课程,我仍然认为城市规划师培养的最好办法是将他们置于在一个强大的建筑方案中,然后将他们约束于"创造性的,甚至是痛苦的紧张中……（伴随）一个怀疑性的、批判性的、基于社会科学的城市规划部门"。[40]

我相信,克雷恩从哈佛大学学到的教育学和他的工作坊教学方法,以及我们对他方法的发展,对于城市设计保持对设计方面的关注都是有益的。他们也阻止了设计师忽略的广泛社会内容,这在实践中对他们的影响将是重要的,而且应当成为城市设计学科发展的中心。在我心里大概构思了一打儿工作坊,它们可能是有趣的,带来灵感的研究,
85
可以引起学生的兴趣,同时提出我描述过的问题。有些是基于我最近在其他文化中看到的城市原型,例如,上海的里弄住宅类型和文人园林（scholars' gardens）。但我也想对整个费城沿着主要铁路线废弃的工业建筑和场地进行分析和设计研究,或在宾夕法尼亚州和新泽西州的"棕地"进行区域研究,看看对于每一个地方的利用,从社会、经济、文化和环境背景中可以发展出什么理念。

这些工作坊将为有抱负的设计师们提供填满他们爱之盒的机会——正如我曾经在拉斯维加斯填满我的爱之盒。有很多种方法培育爱,也许对棕地的爱之盒会是潘多拉盒子的一部分,但所出现的问题能够转向善与美。正如芒福德于1956年提出的,"从亲密的社区实体开始,因为这是必须不惜一切代价要保护的东西,然后在一个足够经济的方式下找到它的等效现代形式提供给店主和其他人。"[41] 对于芒福德而言,解决方案应从它自己（温和的）现实中发展,加上我的部分,从这个现实中描绘力量、效用和美好是我们的工作。问题越难,发现（真正的）美好的机会就越大。

注释

[1] "Urban Design," *Porgressive Architecture*, August 1956,101.

[2] 同上 , 104.

[3] 同上 , 108.

[4] 同上 , 106.

[5] 同上 , 110–111.

[6] 同上 , 104.

[7] 同上 , 101.

[8] 同上 , 100–101.

[9] 同上 , 99–100.

[10] 同上 , 99.

[11] 同上 , 105.

[12] 同上 , 107.

[13] 我根据编辑筛选过的会议记录中多位演讲者的观点得出我的结论，我标记的空白可能是编辑的原因。

[14] 我曾就我对于真正的费城学派的想法和教育学方面的讨论在斯科特·布朗编著的《城市概念》（*Urban Concepts*）中撰文《城市设计历代史》（*Paralipomena in Urban Design*，1989），在安·费勒比（Ann Ferebee）编著的《城市设计教育》（*Educiton for Urban Design*, 1982）中撰文《三者之间：对于城市设计实践和教育的见解》（*Between Three Stools: A Personal View of Urban Design Practice and Pedagogy*）。对我们的介绍和关于城市设计视角更广的文章可以在我们公司网站上查询：www.vsba.com

[15] "Urban Design," 100–101.

[16] Denise Scott Brown, " The Public Realm, the Public Sector and the Public Interest in Urban Design," 这是一次研讨会的探讨 , "The Public Realm: Architecture and Society," 1985, at the College of Architecture of the University of Kentucky. 这篇文章随后被扩展并发表于《城市的概念》一书中。

[17] Peter Shedd Reed, "Toward Form: Louis I. Kahn's Urban Designs for Philadelphia, 1939—1962," 这是其未被发表的博士论文 . (Philadelphia: Fisher Fine Arts Library, University of Pennsylvania, April 1989), passim.

[18] Walter Isard, *Location and Space Economy: A General Theory Relating to Industrial Location, Market Areas, Land-Use, Trade, and Urban Structure* (Cambridge, Mass.: MIT Press, 1956).

[19] Jaqueline Tyrwhitt, ed., *Patrick Geddes in India (extracts from official reports on Indian cities, 1915—19* (London: Lund, Humphris, 1947).

[20] Denise Scott Brown, "The Meaningful City," *Journal of the American Institute of Architects*, January 1965,27–32, 重印于 Harvard's Connection, Spring 1967.

[21] Kevin Lynch, "Environmental Adaptability," *AIP Journal* 1 (1958).

[22] David A. Crane, "The City Symbolic," *Journal of the American Institute of Planners*, May 1960, 32–39; Crane, "Chandigarch Reconsidered: The Dynamic City," *Journal of the American Institute of Planners*, November 1960, 280–92.

[23] Denise Scott Brown, "Learning from Brutalism," in *The Independent Group: Postwar Britain and the Aesthetics of Plenty*, ed. David Robbins (Cambridge, Mass.: MIT Press, 1990), 203–6.

[24] Scott Brown, "Between Three Stools"; and Scott Brown, "Team 10, Perspecta 10, and the Present State of Architectural Theory," *Journal of the American Institute of Planners* 33 (January 1967): 42–50.

[25] Robert Venturi, *Complexity and Contradiction in Architecture* (New York: Museum of Modern Art and Graham Foundation, 1966).

[26] Robert Venturi, Denise Scott Brown, and Steven Izenour, *Learning from Las Vegas* (Cambridge, Mass.: MIT Press, 1972; rev.ed.,1977).

[27] Venturi, Complexity and Contradiction in Architecture; Venturi, Scott Brown, and Izeour, *Learning from Las Vegas*; Denise Scott Brown, "On Architectural Formalism and Social Concern A Discourse for Social Planners and Radical Chic Architects," *Opposition* 5 (Summer 1976): 99−112; Denise Scott Brown, "On Pop Art, Permissiveness and Planning," *Journal of the American Institute of Planners* 35 (May 1969): 184−86.

[28] Robert Venturi and Denise Scott Brown, *Architecture as Signs and Systems: For a Mannerist Time* (Cambridge, Mass.: Belknap Press of Harvard University Press, 2004), 103−217.

[29] Scott Brown, "Between Three Stools," 19.

[30] 同上 , 19.

[31] Denise Scott Brown, "The Publis Real, the Public Sector and the Public Interest in Urban Design," in Urban Concepts, 28. 还可参见 Denise Scott Brown, "With the Best Intentions: On Design Review," *Harvard Design Magazine*, Winter/Spring 1999, 37−42.

[32] Venturi and Scott Brown, *Architecture as Sign and Systems,* 216.

[33] 参见 *The Oxford Book of French Verse*, ed. St. John Lucas (London: Oxford University Press, 1907; rev.,1957), 516−17; 这里我只是粗略地翻译了下。

[34] Venturi and Scott Brown, *Architecture as Sign and Systems*, 216.

[35] Scott Brow, "The Public Realm," 28.

[36] 同上 , 28.

[37] Scott Brown, "With the Best Intentions," 42.

[38] Venturi and Scott Brown, *Architecture as Signs and Systems*, 216.

[39] Scott Brow, "The Public Realm," 28.

[40] Scott Brown, "Between Three Stools," 20.

[41] "Urban Design," 103.

87

成为城市威胁的分裂与摩擦：1956 年后的城市

槙文彦

50 年前哈佛大学在第一届城市设计会议试图解决的问题在今天依然是有意义的，对于当前的环境，它们持续的重要性告诉了我们什么？

我的视角源于我在东京出生、成长和从事建筑学的实践。同时，无论是我还是任何地区的社会或国家，今天都不能逃避全球化带来的政治、经济和生活方式上的影响。这种流动已经导致了新的互惠关系。这是一个对百余家寿司店出现在曼哈顿，或者西班牙殖民风格的房子在东京郊区畅销都不会惊讶的时代。因此，在任何关于东京社会和基础设施状况的讨论中，唯有对比分析与美国、欧洲、亚洲大城市的相似点时才能理解它们的重要性。我们正进入这样一个时代，至少是有两种视角（地区的视角和全球的视角）的时代，城市研究和文化人类学都必不可缺。

我想以介绍的方式引用日本城市学家平山洋介（Yosuke Hirayama）的《未完成的城市》（*Incomplete Cities*）的前言。他通过分析以下三个城市在完全或局部毁灭后完全独立的重建过程：1995 年地震后的神户（Kobe），过去数十年的曼哈顿下城居住区，

以及 1989 年后重新合并的东、西柏林，得出了当代城市的共同点：

> 一个被毁坏的城市呼唤一个竞争的空间。由谁重建？为谁重建？为什么会引起社会性的和政治性的竞争关系？
> 曾经高楼矗立，尽管现在已经消失，但它早已不是最初的那个空地，它是谁的地方？那里将兴建什么？新建的工程是什么？这一系列的问题驱动着相互摩擦的运动……
> 在任何"破坏/建设"的经验中，问题出现了：在"竞争的空间"（space of competition）中的众多意见如何得到尊重？恰恰由于城市是不完整的，因此对任何特定方向的强调便产生出异议和挑战，转而开辟了新的可能性。如果大量的人类存在是城市的一个必要条件，那么所有人应该有在"竞争的空间"中发表意见的权利，而对各种观点的包容确实是城市的显著特性。[1]

　　CIAM 在其《雅典宪章》中描绘了一个理想城市形象的半个世纪后，我们发现了一个更为复杂、冲突的城市形象。

1956 年城市设计会议的遗产

　　1952 年，我离开了日本——一个当时仍然承受着第二次世界大战留下累累伤痕的国家，去美国学习。4 年后，在哈佛大学设计研究生院学习的期间，我参加了第一届城市设计会议。我也参加了随后的几次年度会议，但 1956 年的会议给我留下了最深的印象。其中一个原因是建筑和城市设计领域的领军人物如理查德·努特拉等都在此聚集，创造了一个令人兴奋的气氛。另一个原因，所有参加第一届美国哈佛会议的人都拥有一种共识：我们非常有可能参与了一件举足轻重的事件。简·雅各布斯代表纽约遭受危害的邻里地区充满激情的呼吁，清瘦的埃德蒙·培根在他阐释费城的重建计划时流露出的活力，这些我印象都特别深刻。

90　　1956 年会议具有特殊的历史意义有以下几个方面：

　　1）在这次会议上，"城市设计"（Urban Design）一词第一次被广泛使用。城市设计开始得到认可并定义为一个重要的跨学科领域，专注于三维城市空间的形成。此后不久，城市设计被列入许多院校的研究生课程。

　　2）这次会议对于主办者何塞·路易斯·塞特是一个绝好的机会，将他主张的 CIAM 的理论和实践基地转移到了美国，该理论当时正受到分裂和解散的威胁。随后的城市设计会议为十次小组（CIAM 之后的年轻一代的代表）和美国学者之间的思想交流创造了机会。在大学中新的城市设计课程招收了许多学生，不仅来自欧洲，还有亚洲、南美和中东地区。在返回各自国家后，这些学生开始建立研究中心。通过会议，这些高校之间长期关系的发展令人瞩目。此外，通过将主办机构的城市作为研讨会的主题，这种方式为学生提供了全新的城市设计视角。[2]

　　3）在 20 世纪 50 年代，美国的学者、建筑师、城市规划师、管理者和城市开发者之间彼此沟通，思想取长补短。罗斯福新政积极推行的公共住房政策的受挫，婴儿潮的到来，大量的郊区化，以及内城地区移民的涌入，正迫使对城市问题进行一个全面的重新评估。

　　在 50 年前会议强调的议题中，今天可能仍被积极讨论的两个议题是：中心区和社区的意义。但我并不是说"中心区复兴"和"社区发展"。因为，不仅是市中心区复兴和社区建设的可能性，还有其智慧，在今天都仍令人质疑。在 1956 年的会议上已经指出的问题，如城镇居民之间日益增加的不平等和汽车对城市化的影响，也留下了这样的疑问。

五月革命和柏林墙的倒塌

20 世纪 60 年代末和 20 世纪 80 年代中后期，两件突发的事件带来了城市设计理念和实践的重要转变。越南战争引发的世界各地的学生运动以及巴黎的五月革命，迫使许多人重新审视现有的社会制度和思想。就是在那个时候，准确地讲是 1965 年，我离开了在美国以大学为中心的生活，开始在东京从事设计。两年后，当我作为访问教员回到哈佛大学设计研究生院时，我遇到了学生完全不同的思维方式。学生拒绝了我们已经准备的课程，并坚持从建筑学硕士课程本身的联合提案的发展开始工作。尽管他们付出了高昂的学费，但他们采取的立场是，对某些当代城市设计问题的广泛讨论要比获得城市设计技巧重要得多。让我们回想平山洋介的这句话："在'竞争空间'中，所有人都有发表意见的权利。对各种观点的包容确实是城市的显著特性。"20 世纪 60 年代的大学工作坊确实是他所谓的"竞争空间"。自"9·11"事件以来，纽约市区重建的过程已经十分生动地向我们展示，一个无数的意见被保留和表达的项目实际上是什么样的。

20 世纪 60 年代大量持不同观点的人们的参与，带来了我们对城市感知的重大变化。特别是在大城市里，这种变化和城市形象（即每座城市的集体记忆和意义）在同步衰落。意义的褪色加速了城市的经验转型为一种抽象概念。今天，生活在大都市里的每个人，都拥有自己心中大城市的意象，首先是他们直面的环境，熟悉的地方。大都市模糊和抽象的整体形象，是通过媒体传播获得的，像云一样虚无地飘荡在建筑物上。

1960 年，凯文·林奇的《城市意象》（*The Image of the City*）一书的面世与日益增长的城市抽象概念相一致。我们都关注此书的出版，将它看作是用一种新的方式来理解城市，它也预示着城市转型不是单纯的符号。今天对于大多数人来说，我们对日常活动的时间和地域环境的认识非常浅薄：城市似乎仅包括此时此地，缺乏历史的深度。

林奇和他在麻省理工学院的同事罗德文，共同提出的一个未来的城市模型——多中心网络，如今，已成为许多大城市的真实模式。[3] 这些满足特定社会政治或文化群体倾向的中心，并不是地区的中心。它们不外乎是引导市民多样化生活可选择的选项；它们的形式也是多样化的。

城市社区是什么？它是否仍然存在？50 年前我们无意识产生的社区模式（即一组围绕住宅和公共设施的稳定的、同步的空间）已经消失。这种发展的主要因素是城镇居民的地域流动性，市民间日益增长的不平等和土地作为稀缺商品都促进了这种流动。20 世纪 80 年代末，随着柏林墙的倒塌，这种流动趋势越演越烈，尤其是全世界的城市已转型成为市场化商品。柏林墙的拆除，带给周边地区人们新的自由，但社会主义安全网络的消除也促进了超越国界的资本、信息和欲望的急速膨胀。直到那时，共产主义国家中，西方的最大的假想敌——苏维埃联盟的解体，刺激了中国经济的市场开放，导致了世界市场平衡的急剧变化。

从历史上看，城市已经成为一个由不同的经济、社会、民族或宗教背景的人们组成的有机整体。然而，具有相似背景的人们自然地倾向于创建独立的社区，这些社区组成了城市，并成为一个整体。这种背景相似人们的聚类现象被称为"地域化"（territorialization）。只要保持不同地区的平衡，城市就会保持稳定，而边界上的摩擦则是最小的。

摩擦的动态可以破坏城市的领域和与之相联的社区。极具讽刺的是，培根曾在1956年的会议上富有激情地提到费城中心区周围的地区，如今它却成为美国最衰败的地区之一。同样的不稳定也可以在底特律和洛杉矶看到。同时，防卫性的门禁住宅社区则正在全国各地的城市散开。

社区的物质构成及维护是城市设计师的核心技能。然而，仅在城市居民具有一定的共性时，这种技能方可适用。在当代社会中，却变得越来越罕见，每个人的情况都是极大不同的。适用于一个实例的技能并不适用于另一个。在日本城市也是这样，之后我将更详细地讨论。在我看来，今天唯一成功的社区例子是亚洲的新加坡，也许还有欧洲城市中的哥本哈根和巴塞罗那。然而，考虑到欧盟的扩张，城市和地区间人口流动的日益增加，居民教育水平不平等的日益增长，以及雇员的全球流动，无论如何，维持可持续社区将是一项艰巨的任务，即使对那些被认为是成功的欧洲城市。与它们对立的是巨大都市，在发展中地区是完全不同的规模，那里被划分为富人和穷人的两极。还有就是上海，一个1600万人口的城市，然而，导致人口激剧增长的农民工却并未享有与其他居民同样的权利。

另一方面，过度的资本集中导致日益扭曲的发展，比如迪拜1000米高的摩天大楼。这些巨大的设施可以被看作异化的细胞，反常地将相似的市场需求（办公、零售或酒店）集中在一个位置，从而破坏了城市。在意义逐渐消退为零的地方，过度的资本投资，让人产生了科幻小说中城市的幻觉。如果说在中心区与社区之间追求一个平衡的空间联盟确实是50年前的城市设计会议的目标，但是，这些城市现象将使那些努力成为一种笑话。

东京城市设计积极和消极的方面

东京的形态在大都市中可能是独特的：它就如同马赛克。各个部分小而多样化，相互的连接通常是隐蔽的。世界上没有其他的大都市有这样的规模，在这种结构分类下，东京保持了一个稳定的秩序。东京是《雅典宪章》所推动的清晰有序的城市的极端反例。

这类大都市是怎样形成的呢？东京的城市系统通过无数的局部补充和修改的重叠而产生。它是在150年的现代化进程中，由外部因素（包括灾害）造成的机会而创建的，是一个主要基于地形的复杂模式。

日本东京六本木的森大厦，2003 年摄。
图片来源：槙综合计划事务所。森大厦版权所有。

日本是成功实现了较小贫富差距社会的少数现代国家之一，即使它号称是世界第二大经济体。种族、宗教和社会的同质性导致了其独特条件的发展，正如不断地划分马赛克块，虽然导致了它们之间的边界增加，但这些并没有立即产生边界摩擦。在贫富差距巨大的社会中，为尽量减少边界摩擦，地域化的单位变得越来越大，美国城市就是很好的例子。

东京都的另一个独特之处在于——它是林奇和罗德文提出的城市模型多中心城市最显著的实现者。将其结构描述为星云会更确切：内城地区无数的中心通过地铁和特快铁路系统紧密的连接，其紧密度胜过世界上任何类似的系统。其交通系统的运行频率、准时、清洁、安全和服务提供，在世界上是无法可比的。正是这样的基础设施使得东京的许多焦点区域既是个体单元的连接者，又是多样性结合的整体。

这些构成了东京城市设计的积极方面。那么消极方面是什么呢？首先，在日本，包括东京在内的几乎所有城市，现代化过程中住房的城市基础设施开发实践是失败的。尽管可能有很多优秀的或有趣的单体建筑，但多数建筑则停留于奇特性，并没有创造出任何更大的社会财富。尽管日本人比世界上任何其他人的寿命更长，但他们生育孩子较少，导致人口减少和住房过剩。曾经因人口增长而建的质量较差或选址错误的郊区卧城正变得越来越空。

95　　第二，包括国际金融资本在内的不同利益集团的不同尺度的都市开发项目，加上缺乏有效的城市规划，已经导致了一个平衡的地域化社区的局部崩溃，以及居民与开发商之间日益严重冲突的产生——开发商倾向于以牺牲景观和采光而提高中心区的密度。这种现象在少于二十万人口、公共交通系统不足、高度依赖汽车的城市中尤为显著。许多城市中心的老商业购物中心因郊区购物中心的兴起而失去生意，正在变成鬼城。许多中心地区被遗弃，这个现象越演越烈。

向代官山集合住宅学习

代官山集合住宅，尽管占地非常小（1.1 公顷），但仍被认为是战后东京城市设计的最佳范例之一。代官山集合住宅是低层、中密度的建筑群（容积率：150%~200%），它集住宅、办公、商店和文化设施为一体。位于东京山手线（海拔较高的城市）区内，居住区沿街道延伸约 250 米。该项目是从 1969 年开始开发建设，历经约 25 年，分六个阶段完成，期间有时在预测，有时则在适应当时的生活方式。在这 25 年里，周边地区早已完成开发建设。在不同的建筑物中，很多设计都考虑了山坡梯田，它们一起形成了城镇景观。因此，在东京一个拥有独特氛围的地区被创建出来了。在对代官山集合住宅的评价中，它产生的影响也已备受关注（该项目获得了 1993 年城市设计"威尔士王子奖"）。

然而，一直以来没有与代官山质量相当的城市设计项目在日本建成，它似乎是一个容易遵循的榜样，许多社区和地方政府都期望以此照搬，为什么无法成功呢？答案就是这个本项目的独有条件。在东京，容积率和街道的基本宽度成正比。在这个特定地点，22 米宽绿树成荫的街道贯穿基地。在任何地区，如此宽阔的街道通常都会导致高容积率；然而，这一地区的最高建筑高度已被限定为 10 米、容积率只有 150% 的"一级住宅区"。

96　这样的组合条件在日本大都市地区是罕见的。偶然的机会，一系列的条件，让端庄的、低层的城镇景观成为可能。物业的所有者是一个古老的地主家族。在东京沿公共街道的住宅小区拥有一个这样大面积、整体地块的实例是罕见的。由于业主资金短缺，开发持续了 25 年。然而，这却被证明是一个优势，可以使业主和建筑师在每个阶段进行调整以应对东京快速变化的环境和生活方式，并从程序上和建筑上提供最新的设计。如果这种开发已经有了内部地块的利益保证，如此缓慢的建设步伐就不会发生。即使该项目留给同一位建筑师，由此产生的城市景观也不会像现在这样能反映出时间的渐进推移。可能有其他因素和偶然的情况促成了代官山集合住宅的成功，但上述两个条件是这个项目独有的，从来没有被复制过。这表明，东京都的城市设计框架发生了巨大变化，城市设计作为一种技能，需要与其相称的精确度和灵敏度，以及巨大和绝对的运气。

　　近几年，由于经济复苏的刺激，大量企业利益已经放在项目重建上了。例如 2003 年东京中部的六本木新城，它是一个集办公、住宅和商业的综合体，建设时间超过 17 年。与代官山集合住宅提供的宁静相反，六本木新城和类似的大型综合项目造就了一股全新

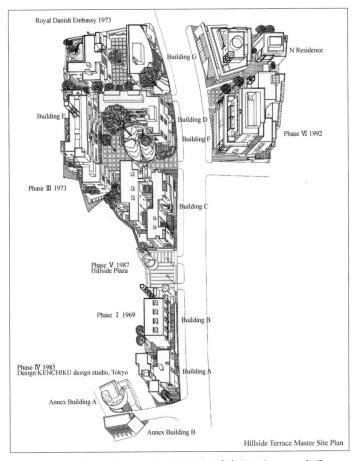

日本东京涩谷代官山综合体规划，槙综合计划事务所设计，1992 年图。
图片来源：槙综合计划事务所。

而充满活力的城市能量。优越的地理位置，以及前面提到的基础设施的支持，使本木新城一直非常受欢迎，在前四个月就吸引了 2 500 万游客。如果我们考虑到联合国的会员国中只有 25 个国家的人口超过 2 500 万，这些新中心就像迪士尼乐园一样，能在如此短的时间内吸引这样庞大的人流。

城市设计是什么？

97　　我曾以东京为例指出大都市的独特性，每个城市都具有微观尺度上的特定条件和环境，都具有宏观尺度上的与区域、国家和全球的关系，无论给定的背景多么复杂，提及的各种因素都必须被考虑到。城市设计在现实中仍然是这样一种技能，即要求其在一个确定的时间、预算和项目内转译成三维空间。这次会议上塞特讲话中值得关注的是："城
98　市设计关注的重点是人。我们不是为特定的人设计，而是为人们设计，与人们一起设计。我们必须认真思考普通人，那些在街上关注建筑物并在它们周围活动的普通人，我们必须用我们的想象力和艺术努力为之创造令人满意的场所。"

最近完成的纽约现代艺术博物馆新馆（MoMA）被广泛讨论，它是由建筑师谷口吉生设计。它成功地塑造了精致的现代主义外观，表达了对现代艺术博物馆历史外观以及雕塑花园的尊重，也带给纽约一个新的城市环境。建筑师、评论家、艺术家和几乎所有的市民都因此而兴奋，并赞扬了其内部的空间体验。纽约现代艺术博物馆的建筑元素被彻底瓦解。游客陶醉于众多的精湛艺术作品，零星可见的曼哈顿城市景观，以及内部空间中同伴的移动场景。我称它为同时期最好的城市设计作品之一。这座建筑体现了舍特于 1956 年提出的城市设计精神：与相邻的城市肌理和谐一致，愉快地从一个地点移动到一个地点（就像在大街上），并鼓励人与人之间的交流。

纽约现代艺术博物馆已成为精神的圣地，在那里参观者能够独自享受闲暇时间，而所有的一切被城市的运动和光线所环绕。新的纽约现代艺术博物馆用美伦美奂的视觉和空间表达了内在城市性的渴望和可能性，这是纽约人迄今为止只是隐约感觉到的。但是这点从建筑中性的毕尔巴鄂古根海姆博物馆上则难以清楚地体验到。

也许代官山长达数十年经久不衰的原因在于它同样满足了集体的欲望。只有这样才能说，一个城市或建筑空间获得了真正意义的公共特征。维特鲁威（Vitruvius）的美观原则（venustas）认为"快乐"永远是一个普遍的情感，是我们基因构成的一个非常宝贵的部分。这篇文章中，我花费很多笔墨解释在过去的半个世纪中，城市设计如何变得更加复杂和困难。然而，人们对快乐的基本需求保持不变的事实，既给了我们建筑师和城市设计师鼓励，也给了明确的目标。

最近，一个位于纽约的高层公寓项目面市，它由四层单元组成，每一个单元都有独

立的电梯，像铃兰一样从单核心悬挑，与纽约现代艺术博物馆大约在同时期建造，成为   99
讨论的焦点。每个单元据说定价 3 000 万美元。用凡勃伦（Veblenian）的话来说，该建
筑是以炫耀性消费的极端展示为特点的。不管其结构多么大胆，其审美表达多么美妙，
在我看来，这项目是不道德的。是的，道德是城市设计的另一个品质要求。

这一点可能没有在 50 年前的会议纪要中明确地表述，但是当查尔斯·艾布拉姆斯   100
指出城市贫民遭受的不平等，简·雅各布斯为保存街道社会而争辩时，他们间接地呼吁
了城市理应基于的更高准则。至少，这是我的理解。

注释

[1] 参见 Yosuke Hirayama, *Fukanzen toshi, Kobe, Nyuyoku, Berurin* (Kobe, New York, Berlin: Gakugei Shuppansha, 2003), 3; 笔者从日文原文直译英文。

[2] 举个例子。建筑师吉卡罗·德·卡罗（Giancarlo de Carlo）当时受邀于麻省理工学院和加州大学伯克利分校任教，后来与唐纳德·林顿（Donald Lyndon）在锡耶纳继续组织了一个暑期工作坊。2003 年，韩国釜山举办了一个主要由青年研究者参加的国际城市设计工作坊。过去几年里，哈佛大学设计研究生院和日本庆应义塾大学一直合办工作坊旨在解决东京的产业重组。位于圣路易斯的华盛顿大学也设立了东京工作室，受到日本学术界的大力支持。

[3] Lloyd Rodwin, ed., *The Future Metropolis* (New York: G. Braziller, 1961).

回顾曾经，立足现在：
1956 年以来的城市设计理论以及实践

乔纳森·巴奈特

101 1956 年埃德蒙·培根在哈佛大学城市设计会议上发表的评论"美国国会拨出十亿美元去试图创造一个新的城市环境，这对我们所有人来说都是责无旁贷"[1]，激起了我们反思城市更新的历史沿革，如今的通货膨胀，以及目前国会责任缺失的种种现象。没有联邦政府的资金补助用以帮助城市购买土地修建建筑物，就没有如今城市设计发生的巨大变化。联邦政府的资金流动是隐藏在 1956 年哈佛会议上许多关于城市设计指导作用的言论后的背景。在 20 世纪 50 年代，开发商和民选的地方官员被期望去关注城市更新的管理者、住房当局的主管，以及城市规划部门的负责人——引申开来，是关注为他们工作的设计师（当设计师们能够从华盛顿获得补贴同时可以决定如何使用时）。一旦城市需要越来越多依靠自己的资源，城市设计的问题就转变成对区划、住房补贴、公共工程决策的累积效应的一种日常管理。规划和城市更新的主管者恢复成为管理者，而不是发起者，主要的发起者则属于国家的交通部门（事实上就是今天的区域规划师）和私人房地产投资者。

102 1956 年的会议主办方将城市设计定义为一个合作的过程，但是把这种合作局限于建筑师、规划师和景观设计师则是不准确的。工程师、房地产投资者，以及民选的官员的作用在哪里？公众本身的作用在哪里？简·雅各布斯出席了 1956 的哈佛会议，并在会议的报告中对于那些抽象的、几何学的城市设计提出了一些强有力的批判，大部分是关于城市更新的建议。有趣的是，刘易斯·芒福德，在此次会议的 5 年之后，当简·雅各布斯发表关于城市规划和城市更新的评论著作《美国大城市的死与生》（*The Death and Life of Great American Cities*）时，与她针锋相对的评论家，在这次哈佛会议上却完全认同她的观点："如果这次会议什么也没做的话，那至少（让参会者）还可以回去说：以摧毁一个亲密的社区社会结构为代价来建立一个物质结构，真是愚蠢至极。"[2]

纽约莱维顿住宅模式的风格，李威特住宅建造公司（Levitt and Sons）宣传册，1957 年图。
图片来源：宾夕法尼亚历史和博物馆委员会州立博物馆。

什么是设计的城市，谁希望去实现它，又是谁设计了它？

如今，大多数城市规划专业人士会说，一个设计优秀的城市必须具有三个要素：首先，它尊重自然并顺应自然；第二，它创建了一个理想的公共领域，包括交通、街道、公共空间、购物、娱乐、公园及休憩场所；第三，它鼓励在居住社区、工作场所，以及中心区的混合功能中的社会交往。 103

在贯彻实施城市设计理念中，有三种主要的不同政治意见的支持者，他们分别是：想以控制开发来保护自然并且维持自然系统的环保人士；想通过寻求高品质的城市和市民生活来使自己的城市与它的竞争城市区分开来的公民推进者；希望保护以及保存他们所居住的地方并且希望通过新的发展获得高品质的传统街区的社区积极分子。

今天，城市的设计是在私人投资、公共补贴和开发奖励、政府法规、公众参与，以及公众抗议等复杂的相互作用下进行的，专业的城市设计师需要知道如何去处理和引导这些力量。景观设计、建筑和城市规划相互间最直接的联系领域是城市设计。城市设计 104

师很可能只有一个专业证书，但却需要精通三个领域。怎样才能让城市设计师能够在决策制定时占有一席之地呢？

城市设计和自然环境

1965 年，刚毕业于哈佛大市设计和景观设计专业的伊恩·麦克哈格开始任教于宾夕法尼亚大学。第二年他开始讲授他的"人类和环境"（Man and the Environment）课程，后来拍成电视节目"我们居住的房屋"（The House We Live In），最后形成了他 1969 年的著作《设计结合自然》（Design with Nature）。麦克哈格认为自然环境与设计同等重要，它平衡着各种自然元素，如地质形态、雨水和洪水、土壤条件、植被和动物栖息地等，无知地干预自然系统将导致不可估计的、多次不良的后果。一旦你理解麦克哈格的理论，你就会明白为什么沙丘上的房屋夏天会被飓风刮走，为什么易滑坡的洛杉矶的整条街的房屋注定要被掩埋进山丘下，为什么休斯敦发生越来越多的洪涝灾害。

自然环境与城市设计的失败结合是多数哈佛城市设计会议记录中一个明显的盲点。理查德·努特拉则是一个有趣的例外，他说："我们所希望通过人工来改善的城市景观，一开始就是从生物学基础角度去理解的现象。"[3] 这份声明同时包含了安妮·斯本（Anne Spirn）用麦克哈格在《花岗岩花园：都市自然和人的设计》（Granite Garden：Urban Nature and Human Design）一书中的自然哲理对现存城市的延伸[4]（斯派恩曾经是麦克哈格在宾夕法尼亚大学的学生，曾担任过哈佛大学景观建筑系主任）。麦克哈格帮助定义了现代地理信息系统（GIS）的必要性，使用计算机上的"层"替代了描图纸上的叠加，精心研究的重绘替代了同等尺度的手绘，以此使麦克哈格去分析寻找自然景观中最适宜修建建筑物的位置。

今天，GIS 和空间分析学使其可能成为强大的工具，可以帮助城市设计师理解和描述各种尺度的自然生态系统，使用地图来演示建设备选方案和自然系统的相互作用。这些不同发展方案对未来影响的演示，可以在公开会议上实时交互显示，帮助公众对地区性长期规划设计（比如高速公路路线的选择）决策做出明智的判断。这是一个能让如今的城市设计者在决策制定中获得一席之位的途径。

作为公众意向的城市设计

发表于《进步建筑》杂志的 1956 年会议纪要的引言写道："主办方已避免了市镇设计这一术语，因为在多数人思想里，它的内涵太特殊太浮夸。""城市设计"这个术语是哈佛大学设计研究生院为了 1956 年会议和"建筑师、景观建筑师、城市规划师的联合工作"所选择的术语。主办方通过明确丢弃"市镇设计"这一术语，否认了城市因公园和林荫大道而美丽，如巴黎的奥斯曼大道和芝加哥哥伦布纪念博览会等公式化重复规划的公园和林荫大道（"太浮夸"）；否认了在市民中心所强调的公共建筑群（"太特殊"）。将城市设计定义为专业人士之间的合作，而不是一系列的特定的设计目标，这反映了当时城市规划专业的思想，那就是放弃最终状态的规划，并且重新定义规划为一个持续的过程。

部分是因为 1956 年的哈佛会议，"城市设计"已变成一个公认的术语。现在再质疑它的改变已经太迟了。虽然参会者提出了城市设计在实施中存在的许多问题，但哈佛会议还是有助于形成城市设计的一套方法，发挥其在当今困境中的作用，即创造连贯的、优秀设计的城市。丢弃"公民的"（civic）这个词汇显著改变了城市设计的优先顺序。在会议总结中所附的插图表现了实用性，或许还有社会平等概念，但除了雷德朋新城和韦林花园城（Radburn and Welwyn Garden City）的示意图，剩余的插画则几乎没有表达出更复杂的社会愿望。

尽管在美国，设计术语"市镇设计"源自于富丽堂皇的欧洲实例，但是美国人从未接受过这种设计，这就好比创造出一个去观看参加国家活动的皇家马车在林荫大道上行驶的场所。1893 年的芝加哥博览会是一个平民主义的欢乐集会。中央车站以及饱受美誉的宾夕法尼亚公共交通站，令人印象深刻的博物馆和图书馆向公众开放，就像几乎每座城市都有的大型市民公园。但是，斯大林和希特勒为多数人制定的古典设计语汇，不仅不能适合于现代，同样也是一种语言的压迫。这就可以理解为什么会议的主办方试图将自己与（已被哈佛放弃将近 20 年的）古典建筑流派撇清关系。但是，问题在于他们将它与市镇设计混淆了。直到今天，这两个概念依然是混淆的。

他们不承认都市生活中城市的组成部分，将人行道和公共空间变成建筑物之间的实用空间，仅给行人供给少量的光、空气和通道。在过去的 50 年，大多数的城市广场仅给它们前面的建筑物提供了很好的视野，但缺乏社会意义。在众多研究中，尤其是杨·格尔（Jan Gehl）和威廉·H. 怀特（William H. Whyte）的研究，帮助我们明确了人们如何使用公共空间，反之，也有助于展示设计师如何配置和提供人行道和公共空间，从而使它们得到充分利用并重获在社区生活中的意义。城市空间设计的其他经验教训来自于零售商为了吸引人们进入购物区所使用的装置。"场所营造"已经成为现代零售业的口号。随着零售商们说："嘿，这个东西真管用"，城市空间作为一种将人吸引并且驻足的手段，再次成为城市设计中的重要部分。现在的城市设计师被要求为这种场所提供妙计。

对一组由不同的建筑师设计的建筑物，并且要在不可预测的长期间隔的情况下，去定义一个市民空间，是城市设计师面对的核心问题。由于城市设计师们重新认识了城市空间的重要意义，他们也同时挖掘了过去组织这种场所的一些措施：巴黎奥斯曼男爵的

106

设计导则、波士顿后湾的设计导则，以及更为抽象的，如基于形式的街道墙和1916年纽约城的原始区划法则（zoning code）的挫折。这些市镇设计的元素来自于古典的传统，但是它们可以足够抽象地被纳入到区划法则中去。区划法则一直决定着城市的形态，但是20世纪60年代推出的以容积率作为基本的建筑体积控制使得建筑物的形状常常变得难以预料。将优先选择的建造地点和建筑物的形状记录为法则，使得它们成为一种实现城市设计概念的主要工具。从20世纪60年代的纽约市的特别分区区划、20世纪70年代末的炮台花园城的设计导则以及20世纪80年代在佛罗里达州海滨社区及其他总体规划社区中施行的"控制性规划"开始，"基于形式的法则"开始用于很多地方的分区规则（zoning ordinances）中，例如路易斯维尔（Louisville）、纳什维尔（Nashville）、迈阿密—戴维县（Miami-Dade County)和圣保罗（St. Paul）等地。

在哈佛会议上，弗雷德里克·亚当斯讨论了使用区划（zoning）去实现城市设计，但他认为好的设计意味着广泛的行政自由裁量权，而且他怀疑政府官员不会被允许去实现这种主观的控制。亚当斯的怀疑是有道理的，但他低估了设计师确定优秀城市设计的显著特征并以区划表达出来的能力。记录和管理法则（codes）正成为设计师在决策中获得一席之地的另一种方法。

支持社会互动的城市设计

社区规划，是由克拉伦斯·佩里（Clarence Perry）等人在20世纪二三十年代定义的，在20世纪60年代作为城市更新的解决方式被重新发现；或者，重申刘易斯·芒福德的引文："以摧毁一个亲密的社区生活的社会结构为代价来建立一个物质结构，真是愚蠢至极。"一旦规划师和建筑师们开始听取社区的意见，并一起参与规划，他们就会设计出适合现存社区的建筑物和空间，而不是去取代它们。20世纪80年代将社区作为解决大片郊区住宅的方法，对社区规划进行再一次探究，在相同规模土地上的相同规模房屋，用商店和工作场所完全隔离开。新区内建设紧凑的、适宜步行的社区，混搭多种建筑风格的住宅、商店和民用建筑，这是在城市和郊区再造第二次世界大战前的传统模式。一些设计师甚至试图去复制第二次世界大战前的邻里建筑（建筑历史学家不会被时间糊弄），但是根据社区设计的概念，没有必要这样做，这可能只是一个过渡阶段。城市设计师的主要任务是，帮助开发商去友善地创造新场所，组成和谐的社区，帮助城市保护和还原古老邻里及历史街区。这是设计在塑造城市和郊区发展的重大决策中另一个发挥重要作用的地方。

哈佛会议的主办方和参会者毫无疑问地认同了社区的重要性，社区原则被CIAM所接受，甚至出现在像柯布西耶这样的反对偶像崇拜的设计师作品中。但是很多发言人，包括简·雅各布斯在内并不认为社区是一个城市和郊区共享的元素，进一步而言，他们也不认为社区是多中心的现代化大都市的基本单元。相反，他们将城市和郊区描述成对立的两面，而郊区则是城市的错误一面。

当他们发表言论的时候，让·戈特曼（Jean Gottmann）开始了他的研究，并在1961 年发表了他的著作《大都市带》（Megalopolis），这本书演示了从前分散的城市不断生长聚集成团，在巨大的地理区域上延伸。他帮助改变了每个人对现代城市的认识。在 1956 年，市中心仍然只能在大城市历史上的中心或者郊区的城镇中找到。如今，混合使用的城镇中心是一个房地产的概念，可能会在很多的地方尝试实施。办公建筑以及其他只能在城镇中心找到的城市元素现在可以分散在各个地方，形成所谓的"无边缘城市"。今天的城市是一个仍在形成过程中的复杂的大都市有机体，指导它的发展是城市设计师面临的主要挑战。

塞特和出席 1956 年哈佛会议的大多数人都乐意看到，如今数以百计的建筑、景观和规划公司都提供城市设计服务，并以之作为专业实践的重要部分，且很多城市设计概念已经被贯彻实施。然而，他们看到今天过快城市化的世界时也将告诉我们，需要城市设计师解决的各种城市问题也在日益增长。专家告诉我们，下一个 50 年的世界人口将稳定在 100 亿人。如果我们能在世界战争、饥荒和瘟疫，以及牧师托马斯·马尔萨斯（Thomas Malthus）预测的人口过剩的矫正中幸免于难，也许那时人们可以妥善处理好建筑环境以及它和自然之间关系。让我们期待 50 年之后会有类似的文章结集出版。

注释

[1] "Urban Design," *Progrssive Architecture*, August 1956, 108.

[2] [3] 同上，103, 98.

[4] Anne Whiston Spirn, *The Granite Garden: Urban Nature and Human Design* (New York: Basic Books, 1985).

109

城市设计实践的领域

城市设计是在哪里发生？如何发生？

亚历克斯·克里格

113   　　1956 年，何塞·路易斯·塞特在美国哈佛大学设计研究生院召开了一个国际会议，会议目的在于收集代表他称之为"城市设计"这一学科的证据。令人印象深刻的是不少人开始思考即将参与的城市未来。当时的参会者有：尚未出名的简·雅各布斯，著名的埃德蒙·培根，泰斗人物刘易斯·芒福德，之后成为十次小组的领袖人物、著名的景观设计师如佐佐木英夫和加内特·艾克博（Garrett Eckbo），匹兹堡市负责城市重建的市长大卫·劳伦斯，还有许多创新者，如购物中心的创始人维克多·格鲁恩。

　　与会者们似乎一致认为，20 世纪中叶的知识体系进一步分割了"建造的艺术"和"规划的系统性"，这对第二次世界大战之后亟须的城市建设和城市重建是毫无帮助的。创建城市设计这一新学科的愿望和想法是不现实的，无论在美国还是欧洲，随着 CIAM 自20 世纪 40 年代初以来将更多的注意力集中在城市化，与会者们决定交流想法并进一步

114   探讨，希望创建一门新的学科能遏制设计和规划之间的分裂。事实上，哈佛大学已在几年内开设了首个正式授予学位的城市设计课程，并通过哈佛大学的声誉，增强了城市设计的重要性，在快速城市化的世界里，将设计专业人员教育成为城市设计师是必需的。

　　1956 年会议的议程揭示了城市设计的两项可行的定义，它们都是与组织和主持会议的塞特分不开的。关于城市设计，他提出一个观点："是城市规划中负责物质形态的一部分"。在此，城市设计被认为是规划体系的一部分，是一个特殊阶段，正如他描述的，"是城市规划中最具有创造性的，即在这一规划阶段中，人的创造力与艺术素养可以发挥重要作用"。在会议的开始阶段，塞特提出了一个更有野心的目标，"寻找能成为建筑设计师、景观设计师和城市规划师共同参与合作的基础平台……使城市设计的范畴比这三个专业方向更广"。这就是一个全新的包罗万象的设计学科概念，需要具有塞特所称的"城市思维"的人才去实践。

　　半个世纪后，这两个概念仍然具有现实意义，城市设计的精确定义仍未被广泛接受。城市设计是一个明确界定的专业分工？还是一个可以体现在若干个共同致力于城市建设

的设计学科工作中的总体前景？至今仍未定论。但是，几乎无人去争论是否需要存在城市设计。

鉴于世界上产生了前所未有的种类、数量及规模的人类定居点，城市设计已经成为越来越受欢迎（虽然未被公认的）的一种专业知识。虽然人们对如何设计城市怀有很多且不切实际的预期，但是对城市设计究竟能解决多少问题仍持有怀疑。与此同时，任何一个人声称能够掌握如城市化这样极度复杂的系统知识的，看起来都是冒昧的。因此，比较谨慎的选择是遵循若干个范畴，在空间和概念上的，通过城市设计师去运作。甚至，当你在词典中检索范畴（territory）这个词的定义时，最终会获得自己过去地理上的"行动领域"。这是我所发现的一个特别有效的思考城市设计的方式，即将城市设计看作是城市规划师促进城市活力、宜居性和物质性的一种行为范畴。相比于单一的或者包罗万象的解读城市设计的方式，还有很多种的行为范畴模式来解读是什么构成了城市设计这个领域。

尽管城市设计是一个在 20 世纪才流行起来的词汇，然而在数个世纪中，城市早就是设计理论和行动的对象。城市设计的概念区别于建筑学、规划学，更不同于军事和民用土木工程学，它相对这些传统学科而言是比较新的，从事这种活动的人被贴上了城市设计师的标签。 115

尽管教皇希克图斯五世对 16 世纪时期罗马城市物质空间的影响是极其深远的，同时期的人们也没有把他视作为一名城市设计师。西班牙的菲利普二世因为颁布了最严格的城市建筑法令《西印度群岛法法令集》（*Laws of the Indies*）而载入史册，但他也只是国王而已。拿破仑三世时期塞纳河的行政执行官奥斯曼男爵的观点和责任与工程师和国家公务员罗伯特·摩西更相近，至于雷蒙德·尤恩（Raymond Unwin）和丹尼尔·伯纳姆（Daniel Burnham）都是建筑师担当城市规划师。埃比尼泽·霍华德（Ebenezer Howard）对城市主义具有自己的一套理论，而他是一位经济学家。卡米洛·西特（Camillo Sitte）是一位艺术史学家。弗雷德里克·劳·奥姆斯特德（Frederick Law Olmsted），他对美国城市的影响在 19 世纪无人企及，而他是一位景观设计师，早期曾是社会活动家。刘易斯·芒福德是一个城市历史学家和社会评论家。而文艺复兴时期最重要的城市理论学家，同样也是建筑设计师和艺术家，就像勒·柯布西耶一样。在城市建设的历史进程中，建筑师的专业知识能力往往被视作可以延伸至城镇设计的层面，上至教皇、地方行政官员，下至乌托邦式的经济学者，他们都自然而然地求助于建筑师来实现他们的城市愿景。1956年会议的参会者多为建筑师，在致力描述城市设计定义时更趋向建筑学的观点——流行但并不闭塞。

因此，我将要描述 10 种自称为"城市设计师"的城市行为范畴，他们假定为自己的专业领域，尽管这些领域显然不与所列出的一致。这个列表以城市设计的基础想法为开端，至少在 1956 年哈佛大学的会议被明确：城市设计位于一个假想的规划和建筑的交叉口，它的出现填补了两者之间的感知差异。很多人坚信，城市设计是必要的，不可或缺的：

·连接规划和建筑的桥梁

"城市设计师做什么？"最常见的答案是：他们负责协调规划与项目。他们的角色
就是以某种方式将规划的目标，如空间、生活方式，甚至资源配置，转化为物质战略，
以指导建筑师、开发商和其他实施者的工作。例如多数公共规划机构都会有一个或几个
城市规划师头衔的职员，他们的角色是为超越基本区划的开发项目制定设计准则，在项
目由图纸落实到施工之前，他们则负责对项目审查、评估和批准。这样的设计审查过程
在管理框架体系中越来越常见，特别在大城市，它促进了对传统的有争论议题（如美学）
的讨论。这显示了城市设计师对好的或适宜的城市形态的判断力，这种判断力被视为极
其关键，可以将公共政策或项目目标转换到建筑概念中去，可以在建筑设计雏形中认识
到城市的潜能，并促进它的实现。

然而，这个过程的微妙之处通常被误解。将概括性或框架性的规划转换成设计并不
是一个按顺序的过程，因其总是源于规划而影响设计，所以是一个相互作用的过程。城市
设计师在建筑思想方面的专业知识应该符合规划概念，而不拘于固定先前考虑的物理含义。
在规划制定者和设计转译者之间的穿梭外交是重要的，这点是无可否认的，但它不能仅依
赖于调解或劝说来起作用。城市设计师必须帮助他人看到规划的期望效果，这需要各种可
视化和纲领性的讲述技巧，通过这些技巧，规划目标和公共政策可以转化为有用的设计导
则，有时是特别的设计理念。它使城市设计的概念成为公共政策的一项特殊分类，一种对
传统的土地使用政策的改善回避了对形式的定性评价。所以城市设计应该被视为：

·基于形式范畴的公共政策

然而，在这个过程中有一个微妙之处经常被误解。一般意义上的解读，或者乔纳森·巴
奈特1974年的《作为公共政策的城市设计》一书对这一点的讨论，使这一观点极具影
响力。如果人们可以认同好的都市生活的特征（至少在一个特定的环境内，就如同巴奈
特尝试分析的纽约市），那么人们就应该通过监管而授权或鼓励这些特征。这种包含激
进主义的、自认为实用的方法将更多形式审美的判断（确实是更主观的判断）结合到一
个标准的分区规则（zoning ordinance）中，特别是纳入许可证和评估程序。在首创的
区划法则（如纽约具有历史性的1916年区划法则）中高度和体量的限制通过量化指标
来决定。例如日照参数，如今被普遍引作为良好的以形式为基础的价值观；例如，连续
的块长檐口的高度受制于其建筑密度。尽管前者不能简单地像后者一样，被认为是一种
"健康、安全、公共权益"的代表。

但是为什么公共政策不适用于解决现有的环境质量甚至是空间美学的问题呢？最
近，巴奈特纽约模式的信徒迈克尔·库沃特勒（Michael Kwartler）通过诗来表达其见

解——"调整优点，那些你不能想象的地方"，换而言之就是寻求通过法规来实现，而这是传统的房地产实践不常提供的。由于美国的规划往往被指责为受房地产利益所驱动，公众利益未被优先考虑，而这将成为一条促进已开发项目达到更高质量标准的途径。因此，我们可以推断出是什么构成了良好的城市形态（例如：满足需要的设施，便利设施如地摊零售，开发空间），由社区商定达成的这些需求，应当通过立法来实现。那些自然角逐的优胜者是自称的城市设计师，这种城市设计阐释背后的吸引力是双重的。他们具有崇高的理想：通过讨论法律规定的设计质量，同时依照现实房地产的实用主义操作，从而促进城市更好地发展。纽约炮台公园项目就是一个公认的成功案例。

这似乎都不错，但是这样的调解和控制并未得到某些人的足够认可，他们认为建立导则不需要创意的介入，而应考虑如何向他人解释，然后才是考虑设计本身。似乎城市设计是过于行政化和被动的角色，难道城市设计不是为了塑造城市生活？那它关于什么？

· 城市建筑学

这一城市设计的概念更为雄心勃勃，但不能狭隘地把城市设计理念看作是公共政策。这种观点的根源可以追溯到20世纪初的美国美化城市运动，更远的19世纪欧洲学院派建筑（Beaux Arts）的传统。它的支持者寻求的是最能控制城市空间塑造的区域——公共区域，而这是共同的关注点。它是一个囊括了"建筑—规划师"的主要领域，让各种志趣相投的人如柯林·罗、卡米洛·西特、威廉·H.怀特聚集在一起。

塑造公共空间被认为是建筑师/城市规划师的第一目标。因此，城市设计的首要作用是开发相应的方法和机制，用以实现上述目标。以权威性和艺术性来塑造城市（以及适当的计划和建议——怀特的贡献），使得城市的其他部分，这部分都是属于私人的，寻找其在公共领域中合乎逻辑及合理的联系。在20世纪七八十年代，特别是在欧洲，一个相关的"城市项目"理论出现了。这类的城市项目包括计划、融资以及催化开发的设计，通常由一个联合的"公共—私人"合资企业来操纵，将刺激或复兴一个城市区域。城市设计的精髓被这种稳定的或者趋于稳定的形式体现了出来：城市每一部分独一无二的特质都将会延续下来并影响未来的邻里街区。20世纪80年代巴黎的"大改造项目"被普遍认为是为吸引城市再投资的有效催化剂。

将城市设计看作城市建筑学的这一观点通常是概念化的，诸如诺力地图（Nolli map）中描绘的理想罗马，或皮拉内西（译者注：18世纪意大利建筑师、艺术家乔凡尼·巴蒂斯塔·皮拉内西，Giocanni Battista Piranesi）在马尔兹广场浮雕里的空想罗马帝国。或者，它只是简单吸收了我们的游历，如在那些前工业化时代的欧洲城市中，至少在我们经常参观的地方，我们可以显而易见地看到对公共领域的重视。从这种城市设计理念的形成中，可以看到的是一个小概念上的飞跃：

118

·基于城市复兴的城市设计

　　工业革命前的西方城市形态是紧凑的、密集的、分层的、缓慢变化的其所拥有的巨大权力是凌驾于城市规划师和公众的城市梦想之上。传统的城市看起来是组织清晰、尺度宜人、管理便捷和美丽的。这些优点在现代化大都市里却是缺失的。为什么不使大都市重获这些优点呢？目前，新城市主义者们已致力于这种努力，但也只是部分守护或赞颂了传统城市类型的优点。正如一个世纪前美国城市美化运动（City Beautiful movement）所辩论的，克里斯托弗·亚历山大（Christopher Alexander）在他 1977 年出版的《建筑模式语言》（*A Pattern Language*）一书中指出：新的城市主义者提倡回到他们认为经得起时间检验的都市生活原则上去，呼吁一个幻想的郊区文化以面对城市现代化的冲击。

119

中国上海浦东。时代的一种碰撞：摩天大楼的入侵与自行车的消失。这是上海，但也是当今大部分中国城市的特征。图片来源：亚历克斯·克里格。

现在美国人似乎特别赞同复兴城市，原因有两方面：一是他们渴望文雅的品位，或
许是预装的和净化的，正如雷姆·库哈斯戏称的"寡淡的都市生活"那样，需要几代人
去摆脱（但不确定）真实的事情；二是当遭遇新事物攻击时，他们试图在密友中寻找安慰。
传统上，家庭和邻居帮助我们缓解了对变化的焦虑。因此，当商业、技术和生活方式处
于无止境的变革期时，我们对曾居住的地方（或我们认为曾居住的地方）多愁善感的怀
旧情绪是可以理解的。尽管我们会需要现代厨房和自动车库带来的便利，但很多人更喜
欢在形状和立面上进行包装，以回忆早些时候（假设）的、更慢的、更舒适的生活节奏。
从佛罗里达州海滨到肯特兰镇、俄亥俄州克罗克公园，许多新城市主义者努力将这样一
个混合的现代生活方式展示到传统建筑形式中去。

适于步行的城市，有公共街道和公共广场的城市，低层高密度的城市，围绕着有价
值的机构特定社区聚集的城市，使用复杂层次摆脱交通拥堵的城市——当然这些仍具魅
力。并不是只有美国人渴望这样的城市品质。参考一个欧洲的案例，今天的柏林，城市
规划管理部门采取极其保守的建筑设计指南来统一中心区，却成了另一种放缓城市（不
涉及社会、政治和环境，至少是在其涉及的物质空间层面上）变化步伐的表现。许多城
市设计者坚信：他们学科的责任在于减缓过度的变化，抵制无根据的创新，或者，至少
要提倡像"人的尺度"和"场所营造"这样的旧式观点。接下来，我们应该思考：

·基于"场所营造"艺术的城市设计

城市复兴的必然结果是增加"场所营造"，它为集会提供了独特的、有活力和吸引
力的中心，以减缓许多大型当代城市地区的感观同质性。在美国，建筑和城市设计公司
宣称自己是"场所营造者"，这就像印在任何一本城市土地说明书上的广告。这样很容
易使其流于玩世不恭，因为许多普通的开发项目在广告中常用引人注目的"场所"一词
结尾，以掩盖他们无确定位置的特点（其中最常见的是"中心场所"一词，一个充满希
望的名称恰巧是新区所缺失的内容）。

然而，创造与众不同的场所以满足人类的目的一直是设计专业的核心。我们之前从
来没有称呼自己为场所营造者，或者说从未意识到可以担当此任。经济学家经常提醒社
会，独特的场所作为一种罕见商品的价值与日俱增。由于越来越多当代城市的发展只追
求一般的品质或单纯的重复，城市场所的特殊性，不论老的还是新的，则越难发现。仅
凭这一点我们也要继续为整个城市世界的保护运动加油。但是，随着每年6 000万的世
界城市新增人口，保护和修复不可能是场所营造的途径。更多的城市设计师应当关注于
新场所的营造，使其能与历史悠久的前辈们所营造的场所媲美。美国新城市主义者再一
次地更清晰地阐述了这一目标，而结果却是喜忧参半。他们用华丽的辞藻赞美了伟大的
城市场所的特征：亲密尺度、肌理、混合利用、连通性，连续性以及它们所享有的特权等，

第六希望政府住宅计划，肯塔基州路易斯维尔的杜瓦里公园村复兴，社区建造集团（The Community Builders）项目，1999年摄。图片来源：匹兹堡城市设计事务所。

肯塔基州路易斯维尔的杜瓦里公园村（复兴前），1994年摄。
图片来源：匹兹堡城市设计事务所（Urban Design Associates）。

但是他们的设计却还是采用熟悉的旧形式和传统的审美细节，这看上去像是强加上的和假冒的，脱离了我们现在的生活方式。

　　尽管我们有保护庄严古老的城市场所的功绩，或谨慎对待历史街区周边的明智，但疑虑仍然存在：我们如何成功地组织起来，赋予复杂的都市生活以传统的象征意义。如果我们对盛装打扮的新的开发少一点期许，而投入更多的努力去明智地分配资源或更好地管理土地呢？因此我们呼吁：

123

连续的三代住宅形式，中国上海。图片来源：亚历克斯·克里格。

·基于精明增长的城市设计

城市设计与"市中心"之间存在很强的关联性，环市中心的旧区需要郊区发展管理和再融资战略，这已得到了许多拥护。事实上，为了保护城市化，更不必说减少对环境的破坏和不必要的土地消耗，许多人认为当务之急是应该控制蔓延，并且让环境管理成为城市思维中的重要部分。尽管这种表达有些机会主义，但这也正是需要行动的地方。因为90%的开发活动发生在现存的城市外围，所以城市设计师应该从那里着手，如果可行的话，宣传"精明的"规划和设计。反之，忽略大城市的边缘，似乎不配是一个真正的城市规划师，或限制他的努力而去做城市"填充"，可能只是逃避问题的简单方式。就像社会观察者很早指出的一样，大多数美国人生活的郊区和以前的城区，并不是非城市的，只是没有什么差异的，这些现象必定是缺少传统的城市经验或强度所导致的。

21世纪更重视保护思维是毋庸置疑的。整个世界必须更明智地加强资源和土地管理的观念也已深入人心。因此，与建筑学有着传统的紧密渊源的城市设计，必须拓宽发展视野。自然科学、生态学、能源管理、系统分析、土地发展经济学、土地使用法、公众健康议题等从未得到应有重视，然而，这些应该成为城市规划师培训中的基础内容。如今，城市设计师崇尚"精明增长"的议程，通常他们已意识到减少蔓延或者保护开放空间是必要的。但是，一旦他们进入这片领域，他们很快会发现在规划中获得额外的技能和合作伙伴也是同样必要的。

伊利诺伊州芝加哥千禧公园步行桥，弗兰克·盖里设计。基础设施的目的在于运动的愉悦性，而不是优化运动。图片来源：亚历克斯·克里格。

要想真正管理大都市的增长，必须应对这些需求，如土地保护、水资源管理和交通等，这就需要打破管理的界限，因此，越来越多的城市设计必须关注：

·城市的基础设施

街道和街区的分配，开放空间和公共空间的分布，运输道路和高速通道的对接，市政业务的规定，这些当然是城市设计的重要组成部分。的确，若仅关注一类城市基础设施，对城市或现存解决的实际方案而言，没有什么比运输系统的良好运行更为重要。然而，交通优化，作为一个独立的变量，已经从城市系统复杂而重叠的网络中分离出来，最终为社区的健康服务。我们已经明白，工程标准不能独立胜任其为城市生产的工具。

除了偶尔在"建筑的"基础设施上的努力，正如在 20 世纪 60 年代各种各样的超级建筑中（今日的魅力之源），不论是规划师或是设计师都未能在交通或其他城市基础设施中发挥至关重要的作用。因此，它变成了城市设计师的另一个领域，试图同时专注于在实用层面上用其他社会需求来调整的交通诉求，或是用新的进步的（或复兴旧的）方法来整合城市形态和运输系统。在平凡而显著的水平上，它为城市化的新区增添了魅力，如运用交通导向的发展模式，密度的混合使用模式，在更大城市邻近的多式联运中心中经常运用的"公营—私营"合作开发模式。

20 世纪对于车的喜好，至今仍被认为是理想的个人移动系统，这缩小了城市形态和交通的概念化范围。我们曾如此着迷于圣埃利亚的意大利未来主义的神奇效果图，以及勒·柯布西耶的"光辉城市"（Ville Radieuse）。整整一个世纪之后，我们重新认识到，整合城市形态和城市交通更多地依赖于复杂的"脐带"，而不是开阔的道路，特别是当工程世界已将重点从硬件转到系统设计，我们也应从增加车道数量转向诸如交通管理技术的提升。毋庸置疑，基础设施最优化的真实目标是宜居性、可持续性、经济和文化的增长，换句话说就是最佳城市设计。

同意这一认识的，还有一些景观建筑学（即奉行人文主义规划的领域）的领袖人物，最近在提倡用另一个角度看待城市规划师的行动，他们称之为：

·基于"景观都市主义"的城市设计

在过去的几年当中，出现了一种新的关于城市的学派——"景观都市主义"。其支持者致力于将生态、景观建筑学、基础设施融入城市化中。这个学派包括伊恩·麦克哈格、帕特里克·格迪斯和弗雷德里克·劳·奥姆斯特德，尽管辩论的出发点似乎是景观空间，不再是建筑学，但是它也是现代大都市的生产力。

让我们回顾一下 1956 年会议：有大量关于景观建筑是城市设计主要部分的辩论。但是，这方面内容很快就被归入建筑 / 规划的关系表内，城市设计占据了中间的调节者之位。暂时没有留给景观建筑任何概念性的位置。讽刺的是，在北美有更多的居住区是由景观建筑设计师所设计，而非其他专业人员。然而，大家一直指责（有时坚决指责）：景观建筑师指导的城市设计热衷于低密度、注重形式上的微小细节、包含更多的开放空间，换句话说，它制造出郊区的或非城市的氛围。

景观都市主义的支持者詹姆斯·康纳（James Corner）反对这样的陈词滥调，而是坚持实体的概念，历史想象的"人造"城市延续了不再相关的观点，即自然和人类的技巧是对立的。景观都市主义的项目旨在克服这种对立，使用一种既不是狭隘的生态议程也不是主流的（理解建筑的）城市营造技术作为主要的手段。景观都市主义者坚信，有价值的城市设计能在生态、工程、设计、精致程序和社会政策的交集中被发现。至今，它很大程度上是一套价值观，而不是一个成熟的实践，景观都市主义者为了证明它们的实用性将付出努力，如斯塔滕岛上的清泉垃圾填埋场（Fresh Kills Landfill, Staten Island）的回用工程。

从一个方面来说，这个运动可能是对诺力地图的城市主义观点的一种回应，即城市是由建筑物和无建筑物构成的二进制概念。地图上白色的部分，即那些空隙，黑色的部分，是已建成形态的结果。也许这是对前工业化城市有用的解释，如意大利广场是实体建筑物切割出来的空间。前工业化城市围墙之外，无疑是风景和未设计过的空间，但城市围墙之内，空间则由已建成形态而产生。然而，但凡仔细阅读前工业化时期的城市地图，会发现

126

这种断言是错误的，诺力地图的"白色部分"肯定有许多色彩和细微差别的含义。此外，景观都市主义者会提问：难道不是景观将当代低密度且蔓延的大都市黏合在一起吗？

激进主义一直认为景观是城市形态的决定者和组织者，激进主义坚持的诺力地图白色部分，如今已被涂成绿色，成为城市设计的核心组成部分，最终将我们带进了这个领域：

·基于城市愿景的城市设计

我永远期望的城市设计是：将它付诸实施者，此时更精确而言的是它的理论，提供
127 了我们对于在社区里组织空间方式的思考和模型，而不单是接受我们做的方式。对城市生活未来的憧憬吸引了更多的学生参与到城市设计课程中来。从事改造都市生活是一个行动领域，参与到现代城市变化的伟大人物有奥斯曼男爵、丹尼尔·伯纳姆、埃比尼泽·霍华德、雷蒙德·尤恩、勒·柯布西耶，也许甚至还包括雷姆·库哈斯和安德烈斯·杜安尼（Andres Duany）等。但是，借用吉迪恩的措辞，这样挥舞大刀勇闯直前的拯救者如今相比于 20 世纪之交罕见多了，或者说我们很少像他们一样行动。新一代有梦想的设计师可能出现在中国或者世界其他快速城市化的地区，但他们尚未行动起来。

在当代有愿景者缺乏的情况下，今天，有人已挺身而出探索城市的文化本质。城市社会学家/理论家从 20 世纪早期的路易斯·沃思（Louis Wirth）到亨利·列斐伏尔（Henri Lefebvre）、理查德·森内特（Richard Sennett）、爱德华·苏贾，以及大卫·哈维（David Harvey），他们通常不被认为是城市设计师，但在某种意义上他们已经是了，在我们的时代里，他们已经在城市文化的理解上取代了过去伟大的城市变革者，虽然不是实际上的取代。

塑造英雄主义的传统也许在逐渐衰落，毕竟，20 世纪见证了城市被奇异的或平凡的想法所造成的巨大破坏，这些想法包括城市是什么的，或城市化将会带来什么。但是，我们的文化观察家提醒我们，实用主义和技术不足以成为替代品，专业设计人员也不能仅仅吸取公众舆论达成的一致观点来建设城市。他们必须有新的思想。尽管如此，仍然存在城市设计师如何与"真实世界"保持一致这个永未解决的难题。也许，城市设计最终是关于社区参与的一种直接形式：

·基于社区宣传的城市设计

自 1956 年以来，在学术界内部"城市设计"包含着大量的思考：要么是居住区的本质，要么是宏观理论阐述城市化的本质。但对于生活在当下的城市社区居民，即这些思考的
128 直接受益者，"城市设计"越来越多地关注当地居民，直接相关的如街区改善、安静交通、新开发的最小负面影响、在可负担得起的情况下选择扩大住房、维护开放空间、优化街

景和创造更多的人文街道环境。

在这个更新、几乎口语化使用的术语中，城市设计接近于过去常被称作的"社区规划"（community planning）。年轻的简·雅各布斯在1956年会议上有一个先见之明的评论时常出现在我的脑海里，"商店也是店主"，这暗示与会的设计师同仁们能更好地记住"店主也是市民"，而市民享有城市环境的决策权。她的后续言论并未记录在会议档案中，也许我们需要另一代人将这一观点带到前台来。

城市设计与市民参与的结合最终导致了城市规划职业的逐渐官僚化。20世纪60年代社会动荡之后，越来越多人认识到了城市更新的失败，规划的焦点开始戏剧性地从物质规划转移到对程序和政策的制定上来。如果建筑师和城市设计师都决心创造美好明天的愿景，那相关理论就应该跟上，之后设计师的角色必须是去决定需求和合理的过程，而不是追求幻想（通常是错觉，有时是半信半疑）。事实上，对产生更多自上而下决策的恐惧、日益苛刻要求下的失败规划、缺乏公众参与，这些都导致了规划专业需要广泛参与的技术和社区的主张。讽刺的是，部分规划师不仅脱离了空间关注，其规划行为同时也偏离了最希望受益的事情：良好的社区、较好的工作单位和商业中心，以及释放日常生活压力的特殊环境。

由于规划专业持续活跃于更广泛的政策制定领域中，其关注点日益变成抽象的公共概念，甚至不在乎直接的或最日常的需求。有城市设计思维的规划师，通常直接表现出对空间联系的关注，他已成为切实解决城市问题的专业人士，而不是雄心勃勃城市转型的代理人。大众的观点是，那些从事城市规划的人并不是"城市的塑造者"，很大程度上因为这种塑造者（如果存在的话）是不可信任的。城市设计师应该成为社区品质的看守者，要求去保护和培植这些社区的品质。今天，城市设计师，而不是规划师，占据了此专业的核心地位，因为通常来说，"城市设计"的内涵看似比"规划"更友好，更通俗易懂。

· 基于思维方法的城市设计

上面的列表并不详尽，其他城市设计活动定会再被添加。在世界各地迅速现代化的背景下，城市设计已成为管理这个现代化社会的一个重要组件。一个例子是在南美和亚洲国家十分常见的BOT（Build 建造、Operate 操作、Transfer 转让）运输和相关的多用途项目（BOT是一种项目融资的方式，私人实体从公共部门接收一个特许经营项目，从财务、设计、建造、到运营设施达到一个指定的时期后，所有权再移交到公共部门）。上述领域的城市设计是主张拥有更广的跨专业领域的管辖权，讽刺的是这一点并没有得到认同。相反的，城市设计反而被强烈建议往非专业特殊化的方向发展，让各种实践者共同走向促进城市生活的独特大道。我在哈佛的同事，鲁道夫·玛查岛（Rodolfo

129

Machado），他为城市设计提供了一个引人注目而又有点夸张的定义：产生或增强城市生活质量的设计过程（或规划，我想增加的）。这仅仅是一个"以人为本的概念"吗？

塞特也许会失望，在他第一届会议以后的半个世纪里都没有出现更精确的城市设计定义。20世纪60年代至70年代早期，在他主持的哈佛大学第三届或第四届城市设计年会上，他表达了对迄今为止这个话题已经产生的"一知半解"的关注，他希望绕过这话题，但其他人坚持继续这个话题。

对于我25年的城市设计实践和教学经历，我的总结如下：城市设计不是一个技术学科，而是一种思想，即在不同的学科基础上寻求、分享、提倡社区形式的见解。城市设计师有不可推卸的义务——提升城市的宜居性，促进城市再投资，维护及真正提升城市风貌。我们并不需要去狭义定义这一系列的利益，根据对城市的义务，城市设计师从中区分他们的任务：他们意识到更新城市中心、建设新的城市、恢复古城值得保护的部分、构建公平增长的管理模式，都需要截然不同的策略、理论和设计行动。事实上，我们应该庆幸有那么多对城市怀有满腔热忱的人采取了各种城市规划的行动。

130

当代城市项目的 10 种分类

胡安·布斯盖茨

2005 年秋，在哈佛大学设计研究生院举办的"10 条主线：城市和开放空间的设计
方法"展览上记录的作品中，提出了一个特别的分类学，它综合了目前城市设计工作的
显著特点。这个展览以我和费利佩·科雷亚（Felipe Correa）合作的研究项目为基础，
聚焦在我们当前最鲜明的现实：战后岁月里的那些城市，在被排斥在功能主义城市规划
的部署之后，它们正在以前所未有的高度进行改革和复兴。在最近的数十年里，城市生
活已从普遍的认知中自我救赎，城市转型也即意味着空间和环境的贫乏。

城市规划的知识和专业能力现在已被强力重建。我相信在这个特殊时代，重新发现
工作的不同主线是有益的，它们已经融合于建成环境中，并清晰地表达出了它的特殊性。
由于操作"城市项目"的机构在城市总体形态中具有更大的导向力，由此汇集了更多的
与塑造城市相关的学科，主要包括城市建筑、景观建筑、城市规划与设计。

在"10 条主线：城市和开放空间的设计方法"展览上记录的作品中，并没有争论是
否全部的城市项目都适合这个建议的分类 [1]。但它提出，每条工作的主线都赋予了一套
精确的方法和措施，可以鼓励城市建设的变化。

以下是区分 10 种城市项目的分类，这解决了我们城市面临的最迫切的问题。在某
些情况下，一些类型在一个相似的环境里共存，而在其他情况下，它们则在相隔遥远的
地方同时发生。无论如何，这个工作是开放的，随着新的地域环境变化可以被补充和修正。

1）综合地标——关键性的建筑具有城市的协同效应。这类项目指的是轮廓高大、
界定清晰、外形壮观的设计项目，通过它们的影响去引发更大范围的城市复兴。这些关
键点通常需要一个大范围的城市重建计划来支撑。毕尔巴鄂的古根海姆博物馆就是一个
典型的例子。

2）多元基础——作为地区发展驱动器的大型城市人造工程。通过重复利用或高密
度的再开发可换乘的基础设施，这类工程是改变城市的标志性。这些新的环境建立起新

的中心，循环利用和重组了周围的城市结构。雷姆·库哈斯 / 大都会建筑事务所（OMA）设计的法国里尔联运站（Lille Intermodal Station）就是一个显著的例子。

3）城市谋略——用最小的投入作为发展驱动的项目。这种工程在保持优势和成功的基础上，将干预减至最低，它适合相对稳定，或者不太可能获得外来投资但却"总在努力改进"的地区。在葡萄牙埃武拉的马拉住房项目（Malagueria Housing Project）就是一个典型的例子，阿尔瓦罗·西扎（Álvaro Siza）提出的限制色彩，对基础设施中枢进行了重新梳理，可以高效地提供服务和空间句法。

4）风貌改造——对开放空间肌理重新梳理的项目。通过明智的设计及公众共享空间的使用而塑造城市风格。在巴塞罗那、里昂和哥本哈根的广场、公园和开放空间，就展示了这种通过微观整治，实现宏观转型的力量。它提供了一个重组多种多样的未充分使用空间的方式，这些空间包括大量几何交通基础设施产生的遗弃空间、需要重建的过时空间、为城市增长服务的新空间。通过采取这种战略，高度获益的是传统城市的中心，因为它不需要巨大的结构性调整就能带来新的发展生机。20 世纪 80 年代 West 8 设计事务所在鹿特丹的剧院广场项目就是一个典型的例子。

5）碎片组合——中间尺度的城市碎片，如 18 到 25 街区之间的一块地。这种城市碎片工程类型，可以利用其成为新的发展点来处理综合的城市问题。以炮台公园为例，它面对的是基础设施与城市、公众和共享空间之间整合的不同问题，建筑和服务变成了基本概念。在巴黎塞纳河周边地区和阿姆斯特丹东部都已使用这种方法进行了重组。

6）传统思维——对复兴的再认识。这种类型假定保持 19 世纪末和 20 世纪初居住性城市的持久魅力。只要让它满足当前的需求，那么这些古老的城市就不会过时。佛罗里达州的海滨就是一个典型案例。

7）地区再生——基于大型景观和中心疏散。这种类型是基于地域的演变以及自然环境的内在逻辑而制定的干预措施，从而导致大片地区的重建，人类居住地成为更广泛的生态系统内的一个单元。一个典型的例子是德国的埃姆歇公园（Emscher Park），这一项目对鲁尔山谷的大片废弃的工业厂房进行重建，将其转换为新的娱乐空间。

8）核心改造——对历史区域的更新。这种类型通过重组传统和历史地区的结构，以激发它们的潜力，像现代的活力城市中心一样运作。在不破坏城区中脆弱组织的前提下，更新像车辆运流通和基本服务供给这种特定的基础设施，提供至市中心的通道和利用旧设施，同时限制交通量、停车场、公共交通路线，清除过度拥挤的结构并引入开放空间等等。一个典型的例子就是我为西班牙的托莱多做的城市中心规划。

9）方案模拟——反思总体规划及其尺度。总体规划不应该再像战后岁月那样，是无所不包、无处不在的。总体规划应当将城市视为"开放系统"，在此基础上寻找"项目"的方向，并借助中小尺度城市项目的发展优势，发展出一套能够容纳这些较小项目聚集的政治和物质框架。伦敦新发展战略就是一个很好的例子。

10）思考过程——城市建设的实验性研究。这种城市项目获得的一个主要灵感，来自于从实验性研究到其他基础专业理论概念的应用，如哲学、水力学、热力学、计算机等，它为制定新的规划原则铺平了道路，提供了彰显城市创新价值的正式阐述和表达形式。这种类型主要体现为建筑和城市设计竞赛，在设计院校也很常见。一个建成的例子是迪勒 + 斯科菲迪奥事务所（Diller + Scofidio）的瑞士的模糊大厦（Blur Building）。

注释

[1] Joan Busquets, ed., and Felipe Correa, collaborator, *Cities: 10 Lines: Approaches to City and Open Territory Design* (Barcelona: Actar D, 2007)

超越中心、肌理和拥堵文化：
作为都市企业化的城市设计

理查德·索默

135　　　城市设计作为一个专业或学科，它的价值难道不正是在于其是否提出了主要的核心观点，并将它提炼成一系列的方法和技术，以挑战根深蒂固的假设和改造实践？城市设计不该继续宣扬陈腐的、高度商品化的城市理念。[1] 自从 20 世纪中期城市设计作为学科首次出现以来，城市设计被声称是作为一项严肃的实践，它必须批判性地再评估和更新一系列已有的概念。因为正如约翰·卡里斯基（John Kaliski）在《民主挂帅：新社区规划及城市设计的挑战》（*Democracy Takes Command: New Community Planning and the Challenge to Urban Design*）一书中所说的，这些再评估和更新是十分重要的，它们与城市设计息息相关，如用 19 世纪风格的周边式街区形态学改造当代城市环境，使其规模和新建工程外观与现存或想象的原有历史建筑相协调（即使风格平庸），在街区内无处不在地配置底层商业、横幅和林荫道，这是对"混合使用"的默认与表达。将步行道插入机动车基础设施中，奥姆斯特德式预算控制的绿色网络，在城市发展中已被广泛使用。若是运

136 用适当，这些将会是好事，可看做城市设计的成功。但是，很有可能，城市设计与后现代主义的命运会愈加接近，那就是以粉饰陈腐的商业发展为历史提供题材。

　　在城市设计理论形成之初，它的目的是什么？在随后的 50 年中它又是如何调整它的议程的？美国的城市设计出现在这样的历史时期：理论上，每个人（包括少数族裔，穷人，妇女在内）都拥有美国城市的公共空间居住和追求快乐的合法权利。随着民主的深入，公民的身份开始分裂，从沙文主义的"盎格鲁—撒克逊"（译者注：形容民族结合）到大范围的混合，不仅是跨国界（非裔美国人、意大利裔美国人、亚裔美国人等）、而且是跨性别、跨种族、跨地理空间。我们现在这个社会从多数方面来看还是变得更好了，当然这一点仍有争议。我们的社会由一系列重叠的"公众"组成，这些公众相互竞争，以争夺所占领空间的代表权。令人讽刺的是，抑或只是命中注定，通过一些其他形式的自由，特别是经济的手段，那些原本被排斥在公共生活之外的人才获得了更多进入公共生活的机会，为了私营企业的利益出入城市。因此，人们大部分生活在一个由私人占有

或控制的虚拟公共空间里，这可能是我们社会的重要部分，比如各种封闭式小区、大学城、安保森严的公司等。纵观城市设计的思想历程，它时常只是带着错误的假设，对现实做出被动的反应。

有这样一种错误的假设："只要你建设，人们就会来"，它遵循了形式可以决定行为的信条，如果一个人设计了具有传统城市风格的场所，那么公众就会出现并接受它们。但是，设计师并未真正理解何为"公众"（在研究、统计学和社会学意义上）的概念，不仅不了解我们社会中日益多样化的公众，他们对用于集会、庆典、和日常居住的城市空间的兴趣和爱好，也没弄清楚这些空间可能出现在什么位置。相反的，无论是拿气球的孩子、维吉尔风格的露台、被喻为新式的传统主义者的主要街道，还是大都会事务所的©Urbanism中的身着普拉达的无聊的夜生活游荡者，都是大都会建筑事务所需要考虑的城市生活，这些对城市的幻想都是相同的。在城市设计项目的营销中，场所常常并不能培育出足够数量人群的活动，也不能让活动持续下去，或者更糟的是，不能吸引社会或者法律意义上的"公众"。

第二个错误假设是，面对着压迫性政治、大型城市规划吹嘘的失败及投机性的房地产主导城市改造的历史，大多数城市设计师一直相信，因为城市似乎是逐个项目所建，所以没有必要去严肃思考或想象大都市的真正需求。无论我们称这种新的城市为有卫星城的大都市、大城市带，还是伪城市，这个集网络、模式、规模和时序表达为一体的实体，都难以简单地计算，它拒绝简单的层级结构，并将可行的规划战略统一起来。例如，新城市主义者，他们坚持在小镇规划中实践每个城市项目，拒绝参与大都会的发展。[2] 相反地，我们都采用前卫的人工建筑（或者它的电影写真）作为大都市的氛围，但是没有理解大都市自身的条件，没有质疑它作为房地产或社会组织系统的定义。

也许城市设计向来都是一个反对大都市的学科，它致力于恢复其信徒所崇拜的那些历史悠久的城市品质；但如果止步于此，它就永远都不能进步。无止境的、各国混居的现代城市与工业化前相对小型的居民点（通称为传统城市）有很大的不同[3]。因为今天的城市是一个新生事物，所以城市设计的实施不仅是让新的部分像旧的一样运作；反之亦然，它更是一种搏斗，让一个地方已逐渐形成的习惯、生活方式和建造方式移植到另一个地方。美国现在的郊区甚至可以追溯到一个世纪以前，可以说将文化导入工业社会与引入殖民之前的城市是同等的。例如，试想战后美国郊区的孩子用他们的情感去感受大力吹捧的古老市区复兴，或者如今的芝加哥，生活在市中心塔楼办公室的人们通勤往返于城市边缘，这些编码区分了哪些是城市的变化，哪些不是。在这一新的城市里，阶级和种族的边界存在争议（在一个特有的空间，赋予新的公众身份），转变可能是城市风格的印记，以密度和组合方案的传统指标去记录。尽管大力吹捧城市全球化，我依然用美国的情况举例，在社会资本的分配中，对于大都市的中心或边缘的关系，与对于一个国家或文化区域到另一个的关系是有很大不同的。看看法国的情况就知道了。

137

138

　　许多人会认为绘制新都市的尺度是有用的，但同时又质疑拥有这一尺度的区域不受设计的限制，因此它不是城市设计的合适范围。但是，通过视觉上的充分观察，以及用其他方式对新都市区域配置的仔细审查和计算，可以构成设计干预的新的基础——我们如何理解城市，决定了我们要为它创造些什么。此外，如果通过设计一种手段可以提前完成某种形式或结构，那么就必须承认城市的主要方面是经过设计的，虽然这些设计松散地融合了道路工程师、贷款机构、房地产开发商、土地规划师、地方官员、公民团体、建筑师、景观设计师和城市设计师的观点。尽管城市设计已经或正在从社会和经济视角中脱离出来，但什么样的技术、方法和艺术形式，能将城市设计工作最终从其他团体的城市塑造行为中区分出来呢？这必定要用不同的工具来构思和设计城市。

　　城市设计若要消除混乱，绘出一条前进之路，则需要一个严格审视其学科重要研究方法的方法。这一审视过程将涉及找寻更好的方法，去发掘最有影响的城市设计思想的理论者和实践者，即使它指出了迄今为止已经实现的部分思想的弊端。为了简单起见，我将城市设计限定在 20 世纪中期之前，以实证和历史为基础，将视觉和地图分析与务实的设计思考作为探讨它的中心活动。[4] 这种思想起源于引领城市设计的城市美化运动和国际现代建筑协会运动，这些准理性的城市项目运动再一次定义了城市学科的本质。这也意味着，相比威廉·怀特和简·雅各布斯的工作而言，凯文·林奇、罗伯特·文丘里、丹尼斯·斯科特·布朗、雷姆·库哈斯（和许多其他人）的工作对城市设计学科的前景更为重要。[5] 这并不是质疑前者（或者近期的萨斯基娅·萨森（Saskia Sassen）和马克·欧格（Marc Augé））对城市概念化的重要贡献，只是指出他们的工作无法转化为设计过程。

　　城市设计若要前发展，就必须以史为鉴，承认对专业学科而言自己是个后来者，是由建筑学和土木工程（最开始是景观建筑，之后是城市规划）演变而形成的学科并得到强化，即使它包含了新的内容和现代的无墙城市。尽管城市设计直到 20 世纪中期才从建筑学和城市规划中分离出来，但作为一个感性工具，它最早在卡米洛·西特的作品中就已出现。西特最早用批判性眼光去看待城市规划的现代形式，即优先考虑地块的有效几何布局，和交通的直线流量。他反对这种看似理性的城市形态，推崇欧洲北部和中部地区逐步建成的城市形态和风格，尤其提倡其街道网络、教堂，以及与之结合的广场和雕塑。如果说现代城市无论在过去和现在都在提高流动性，西特则认为"场所营造"在纷忙的城市里是必要的。为了实现这一点，他以中世纪的北欧有卫星城的大都市为原型，设计了一个城市形式的分类体系。这些体系展示了一种被意大利、法国和英国建筑师（例如弗朗西斯科·迪·乔治（Francesco di Giorgio）、安德烈·勒诺特尔（André Le Nôtre）和约翰·纳什（John Nash））认为是劣质的城市主义，而这些建筑师从文艺复兴时期就一直主导着设计城市的方法。

　　西特很容易被误认为是一个像普金那样喜欢说教的人，但实际上他感兴趣的并不是作为宗教活动场所的教堂和广场。他创造了一个从世俗角度看待欧洲历史城市的方法，从最重要的空间中发现逻辑。这些空间大部分由宗教产生，与寡头政治无关，他跟随 19 世纪的潮流，重新定位建筑，将城市视为一个古迹的抽象系统，并将城市的历史结构也添加到重要的史前古器物列表中。

在西特的作品中，我们可以发现一些仍对城市设计实践保有希望的想法，但也有一些哲学基础导致了目前的问题。例如，他曾在德国汉诺威做出反学院派的规划方案，在这个规划中他利用现有地形和建筑红线，在重要的十字路口规划出几个考虑周到的不规则公共广场。他将这个规划与古板的（现代的）新古典主义规划做了对比，后者几乎全部是由对角线林荫大道、规律街区以及广场组成却无视城市的原有结构。汉诺威的方案标志着西特成为城市设计之父，他探寻了一套方法，发现了现代城市的重建可基于分析城市传统空间和象征的基因，并提出从原有结构中梳理出新结构的方法。西特非常重视城市是如何随着时间的变迁而发展变化的。正因如此，他的工作常被定性为"创造如画的城市景观"。然而，他对发展延续性的重视，以及去除轴对称和几何外形的做法，实际上是对巴洛克传统的变革。

西特对看似无关紧要的城市结构的重视，以及强调短暂的触觉和情感上的体验，使他比城市设计的几次关键性发展更有先见之明，包括凯文·林奇的城市意象和国际情境主义的"漂移"（derive）和"异轨"（détournement）的心理图像城市化。

考虑到后来的发展，西特是一个现代主义的反对者，似乎对城市中新生的社会和技术项目漠不关心，这一点是否很奇怪呢？西特对旧城区的赞誉和对大城市的嘲弄，都体现了他对有机社会和人本社会的认同。无论社会变迁，他将教会衍生建筑及其周边结构作为值得纪念的文脉，这似乎与现代城市设计中仿造历史地段的想法相类似。

最有影响的城市设计理论家几乎无一例外地继承了西特理论的优点和缺陷。这些人也同样对挑选出的历史建筑物和城镇结构进行了详尽的实证研究，从而为文脉主导的设计方法学打下基础，但对生活方式、业余爱好、社交习惯及尺度参考等影响现代生活的不同因素却漠不关心。凯文·林奇、阿尔多·罗西（Aldo Rossi）、柯林·罗以及他们之后的新城市主义都遵循了这一倾向。

林奇沿用了西特的欧洲城镇体系，并视其为最"可成像"（imagable）的城市，并将其作为他通用评价体系中的最终手段。于是，各种街道成为"路径"（paths），广场和市场成为"节点"（nodes），纪念碑成为"地标"（landmarks），历史地段成为"地区"（districts），城墙成为"边界"（edges）。林奇的创新之处在于他努力使规划更加民主。通过创造这些抽象的、无尺度的名词，林奇让当地居民得以绘制出自己的认知"意象"地图，并建议居民的这些感知应该作为改变城市形态的依据[6]。但林奇错误地认为，这类可成像的城市在美国为数不少。林奇的体系是由欧洲小镇的通道、广场和空地组成的，而美国重复的、棋盘式的城市，以及无组织的郊区，是无法用林奇的体系来理解的，更不用提改造和发展了。林奇精心绘制的波士顿地图，显示了其原有的核心部分很像那些

140

141

中世纪欧洲小镇的模式。但实际上他自己绘制的洛杉矶城区认知地图却显示了这一方法的局限，这证明了他一厢情愿的想法目前正在弱化城市设计。林奇的认知地图究竟提供了一套真实看待城市的重要工具，还是仅是一个终结争论的绞架呢？

尽管林奇的《城市意象》(Image of the City) 一书对城市设计起到了更重要的作用，但他后来还是在《城市形态理论》(Theory of Good City Form) 一书中修正了前者的方法。他将分析尺度扩展到区域，把水平分布的、依赖小汽车的巨型城市囊括进来，并试图发展自己的体系以"清晰地"解读这些城市领域。林奇认为，城市功能和形象的高度透明应当成为一个美好而公正的城市的标志。然而，由于他对区域的关注在于它是设计的一个对象，因而"良好的城市形态"蕴含了城市设计一个潜在的重要转折。不幸的是，与设计关联的这项工作的实操性几乎语焉不详。于是，《城市形态理论》一书至今仍停留在规划理论的范畴，除了附录中的图表——"城市模式语言"，它表达了林奇的经验论，提供了有些古怪的对区域模式的理性解读。

继林奇之后，也有几个学者对城市设计定义的发展起到了决定性的作用，其中，最重要的是伊恩·麦克哈格、文丘里和斯科特·布朗。麦克哈格提炼了 20 世纪早期的生态理论，发展出都市景观分层分析的方法，记录了每层之间的竞争和协同生物形态流，其中包括流域、地质和矿物基质、植物群以及人类居住区。基于人文主义，麦克哈格认为缺乏有机的、开放空间的通道，与反社会行为、人类疾病是一样的，因此，导致了"人造的"世界始终与濒危的自然环境相对抗的问题。

不同于林奇和麦克哈格的方法，文丘里和斯科特·布朗的流行城市分类法则竭力回避财产和市场利益，他们将商业化生产的景观看作符号学分析和设计构想的对象。他们的"装饰性的棚屋"（即具有可交流信息外表的实用容器）理论，尝试再现巴洛克式城市对（既有私人住宅也有公共空间的）不同建筑的协调能力。

林奇、麦克哈格、文丘里和斯科特·布朗的开创性贡献源于他们结合了其他科学领域的新兴知识，包括认知科学、生态学和人类文化学等，并将其整合进更为具体的建筑和城市规划学科中，如现场勘查、等高线图和影像学研究等。虽然我坚信他们的工作将持久地激发城市设计的模式创新，但由于他们的想法被不加批判地实践，这也产生了新的问题。例如，文丘里和斯科特·布朗的伟大理论成果在于将城市作为一个符号系统，但在今天，当企业营销作为媒体渗透的其他形式之一，创造了一种超前的意识，并因此为很多城市际遇创造了条件时，棚屋就不再需要用广告来装饰（正如人人都知道星巴克的独特氛围，这就不需要被大肆宣传），而可以派些其他用场。[7]

我们无法否认城市设计教学对实践的影响，至少在美国是如此。在 20 世纪 60—80 年代的 20 年中，康奈尔大学建筑系所做的研究构成了许多人对城市设计实践和思考的基础。在此期间康奈尔大学出现了一个基于"文脉"的哲学体系，这也反映出一种新的哲学趋势，即对 20 世纪早期主导欧洲知识界的实证主义哲学的驳斥。文脉主义者认为，

一切现象都必须被理解为历史事件，并要与其他思想和事件结合起来进行解读。柯林·罗、 143
奥斯瓦尔德·马蒂亚·翁格尔斯（Oswald Mathias Ungers），以及他们在建筑学院的
同事用文脉主义的哲学模型来批判实证主义，并将其与现代主义建筑和城市规划联系起
来，形成了城市设计。[8] 罗关于城市主义的成熟思想都收集在他与弗雷德·科尔特
（Fred Koetter）合著的《拼贴城市》（Collage City）一书中。安杰斯的思想体现
在这些年他和校友（其中有雷姆·库哈斯）所做的项目中。20 世纪 60 年代，安杰斯重
新关注了 20 世纪 20 年代以后的俄罗斯构成主义建筑。他通过一系列活动开创了一个新
的后现代的城市主义，其中包括重新审视卡尔·弗里德里希·申克尔（Karl Friedrich
Schinkel）的类型实验，通过调整柏林典型的周边地块的尺度，抽象其三维美学、浓缩
城市功能来形成一个微型城市。如果城市无法被规划，那么它将可以被重建为一系列群
岛。大都会建筑事务所出现的基础就是这个构想。安杰斯的想法串联起 20 世纪中期以
来城市设计的三个主要发展阶段中的两个，并通过库哈斯参与到第三个阶段。

城市设计 I：支撑城市中心

城市设计第一个主要发展阶段，是从 20 世纪 50 年代到 60 年代末，在这一阶段中
对现代建筑语言和技术能力进行了修订，以适应重建衰落的城市中心的组织原则，并促
使它们偏离勒·柯布西耶的《光辉城市》，以及希尔伯塞姆的"遮轮堡"住房项目的那
种发展形势。对这些第一代城市设计师来说，现代建筑在新建地区的尺度良好，但在重
建占据文化高地的老城市时，则必须着眼于对历史模式的解读。在《光辉城市》中，现
代建筑本质上是对花园城市的重新部署，使之具有更强有力的特征和更大的规模。埃德
蒙·培根从 1949—1969 年在费城的工作也许最充分地表达了城市设计对支撑城市中心
的作用，并总结出最早的城市设计策略。

后来，德文版《拼贴城市》运用了一系列蒙太奇手法在前工业化城市结构中嵌入现 144
代主义建筑，这本书将柯布西耶的马赛公寓（Unité' Habitation）与佛罗伦萨的乌菲兹
美术馆（the Uffizi in Florence）进行了对比。罗评价乌菲兹美术馆是正确认识城市空
间的"公共性"配置的一个佳例，而马赛公寓则是错误而"野蛮"的做法。[9] 乌菲兹美
术馆是超级街区和城市街道的混合体，这也是罗最喜欢的模式之一。然而，柯布西耶的
模式仍然存在着。今天，他关于马赛公寓的分析图仍然提示着可能是现代城市的终极问
题：现代的城市居民安坐在宽敞的私人住宅中，拥有管道设施、电力、电信和汽车交通，
那么街道可以为他们提供什么功能呢？在这些现代发明出现之前，城市居民无论是烹饪、
洗澡还是去剧院，都得通过街道空间。[10] 不然呢？当然不是每个社会都是这样。在此，
创造街道空间得到了关注，即以"语境"来实现某一历史时期的改造并将其普及化（如

奥斯曼布尔乔亚式的巴黎（the bourgeois Paris of Haussmann）），这可能是另一个城市设计的案例（以及罗的案例）。我们仍然需要解决这个问题：无论在柯布西耶的方案中，还是在许多现代生活中，为何街道除了作为到达其他地方的通道外，就微不足道呢？

城市设计 II：肌理固定

在城市设计发展的第二阶段，即在 20 世纪 60 年代之后，当后现代主义在对现代建筑的全面批判中也加入对现代主义城市的潜在批判之时，在前工业化城市中保持现代建筑形式的尝试也让步于在新的语境下重建城市结构的探索之际。在康奈尔大学，这意味着对完形图底理论的更多关注。[11] 在对诺力的 1748 年罗马地图（Nolli's 1748 map of Rome）作为他们的罗塞塔石碑（Rosetta Stone，译者注：古埃及石碑，刻有古埃及国王托勒密五世登基的诏书。石碑上用希腊文字、古埃及文字和当时的通俗文字刻了同样的内容，这使得近代考古学家得以有机会对照各语言版本的内容，解读已经失传千年的埃及象形文字的意义与结构，而成为今日研究古埃及历史的重要里程碑。这里被用来暗喻要解决一个谜题的关键线索成工具。）进行破解的过程中，罗和他的追随者们轻易地忽略了这一历史环境：诺力的罗马图底关系的首要功能是在教皇权利增长时期衬托出梵蒂冈财产的神圣形象，并为教堂营造全城的视野。由于当时几乎不存在法律事实上的公共空间概念，因此，诺力地图（或之后的西特图形）所反映出来的公共空间和私人空间在历史上的划分有伪造之嫌。

145 　　在《拼贴城市》一书中提出了一套基于语境的设计方法，这一方法从一个现有城市的平面图中识别网络和轴线，并将它们与精选的前汽车时期西方城市的结构和图形相匹配、混合、移植（主要通过图底规划制定的方式），包括：佐治亚州的萨凡纳的道路网络、18 世纪的巴黎旅馆和意大利的纳沃那广场等。与其说"拼贴"，倒更像是个享乐主义的博物馆，并且这一方法也受到城市空间塑造的错觉误导，似乎"如果你建起来，他们就会来的"。

　　"康奈尔学派"提供了一个扩展的、基于地块的图形分析和预测语言，培育了一系列改进之后的技术，并建立了一套详细的城市模型。如果忽略掉康奈尔学派短视的、终极的、非历史的"语境"观念，以及他们对城市公共空间与私人空间虚伪而草率的分类。那么我们可以认为，他们为诺利地图的分析提供了一套精确的工具，可以衡量并最终构成在现代城市中隐藏的不同建筑模式。这套方法的缺陷在于它的假设，即建筑的图解是大都市生活唯一的甚至根本的解释。然而，人们相信罗、安杰斯、罗西、文丘里、斯科特•布朗等人不仅是提供了一套解读城市建筑的方法，同时通过解读的手段在后现代时期产生了一套新的模式，它们可能是有细微差别的、模棱两可的、缺乏太多创意的。林奇和麦克哈格创造了一套方法，能够分析哪些地方可以建设，哪些地方不可以建设，这套方法在城市甚至区域尺度上都可以运作良好，但在生成具体的建筑形态上却显得无能为力。

事后来看，似乎罗和他的追随者们为正在进行的各种设计努力提供了理论的辩护，以避免将大城市作为一系列松散联系的部分进行设计。拼贴是 20 世纪早期的先锋活动，从广义上讲，是为了改变新兴的大都市强加给它居民的东西。从那时到现在，充满房地产投机和竞争的政治利益的自由城市已经越来越有拼贴的效果。因此，拼贴城市几乎没有提供理论上的其他解释——"拼贴"和"城市"的组合，实际上是个赘述。 146

罗的杰出修辞手法是为了让年轻而有才华的建筑师相信，他们可以通过颠倒柯布西耶式城市主义的图底关系来减少现代城市问题。这种观点认为，"现代主义"（例如勒·柯布西耶）毁掉了战后城市。其实，柯布西耶在美国的影响甚微，仅限于几个城市更新项目，涉及些许城市公共空间的也主要是公共住房的项目。因此，上述观点几乎完全误读了美国城市化的历史，相对于柯布西耶的美学，郊区化、工业撤资、废除种族隔离、小汽车流行等因素才是解决集中式城市的决定性因素。美国已经有了其独特的现代化形式——深刻的技术革新促进了人口和资本的快速迁移，而这一切都早于欧洲的现代化。同样，美国从来都没有过新传统主义者所设想的那种大城市中心。然而，即使在《哈佛设计杂志》上，我们也不得不忍受安德烈斯·杜安尼那令人作呕的丑化现代主义的论调。[12] 忘掉 20 世纪吧，就好像 19 世纪没有发生过一样。

城市设计 III：美式文化的输出

大都会建筑事务所的建筑风格毫无疑问是世界性的，但它是否为城市设计提供了一种创新的模式？就像文丘里及其之前的斯科特·布朗一样，库哈斯通过将城市理论化来建立自己的知识依据，但他的影响力更多是体现在影响建筑学发展，而不是城市上。《疯狂的纽约》（*Delirious New York*）一书是一个后现代城市主义的分水岭，它将美国式的富有争议的城市模式勾画为最伟大的现代城市，并输出到世界各地。通过对城市文脉追溯想象的解释，库哈斯确认了自己作为康奈尔学派实验的合法继承人身份。他抛弃了罗的前工业化时代的意大利式的感性，并确定了 21 世纪城市作为多种拼贴要素的来源，包括摩天大楼、高速公路、空地和构成主义的美学哲学。或许他最巧妙的创意是通过解读市中心的健身俱乐部而来的。库哈斯改变了康奈尔学派对于图底规划的痴迷，他理解了在密度凝固的群岛式城市中，垂直断面可能比平面规划更适合拼贴式的创造发挥。在 147 一个又一个项目建成的城市中，规划的定形是被所给定的土地形状限制的，但垂直断面是可以自由刻画的。

不幸的是，继《疯狂的纽约》之后，库哈斯的许多城市研究都在寻找极端拥堵文化之下的异国殖民地式的贫民窟（他那被大肆炒作的"垃圾空间"概念，追随着包括唐纳德·巴塞尔姆（Donald Barthelme）、威廉·盖斯（William Gass）和斯坦利埃尔金（Stanley Elkin）等在内的多位美国作家关于垃圾和普通景观审美素质的较为理智的思考，这些思考花了超过 1/4 世纪的时间。这并不是说在"错误的地方"无法找到引人入胜的东西；但同样，就像文丘里和斯科特·布朗对拉斯维加斯和莱维敦的研究一样，如果仅限于对被委托的建筑和规划实践进行研究，就很难有主题上的进步。许多大都会建筑事务所的同仁走了与库哈斯相同的道路，将自己包装为城市研究的先锋，但在做建筑项目时总是试图追求（这点往往很好）一个更宏大的城市概念。与此同时，尽管有了"数字景观"，但值得怀疑的是，自大都会建筑事务所对拉维莱特（La Villette）进行规划之后，这个阵营是否真正出现了新的城市战略。作为 25 年前的一个突破性的项目，拉维莱特项目回顾了尼古拉·米留辛（Nikolai Miliutin）和伊凡·列昂尼多夫（Ivan Leonidov）的水平线性城市（它们带有荷兰圩田的芳香魅力），纵横交错的条纹形成一个松散的格子程序，将"事件性建筑"撒在重要的交叉点上（参见伯纳德·屈米），以激活整体区域。OMA 模式下的大部分工作都采用了俄罗斯构成主义"社会冷凝器"的概念，包括工人俱乐部、住房，最关键的是将城市作为活动的一般领域，在"拥堵文化"的旗号下，将它应用到其他不太受意识形态导向的项目上，然而，这些地方是没有乌托邦的城市领域。[13]

公正地说，我们应当给予库哈斯应得的荣誉，他造就了"大"都市主义的繁荣，并提升了业界对日常建筑形式进行实证调查的兴趣。也许，他拥有荷兰人对人工建成环境和景观的敏感，但很显然，他其实是遵从俄罗斯的构成主义，将陌生化作为规划工具，在日常生活中寻求着超现实。然而，这一切难道不是轻率地借用了大都会建筑事务所"偏移＋事件＋容器＝城市主义"的公式吗？这个公式里的所有要素都是 20 世纪 60 年代的复古东西。遵循 1968 年之后的倾向以避开任何政治权威对规划的影响，除了可以通过表面上的颠覆行动（从而反作用于由市场和国家所决定的城市），寻找替代办法来吸引城市受制于看似欲望越轨的对象，以此勾勒出一个文字和道具看似不可能混合的脚本，并用一个框架包裹起整个集合。当城市中需要这些的时候，大方地加以讽刺吧。

当阿伦·卡普洛（Allan Kaprow，译者注：偶然艺术的创始者）在 1960 年代初创造"偶发艺术"这一术语时，他通过一个前卫的偶然形式再现了已经从城市中消失的大型剧场、社区模式、订婚、偶然相遇等情境。这一消失进程在战后受到郊区化、新兴的文化多元化及其反弹、排外心理等已知因素的影响加速了发展。但这些都已经是半个世纪以前的事情了。当然，我们正身处于另一个时刻，我们有可能找到其他不那么带有防卫意识的概念及其表现形式来表达我们在城市中的存在。项目的尺度常不足以考虑到城市设计的层面，例如犬吠工作室（Atelier Bow-Wow）的微观城市主义研究，或者大都会建筑事务所"再设计荷兰"计划（Redesigning Holland）的"点城"（Point City）、"南城"（South City）项目，其中"再设计荷兰"选择了图底理论来考虑在整个国家尺度上的密度部署。

然而，尽管占据了学院派城市主义的话语权，库哈斯和他的同僚，在他们的"发生在容器中的建筑"工作之外，对于今天城市设计师面对的核心问题并没有多少兴趣：许多利益现在为了未来在城市景观中得到一切有价值的位置或条件而竞争，通过设计如何才能更好地实现他们的愿望？换言之，城市设计作为民主的一个施动力，能否有助于创造一个更好的城市？

景观都市主义，是一个相对新的旧词，它承诺，在盛行的大都会事务所代表的荷兰设计和麦克哈格思想未及的地方，举起火炬，给正统的城市设计一个必要的挑战。景观都市主义最引以为豪的议程是清晰地表达了可持续都市主义，即可以通过美观怡人的方式去解决水务管理和毒性修复等功能性问题，从而振兴废弃的地区。在这新功能主义之外，我更倾向于将景观都市主义的潜力定位为像罗伯特·史密森一样的能力，即把后工业城市环境的残垣断壁作为一个想象空间，促进新的设计程序，同时再加上一种接近于空虚的审美、现在参与城市项目的轮换持续时间，以及现代城市巨大空间中程序性的杂化，然而通常都是单一用途的基础设施。德国巨大的埃姆歇公园（Emscher Park）是这 149 个议程上的一个早期和持续进行的项目。在景观都市主义对后工业城市中被废弃、无用和低估的景观及基础设施改造的背后，隐藏着一个心照不宣的希望：或许这些空间会为公众生活的重新架构提供机会。然而，我并不认为城市设计需要一个政治的维度，它可以或应当具体地指出公众是什么，或者公众在哪里出现。

新城市并没有赞助人

我呼吁城市设计应该自我更新，发展出一套能够解释城市的理论，而不仅是苛责谨慎的项目，这一定会招致异口同声的批评：建筑师和城市设计师可能只会在客户的委托下完成自己的工作，而社会本身并不是客户。然而，实际上在浪漫主义之后，几乎所有的艺术形式，包括文学、绘画、音乐在内，都找到了自己的方式去摆脱赞助制度的直接控制，并且追求自己的受众。城市设计也应当找到新的受众，包括强势群体、弱势群体、大众、精英，以及所有的社会成员。如果城市设计不是城市最全能的庇护者，开发商将继续定义城市设计为一种实践。这往往意味着对场所和设施的设计，是为了适合谨慎的物业出售或租赁之需，反映了一种介于道路网路和待售的住宅之间的分区，事实上就是一个房地产系统。在接受这个现实的基础上，专业城市设计机构可能已从前文提到的理论家身上找到了一些小寄托，但巧妇难为无米之炊，更遑论自我更新了。

这并不是说翻新街道、街区和附属设施不是改善城市的重要方式。然而，这些策略必须从当今流动和变化的城市共享空间的角度进行理解，如果我们将这些共享空间视为一套土地和所有权的法律系统，那么将可以更真实地看到并创造性地操纵它们，在这一

150　系统中，许多不同建筑和景观的边界可以在个人宁静和公共便利之间做出权衡。无论是在商店门槛还是可通行设施的尺度，这一边界都可以成为城市设计理论推想的主题。上述观点或将承认，在当代城市中，室内空间可以像街道一样起到公共作用。在罗马如此，在今天的博物馆或购物商场也亦是如此。在任何指定的美国郊区（这是城市设计的心魔），建筑边缘到街道之间的空间必然是无组织的，它们由一系列的实用和象征性功能组成。这种空间不仅仅提供步行与车行功能，同时也提供从安全感到隔音的一切功能。因此，美国郊区房屋前的草坪呈现着开放形象的同时，也提供了几乎同等的隐私，这与中世纪欧洲城市房子周围的高围墙异曲同工。新城市实际上是一个城市和郊区的联结部分，允许在尺度和使用上与原有城市差别较大，如更大的景观和空间、更大型的建筑，我们可以用类似的方法将其概念化。正如从前一样，客观而言，除了遵循习惯和惯例，现代城市中并不存在公共或私人的建筑形式。我的一位前同事常向学生发表如下意见：如果她是在一个安全关闭的展览大厅里洗澡，那她实际上是在私人空间中。因此，在了解建成环境内部化倾向的同时，我们也要接受在貌似公共的空间中享受私人乐趣，以及在貌似封闭的空间中激发公共用途的可能性。

城市设计的政治艺术

　　城市设计若能有助于建立起一个更美好而公正的城市，那么它的理论家和实践者们就必须要理解这一事业的双重性质。城市设计必须建立在扎实的研究和系统的思考之上，并有一个成熟的机制来培养和联络城市居民，他们是所有城市设计工作的最终受益者。城市设计之所以沦为传统的教条或者先锋的故弄玄虚，是因为其令人困惑的专业化研究和貌似无所不能的交流，或两者兼有就更崩溃了。如果有人对城市进行建模和量化的系

151　统研究，并从各种尺度、视角和优势来分析城市的内外部情况，那么公众通常难以获得和理解这样的工作成果。城市设计在方法论上的挑战是要找到合适的方式，并能将对当代城市功能和形式复杂而理论化的理解转化为今天的市民可以积极参和思考的他们所居住的空间，更重要的是，他们想要的居住空间。最佳的城市设计，可以向市民揭示城市的内容和潜力，从而让他们在发展中成为更好的合作者。

　　因此，当地图、图纸、影像、文字、模型甚至电影被当作强大的修辞工具来运用时，它们可以为城市设计者充当创意和政治的媒介。换一种说法，借助其他构造城市的力量，不管是房地产还是工程方面的，城市设计很可能体现为临时的站点，通过它们去协调及重现未来的建成景观。这应该就是城市设计和建筑学之间根本的区别：在民主城市的政治市场中，城市设计师可以运用一种投机参与的艺术策略，而建筑师只能等待一位开明决策者的决定。

注释

[1] 这里我借鉴了列斐伏尔提出的一个观点，我称之为"城市设计之于城市即如广告宣传之于商品"。见列斐伏尔所著，《空间的生产》（*The Production of Space*），D. Nicholson–Smith 翻译（牛津布莱克威尔出版社）。

[2] 卡尔索普（Peter Cathorpe）的以铁路为中心的区域性规划示意图和密度"断面"的补救计划均不能与大都市混乱的现实抗衡。

[3] 1800 年伦敦人口约为 90 万，巴黎的为 546 856，罗马的约为 15 万。

[4] 1995 年我组织了一次会议，晚些时候还在加州艺术学院策了一个名为"发展中的城市"的展，这些活动旨在审视林奇、罗及文丘里和斯科特·布朗的城市设计理论的哲学背景及其影响。弗什、芒福德、萨凯斯、克里格和克劳福德与会。他们使我对这里引用的一些材料加深了理解，在此我不胜感激。

[5] 大卫·格兰汉·格雷厄姆（David Graham Shane）将他关于城市设计技巧的广泛研究出版成书。尽管他对城市设计的诠释及他关于几个重要人物比如林奇的总结我并不尽然认同，但这本书对本文中此处引用材料做出了全面综合的概述。

152

[6] 林奇的社会学研究方式，即公众采访和调研，缺少严谨的程序和足够大的人口统计样本来支持他的结论，但不一定说明他那些更好地被执行的方法就不能促进民主代表制。尽管就我所知，他的后继者中没有人将他的记录显著提高。

[7] 感谢安德鲁·哈特尼斯（Andrew Hartness）提出的星巴克"无所不在的符号"的概念。

[8] Shane, *Recombinant Urbanism*, 85–86.

[9] 此处参考罗关于卢梭哲学里"高贵的野蛮人"对柯布西耶的影响的解释。具体参见 Colin Rowe and Fred Koetter, "Utopia; Decline and Fall" in *Collage City* (Cambridge, Mass.: MIT Press, 1978), 9–32.

[10] 这里我只触及一点大城市更广义的形成，阿道夫·路斯（Adolf Loos）关于电灯和管道对现代主义建筑产生起到的关键意义（比对其他任何新风格的产生都关键）的百年观察。

[11] 参见 Wayne W. Copper, "The Figure/Grounds," *Cornell Journal of Architecture* 2, 1982.

[12] 对杜安尼（Andres Duany）的摘录：固执地认为哈佛大学设计研究生院是先锋城市主义的邪恶帝国是可笑的。对于我们在设计城市面临的挑战，哈佛大学设计研究生院比起你们的运动来，不是个问题，而是个解决方法。更不用提的是，学校比起"国会"传教士似的死板议程，有不同的学术和道德职责。况且，你们铺天盖地的修辞技巧和批评言论难道不是更关注那些更符合你们野心规模的实体和不太可能对美国城市的历史事实熟悉的群体吗？

[13] 参见 Anatoel Kopp, *Constructivist Architecture in the USSR* (New York: Academy Editions; London: St. Martins Press, 1985).

任务与目的的辩论

城市设计的终结

迈克尔·索金

城市设计已经进入了一个死胡同。城市设计同时遭到实质性的理论讨论，以及呈指数增长的、不断改革的世界城市生活现实的疏远，它发现自己被钳制在了怀旧病和必然论之间，越来越无法应对城市和市民对形态、功能以及人性化的需求。在这项任务变得日益迫切和复杂之时，城市设计学科的主流已经由一个潜在的广阔、并充满希望的概念范畴，逐渐转入一种严格、充满限制和无聊的正统说法当中。

从很多方面来说，这个行业从一开始就没有计划好。1956 年 4 月在哈佛大学设计研究生院召开的会议标志着这个学科的起始点，并揭示了内在的冲突和矛盾，它将城市设计带到了知识和想象无力的现状。时任哈佛大学设计研究生院的院长、会议的召集人何塞·路易斯·塞特，自 1947 年起任职国际现代建筑协会（CIAM）的主席，他认为这个会议是为了恢复不断分裂的国际现代建筑协会所做的最后一次努力，由于年轻的十次小组的持续反对，这个协会最终于次年在杜布罗夫尼克召开的第十届会议上分崩离析。阿尔多·范·艾克，十次小组的骨干力量，曾经发牢骚说，自从 1951 年 CIAM 第八届会议之后，这个组织就被哈佛大学"实际支配"着。

塞特的项目是一个战略，既将美国城市纳入泛欧洲现代主义的雅典宪章的城市幻想中，又试图从被规划师掌控的城市区域中恢复已丢失的建筑（曾经是艺术之母）的影响力。在他的介绍性发言中，塞特陈述道："我们美国的城市，在经历了一段时期的快速增长和郊区化蔓延之后，已经到了成熟的年纪，并且承担了前所未有的繁荣城镇的责任。"这个成熟的比喻，表明了美国城市已经到达了一个转折点，它们天然无序的城市形态需要被归置到一个更具有秩序的大想法下面，这个想法已被证明是经久不衰的（关于这点从塞特、格罗皮乌斯到库哈斯等名人提出的个人思想得到了哈佛大学的认可可以看出）。

塞特指出了城市设计中的两个错误指导方向：第一个是通过抛开《雅典宪章》中"功能城市"的束缚，以怀旧的表现形式来追求城市"表面"美丽的方法。他认为，该方法忽略了"问题的根源和仅追求门面的效果"。第二个是城市规划自身，塞特认为，它已经发展到了"强调科学甚于艺术"的阶段。相反的是，城市设计是"城市规划中处理城市物质方面的那部分，……是城市规划中最具有创造力的阶段，在这里，想象力和艺术能力能够发挥更重要的作用"。

这种微妙的批评反映了现代城市主义的困境，即社会责任和教条形式主义之间日益增长的冲突，它们之间的联系越来越少。尽管如此，塞特关于学术性规划已经被经济、社会、政策以及其他"非建筑"问题所渗透的观点是正确的，在之后50年的实践（学科内部的冷淡和公开的敌意）中增加了概念上的隔阂。另一方面，对古典建筑风格形式主义的城市美化运动（1956年的一个古怪又不合时宜的假想敌）的攻击，如果可以预知的话，则更多地证明了对立的观点。毕竟，塞特认为有必要创造一个学科来恢复城市建筑的艺术感，不管他的倾向是通过经营的规模、原来的功能分区，还是突出的形式主义，他对城市美丽的品味仍持有争议。然而，这种肤浅的责任并不仅仅是一个正统现代主义者对历史主义建筑的回击，它意味着与现代新建筑协会论述的社会计划产生共鸣——在它假定的改良项目中努力将欧洲的理性全球化，并具体地实现规划师的见解，而他们对于如何产生建筑的回应缺乏倾向和手段。

城市对文明世界很重要；无中心的郊区蔓延并不是解决办法；设计或好或坏地会使社会配置具体化；支配城市建筑所有物质组成部分的"正确"而深刻的建筑项目可以解决它们的问题……这一类的论点从19世纪早期到现在都占据着主导地位。对这些论述的批评同样持有一致的观点：我们必须留心全部的方案，特别是提议用普遍形式来解决复杂的社会和环境问题的方案，那些方案往往会抹杀人类、文化和自然差异，或者通过自上而下的命令篡夺个人权利。

许多参加会议的人明显地感到有些不安，不仅是对20世纪50年代美国的炫耀式消费及城市蔓延，还包括美国的市区重建，以及后来疯狂的赞誉。引人注目的是那些参会的非设计师们，包括艾布拉姆斯、雅各布斯、芒福德和罗德文，他们主张错综复杂的社交城市，谴责城市更新当中的种族歧视，支持小规模商业的重要性，声讨大规模市场导向的"专横"解决方式。事实上，这群人都不是以建筑师主导的国际现代建筑协会或十次小组的成员，他们的存在为国际建协提出的狭隘城市主义埋下了毁灭的种子，不可避免地影响其他人继续纠缠于那些狭隘的城市设计项目。

对国际现代建筑协会项目的批判不再是新闻。埃里克·芒福德，在他不可或缺的对国际现代建筑协会的论述中，引用了刘易斯·芒福德的一封信来陈述他谢绝1940年塞特之邀为《我们的城市能够存活吗？》一书写序的理由，该书最终于1942年出版。如同1956年那些非建筑师参会者的异议，芒福德的不同意见主要在于：对一个城市的理解似乎排除了政治和文化，将其功能缩减为居住、休闲、交通和就业。芒福德针对塞特明显的疏漏写道："政治和文化相结合的结构才是城市的特征：没有它们，城市就只是没有意义的聚集而已。"

1961 年，在哈佛大学正式设立城市设计学科之后的一年，简·雅各布斯出版了《美国大城市的死与生》，仍然鲜明地批评了城市功能主义。随着 20 世纪 60 年代的发展，当代城市主义形式和假设的每一方面都招致了社会各方猛烈的攻击。民权运动揭露了隐藏在城市更新和公路建设背后的种族歧视；妇女运动也揭露了郊区的组织和国内空间其他形式之下的性别歧视假设；环境和消费者运动则揭示了汽车行业病态的低下效率，以及美国超前消费的自私和毁灭世界的挥霍无度。反主流文化抗议现代主义建筑风格贫瘠的表现形式和美国划一的同质空间格局。自然保护主义者赞扬历史悠久的城市肌理、结构和人文关系的价值，主张规划和密切调查本土的"自助"解决方案，以支持穷人建造房屋、民主决策、低技术以及个人多样性的表达。而由叛逆的幻想家们和建筑业内开放的历史主义者煽动的对正统功能主义的攻击，使得 CIAM 的文书看上去既险恶又荒唐。

所有这些质疑都针对新城市设计是如何形成的这个话题，包括它将捍卫的城市意识形态是如何回应到处爆发的社会、政治和环境危机的。纽约市曾经是最明显的战场，1961 年开启了该论点和对立观点辩论的十年：同期出版了《美国大城市的死与生》；颠覆了 1916 年的开拓性法规，通过了修订的区划法则（法则规定了街道围墙和退让，如广场混凝土路面，是备受青睐的、官方珍藏的、光辉城市的范例）。这些规划已经主导了公共住房建设和城市更新多年了，但现在城市的氛围又被搅乱了。这股势头也与罗伯特·摩西（勒·柯布西耶最忠实的追随者）为敌，多亏了雅各布斯等人，他很快就遭遇了滑铁卢，在格林威治村的市区重建计划中败北，以及离谱的曼哈顿下城高速公路项目的失利（该项目试图消灭现在的苏荷区来加速岛上的交通）。

这个凯旋的抵抗行为，受同时期纽约宾夕法尼亚车站的损失的刺激，既帮助创造了持久的反抗文化，也让人们重新评估城市的历史结构及更多因素，主张市民拥有继续留在他们家园和社区的权利。雅各布斯对邻里形式和人类生态学的细致融合，始终是鼓舞城市设计实践的正确理论框架。不幸的是，虽然她描述的案例仍然是对社区组织的补救和辩护，她的思想遗产已经被选择性吸收者、狭窄理解者、形式固化的自然保护主义者、随机应变的行动主义犯罪打击者（从奥斯卡·纽曼（Oscar Newman）到朱利亚尼（Giutiani）的"零容忍"纽约市警务改革政策）和传播井田制度的城市设计所孤立、被狭隘地与迪士尼般的城市氛围、对事故和混乱的激烈镇压、公众参与的源泉、雅各布斯关于城市生命力讨论的核心联系在一起。而且雅各布斯将关注点聚焦在限定的美国环境和其对新城的蔑视上，这不幸地妨碍了她的研究，难以使她那无可争议的美好城市的思想带来其他的实现方式。

1961 年是城市规划界奇迹迭出的一年，除了雅各布斯的著作，还出版了简·戈特曼的《大城市带》（*Megalopolis*）以及刘易斯·芒福德的《城市发展史》（*The City in History*）。这令人惊叹的三部著作，以及后来 1963 年蕾切尔·卡森（Rachel Carson）的《寂静的春天》（*Silent Spring*）和 1969 年麦克哈格的《设计结合自然》（*Design*

159

with Nature），使城市设计成为与所有在城市中有思想的学生共享的一种批判源泉。在所有这些书中，几十年前第一次被芝加哥学派系统介绍的生态概念，在城市模型的生产中恢复了其中心地位。但是，生态不是一个固定的构想，它只有在特定的语境下才能被理解。一方面，关于城市变化的生态理解可以促进管理、社区发展和社区责任；另一方面，它支持"鱼生来就会游水"的生态决定论，暗示城市形态就如同男性秃顶一样具有遗传性，以及城市设计等同于智能设计，只揭示了那些必然的事情。

160

　　在这场辩论中，芒福德保留着特殊的重要性（虽然他的声望经常由于他对雅各布斯粗鲁而目光短浅的讨论而受损）。对于历史的城市形态和意义，芒福德是一个前所未有的读者，是帕特里克·格迪斯地方主义生态学的直接继承人，不折不扣的雅各布斯所唾弃的田园城市迷：芒福德城市目的论的终点是新城运动，历史上的实例有莱奇沃思、雷德朋和瓦林比（Letchworth, Radburn, and Vallingby）。芒福德在接受现代主义意义上是个空想家，他既相信周到秩序的治疗价值，又相信形式原则和品质的重要性，这一点他与雅各布斯实际享有共识。但是芒福德同时也明白他对手的深浅，并清楚地看到"五角大楼"在城市组织中所起的作用。对于芒福德来说，城市充满了政治，而城市的未来则是一个为公平和正义的社会而斗争的地方。可惜的是，这一有气节的见解似乎只是加强了他顽固的党派之争。

　　在这个学科内，对狭隘的城市设计持有怀疑态度一直伴随着该学科的巩固和发展历程。1966年，凯文·林奇出版了第一本批评系列文集，他试图将城市设计从更为宽泛的"都市设计"（city design）概念中区分出来。林奇的批判从过去到现在一直是基础性的。他反对将城市设计固定在建筑项目上，以及对有限的形态类型学的依赖。林奇认为他至始至终工作的这个城市学科，它的竞争利益和参与者、难以捉摸和层叠的场所，都使其更适应城市的复杂生态系统。而对于如此复杂的解读，建筑学专业无法适用，因为它将使城市实现其主要的社会目标，即容纳多样化的、经常不可预知的人类活动和行为，而这些行为必须从许多人的混合观点来理解。不可简单地从悠久的现代主义中寻找一种通用的主观性，尽管这看似"平等"。

　　但是林奇显然是一个少数派的看法，城市设计实践一直沿着他所担心的路线快速发展。1966年是林奇开始异军突起的年份，也是罗伯特·文丘里发表《建筑学的复杂性和矛盾性》（"Complexity and Contradiction in Architecture"）一文的那年，约翰·林赛（John Lindsay）创建了城市设计市长特别小组，并很快演变成UDG城市设计小组（Urban Design Group），成为城市规划部门的一个特殊的、半自治的分支机构，试图终结笨拙的官僚机构。而规划部门正处在编制新的城市总体规划的痛苦中，这也是最后的一次尝试。尽管巨型、单源的规划具有潜在危险性，但这种持续的综合思考的缺失正困扰着城市于一个适得其反的想象边界，既怀疑大型规划而拒绝之，却又暂时性地汇总了它的各个部分。

161

规划部门的计划（雄心勃勃的、过时的、对城市形态特征奇怪的沉默）在 1969 年被市议会卑鄙地否决了，原因在于它自身缺乏有说服力的描述和大众对于总体规划激烈的怀疑。城市设计对于唯我独尊指挥风格的规划无疑是一个替代选项，这样的规划崇尚大尺度、迷恋基础设施，指望一个方案能解决所有问题，并对衰败城区重建规划。UDG 城市设计小组重新关注了社区特性和历史城市形态的相关性，它的主要方法是指定特别区，每个区都由自定义的法规控制，旨在保护和增强（有时是创造）它们单一的特性。这种分区（以及它的分区和编码策略）后来被政治化扩大，规划当局将一定权力下放给了当地委员会，它可以看做是行政权力分散（包括灾难性的学校系统）的一个更大思潮的一部分。无论如何，规划的重心转移到社区规划上已被普遍证明是一种积极的发展，即使在实践中受制于各种因素而被严重削弱，如预算的限制、委员会自身有限的法定权威、以及一直未能平衡地方能动性和更全面愿景之间的关系。

UDG 城市设计小组的项目很大程度上是那个时代的产物，侧重于重建受现代主义分区和视觉敏感性所威胁的传统街景，这个团队的设计建议就是混合规定边界、材质、街道骑楼、招牌、观景走廊和其他整合视觉特性的措施。这些方法一下子就定义了美国城市设计的全部正式内容，将其更有限的社会议程聚焦在支持街道的中心地位上（街道生活是雅各布斯的城市生活重心）。努力加强当地特色的个性，如剧院区、商业区以及林肯中心，试图为已经集中但经济使用衰弱的场所创造一个友好和改善的环境。

162
该方法的操作难处在于发现实施的手段，以及形式彻底改善所需的融资，而探寻实施策略产生的两个有疑问的后果，成为了城市规划的中心工作：奖励制度和商业改善区（BID）。这些手段仅在政府越来越着迷于"公私合作"的模式时才日益重要，这种模式将公众利益重新描述为简易化的私人经济活动，政府干预以促进该活动的进行（就像滴入式经济学）。奖励制度，即对城市良好行为给予一些特定形式的交换，如额外的容积、直接补贴性的减税或低利率融资，它是建立在一个基本矛盾之上的：必须放弃一项公共效益来获得另外一项。在增加容积率的案例中，"舒适"是利用光线和空气与规模限制的交易结果，如广场和拱廊，或者简单地从一个位置转移到其它尚未开发的区域。至于财政补贴，城市牺牲了自己的收入来源，无论招聘教师或警察的后果如何，这将有利于所谓的商业"自留额"的更大利益，或预计上升的财产"价值"和下游税收。当然，这两项制度都充满了勒索和腐败的机会，而这些还会被继续过分地利用下去。

当商业改善区的公共补贴不是在同一水平时，它们共谋创造了一个例外的文化，其中城市设计（包括维护）的效益是直接针对商业性驱动，且在公共框架之外运营的参与者的。富裕社区不成比例的受益可以为改善计划买单。特殊区和重叠区之间的联系、容积率奖励、税收补贴、商业改善区、旧区保护和旧城改造的绅士化，合并形成了纽约以及美国大多数城市规划的主要内容。这样的结果又是新自由主义经济学的另一种胜利，毋庸置疑的是，政府的最高职责是保持经济持续繁荣，这个观点导致了有史以来最可憎的国家收入差距的产生，以及有增无减的泡沫经济的发展，这样的发展正迅速把公寓平均价格超过 100 万美元的曼哈顿变成世界上最大的封闭社区。

城市设计能够在这当中作为推动者，恰恰是因为它与社会工程规划的明显分离，名义上表达了它谨慎的干预，以及对城市物质层面规划的再激活。在纽约，市领导通过房地产价格来评估所有开发项目，其规划部门在很大程度上将自己重新定位为城市设计的部门，政策执行者是管理经济发展的副市长，他是城市实际上的规划管理者、领导者。当注意力集中在城市建筑与空间的质量和肌理时，无论是新的还是历史的，这点至关重要，设计作为特权表达的作用是再清楚不过了。无论是在明星建筑师为超级富豪设计公寓的潮流中，损害当地居民利益保护历史建筑和街区，牺牲产业空间支持更有利可图的住宅开发，还是每天被呈指数增长的房地产价格所迫使的大批居民离开（像"出埃及记"）的残酷，城市似乎牺牲了各种丰富的社会生态可能性，只为了看上去不错。

UDG 城市设计小组方法的最重要的物质遗产是 1979 年的炮台公园城规划，它由亚历山大·库珀（Alexander Cooper，UDG 城市设计小组的正式成员）和斯坦顿·艾科斯塔（Stanton Eckstut）设计。由于它成功贯彻并简洁体现了城市设计的新传统主义概念，而获得了自瓦赞计划之后无可比拟的概念效力。该项目是在垃圾填埋场上从无到有创造出的。它由一个特别创建的国家部门控制，此部门拥有一些特殊的征用、整合和其他权利，不受当地法规和当地政府的审查（这种方式也是另一种摩西遗产，在城市大规模发展的共谋模式中成为日益重要的因素），并试图在一个完全开发的环境中引导出历史城市的精神和特性。该项目肯定也受到柯林·罗和弗雷德·科尔特在 1978 年出版的《拼贴城市》的深刻影响。此书将一个城市视做一系列相互作用的碎片，一个有希望的策略消散了，如同很多后续的城市设计，由于不注意当代对假设含义的理解能力，这可追溯至罗马帝国或 17 世纪罗马时代的形态整顿。而 UDG 城市设计小组充满历史主义精神的城市设计从联系环境的操作者转化为一个全新的、表面上脱离现有城市的具有能动性的主体，因此炮台公园城项目也成为了新兴的新城市主义及其关于"传统"的普遍化争论的一个非常重要的桥梁。

如同后来的很多新城市主义规划一样，更不用说那些它们传承其形式的原有城市，炮台公园城有它自身的价值：它规模合理，秩序井然；它的海滨长廊尺度宜人，维护得很漂亮，并且拥有世界上最壮观的景色之一；车行交通对步行的阻碍微不足道（虽然几乎没有人在街道上妨碍其发展）。其欠缺的地方是在它干枯的建筑中无法缓解的沉闷；人口和使用的同质化；城市正确性压制了替代选择的可能性；奇怪的隔离；一般仿冒品的感觉，以及政府未能利用经济上的成功来帮助那些收入不足的居民在这里生活。

在炮台花园市建设的那个时代，对现代主义城市化和历史性城市结构和文化内在保护的攻击一直伴随着对郊区生活的讽刺性审问。这些不仅仅是大都市中增长最快速的部分，而是在接管中心城市作用的途中（在类似雷达的分析下）变成了今天主导的边缘城市。

城市和郊区困难的交互关系长期以来既被当作事实，又被作为比喻。事实上，首先是城市自身被认为是一个"问题"，因此在 19 世纪工业化驱动的扩张中产生了郊区的概念。只有到那个时候，人们才意识到是政治、经济、社会、技术以及丰富的想象力创造了现代城市结构的全部形态，包括工业区、贫民窟以及郊区，同样也是城市设计体系组成的一系列解决方法。更多的是，城市的发明是作为阶级斗争、自我发明、快乐和异常新方式的兴盛、习惯和仪式、可能性和回赎权的取消等原始场景，直接并深远地暗示了新鲜模式的创造和价值。

在 20 世纪六七十年代，城市设计的主流在某种程度上而言是减少郊区的吸引力，同时重新认识城市作为中产阶级理想生活的场所，而上一代人只能通过逃离城市才能获得快乐。对郊区普遍的批评，揭示了城市功能紊乱和疲劳的强烈迹象，给城市设计项目既带来了关联性，又由此成为一个更广泛的批判战后城市蔓延的工具。如同抹去社区特征对城市的威胁一样，对郊区化的攻击既有形态的也有社会的。带状发展由于其混乱的视像和对自然环境的大肆破坏而受到辱骂。高速公路由于受到"美化"的保护，免受刺眼的广告牌和低等酒馆生意的影响。郊区生活因其疏远、墨守成规的生活方式而备受诟病：抨击它是种族主义和性别歧视的基础；指责它的房屋粗制滥造且重复雷同；车辆在任何速度都不安全；甚至核心家庭在其"错层的城堡"中都容易分裂和愤怒。

然而，像现代城市化一样，郊区化不单是市场力量和隐秘劝说者的必然结果，它有着强烈的乌托邦色彩。这是沉重的美国梦意识形态的实现，独立财产、新的边界、无限制的消费、郊区感，对数百万人来说，就像宿命。然而，当它们超越了一个个更远的而通向"未开发的"景观时，对品质的非常破坏使它们成为一个日益站不住脚的矛盾。对一个维度郊区蔓延的批评，认为它是社会和环境综合的产物，而这两个层面反过来促进了城市与区域生态环境观的更深入发展。这种批评由一些观察者们率先提出，如中间尺度的观察者珍·高特曼（Jean Gottman）、一系列讽刺郊区形态的观察者从彼得·布莱克（Peter Blake）到皮特·西格（Pete Seeger），以及分析消费、整合、排斥模式的社会评论家们万斯·帕卡德（Vance Packard）、赫伯特·甘斯（Herbert Gans）以及贝蒂·弗莱顿（Betty Friedan）。婴儿潮一代，他们从密集的介绍那些新访问的欧洲城市中受到反叛和新鲜的鼓舞，面对自己的恋母情结危机，逐渐得出结论：由于城市已经作为一个替代项出现了好几个世纪，我们永远不可能再回到父辈们那种刻板和确定的生活方式。

但是舒适和消费已经被彻底嵌入了生活，在城市设计模型中出现的城市景象被高度郊区化了，重新定位郊区以符合城市密度和习惯。城市设计的渐进主义，虽然概念上受惠于为保护社区生态脆弱的平衡而崛起的那一代活动家，但是却没有他们的反抗势头：城市设计成为了人性化的城市更新。虽然它花了一段较长的时间将相互对立的城市与郊区从理论上重新整固到毫不相关的新城市主义形式上，一个始终坚持的学科论述被很快地合并到"传统"城市化的标题下。这种论述，至少在最初的时候，如同一个大帐篷，足够宽阔到可以容纳社区及其保护的积极行动者们。现代主义者在寻找一个复兴架构，可以适应总体设计、自然环境的捍卫者、对郊区挥霍无度的批评家，以及追求形形色色生活方式转变的文化斗士。

碰撞是不可避免的，城市设计对于模式化、"依法获得的"方法进行规划的偏见，是基于一般原则（形态多样性、混合使用等）到法律约束的转译，一定是不完美的。城市设计的每一个定位，都在试图整合日益增加的同类实践，同时伴随着自己的演化历史和对正确的城市形态基础的争论，充满着潜在的不兼容性，又常因拒绝一成不变而有所驱动（就如同城市本身一样）。城市和乡村的关系、市民对空间和通道的权利、他们改变自身环境的权利限制、分区和混合、街道的角色、密度的意义、多样化建筑的合理性、社区的本质、城市和健康的联系、在可知的城市中认识和实践的局限，诸如此类的问题从一开始就构建了城市理论的矩阵，因此难以阻挠其持续不断的发展。

这种不断重构现代优秀城市的形式和元素范例，也必须是一项建筑的事业。从皮埃尔·朗方（Pierre L'Enfant）到约瑟夫·傅立叶（Joseph Fourier）、埃比尼泽·霍华德（Ebenezer Howard）、索里亚·马塔（Arturo Soriay Mata）、勒·柯布西耶、维克托·格鲁恩以及保罗·索莱里（Paolo Soleri）等提出的城市模式，仍然是不可或缺的概念推动了城市的进步，推动了让城市生活更美好，通过让人耳目一新的选择，永久性与暂时性的辩证思想诠释了城市。不幸的是，这些坚定的愿景已经变成了彻底的怀疑，在独裁主义的柏油刷下，成了现代城市失败经历的受害者。由于任性的坚持，每一个乌托邦都是一个反乌托邦，一定尺度的想象只能走向坏的结局。城市设计的理论基础试图通过寻找原则性的处境纠偏这一问题，如对本土风格和习惯的理解和延伸。这不单要求城市设计在一般含义上是恭敬的，而且在形态偏好上也表示赞同，因为它们是"传统"的。

为了支持这种主张，城市设计像一种前瞻性的自然保护主义一样运作。结果，通过假定空间的意义一旦产生，就被固定了，一个拱廊连一个拱廊，它变成了彻底的反文脉主义。引申开来，它保留了城市设计的信念，一个建筑的客体保留了重新创造最初赋予它形态价值和关系的力量，这已远离了其原始的意义。这显然是一个最糟糕的乌托邦方式。跟随假想的18—19世纪的主线，城市设计项目重新整合了美国的城市和乡村，通过严格的限制分区代码的使用和支撑，让人寒心的不仅是它狭隘和幻想的历史观，还有它普遍存在的还原和压制，以及惊人程度的约束。

但是城市设计究竟打算保留什么？除了它风格上的小瑕疵，如何在见到的时候去了解它？在现存的城市中，认识现有的社会系统和累积压实的空间价值是任何干预行为的必要起点。从这些场所中提炼概括的形态媒介是对模式的识别和分析，是将人们在空间中体验的一些特定观察变为一个更广泛的理想主张的转译。这种被亚里士多德、波德莱尔、瓦尔特·本雅明、威廉·H. 怀特，或者克里斯多弗·亚历山大等人实践过的调查模式可以调解人类身体的极限和能力，丰富的个体心理感应和一套关于在特定空间和时

167

间中社会和文化内在关系的假设。这三者中的每一项对大的变异都极其敏感，因此，任何由它们组合而产生的模式都将不可避免地在变化，即使这种变化很缓慢。

168　　建筑可以通过密切适应仔细观察到的细节，创造有效舒适的空间，帮助安排有助于或促进现有和熟悉的习俗之外的特别行为来回应社会模式的动态变化。这些可能性（可以包括游乐园和战俘营）最后经常将建筑理解为一个变化的动因，通过它的善于创造，给一种状态带来了一些新的体验。并且因为它改变了状态而引出了一系列问题：参与的条款、说服用户或居民去参与的手段、强迫和自愿之间的差异。这是乌托邦、总体规划、试图让事情变得更好的任何建筑都面临的中心窘境："更好"的含义究竟是什么？是为了"谁"更好？

　　为解决这些问题，模式语言试图通过准统计性的建议，它的持久性、"永恒"和某种形式的跨文化再造都是协议的标志；或者更直接的心理学或人种学观察，以及对满意和实用的测量。城市设计借用了验证的方法，去验证一个品位的特别体系如何移植到一组有限的组织理念上。这意味着在一个巨大的、荒谬的概念上的跳跃。新城市主义协会（CNU）——城市设计的天主事工会（the Opus Dei of urban design），其所框定的模式不能按照列维·斯特劳斯（Cloude Levi-Strauss）在《忧郁的热带》（Tristes Tropiques）中所描绘的式样来理解。相反地，应采用《美国建筑者手册》（The American Builder's Companion）的式样。这些模式不是通过剖析一些特殊社区中的社会行为关系网而显现出来，而是通过纯粹的"千禧年主义"（所谓"事实"的奇异想法）。它不是为了分析模式而是实施模式。为了重复确定这些模式的有效性，将其愚蠢地公布为专一属性；因为，服从会产生明显的一致性，而每个特殊的值已经被估算了。城市设计认为，它的心理编码只不过是启发式的装置，用于恢复传统价值观和意义。这种基于信仰的设计早已被编码写在每个美国人的心中了。

　　城市设计在物质规划中占主导地位，是因为这个与之共鸣的原教旨主义，以及从一开始它就能对"传统"建筑做出一些广为接受的重新配置。城市设计非凡的时间性允许它体现历史城市的意义，并融入一个充满了从易到难的原型或模式的空间中，这些原型
169　　或模式由无直接利益的学术理论和偏见的市场产生。当前的城市设计，在极大程度上，被默认是一个针对20世纪60—70年代期间，由不同开发商驱动的突出郊区建筑形态的重组形式。大规模出现在绿色田野中的"联排住宅"（town house）开发（经常被作为实现内环郊区土地增值的一种手段），购物中心向"街道"商场的转变，"自治"门禁社区的扩散，复原排他性的分区以恢复隔离的传统风格，到20世纪60年代，对于所有建筑涉及的历史性不停地符号化精炼已经无处不在了。它的背后，隐含着美国20世纪最杰出的乌托邦的合成形态——迪士尼乐园。这个主题公园是批判和合成的枢纽，在其中，城市设计的思想性和形式特征在不断转向。

　　迪士尼乐园不仅吸引了广大的公众，也吸引了整个领域的专业研究者，包括雷纳·班

汉姆（Reyner Banham）、查尔斯·摩尔（Charles Moore）、路易·马林（Louis Marin，他在 20 世纪 90 年代所写的一本书中将其描述为"变质"的乌托邦），甚至凯文·林奇。迪士尼乐园是城市设计的原型，他们分享它的成功与失败，交流经验，抽取概要的基础方法。迪士尼乐园偏爱步行和"公共"交通；它以自然为界，设计到最小的细节；它被分割为唤起历史人物的"社区"，被细心地维护着；它的乐趣老少皆宜，并且安全；基于想象中历史上的美国小镇，它的每个公园都用一条好莱坞式的漫步"大街"来使参观者加入它的动画幻想，并使众多的客人都被一种全球统一的美好城市建筑风格所同化。

但是迪士尼乐园最大的意义像所有的仿品一样，是它替代的力量。迪士尼乐园是欢乐的集中营，一个有巨大能量和想象力的思想家的作品，娱乐业版本的罗伯特·摩西。迪士尼乐园并不是一个城市，但是它有选择性地提取了城市风格的很多媒介来创造一个类似城市的建构物。这个建构物从根本上限制选择，严格监督行为，将参与者的每一个方面都商品化，完全从消费和旁观者的角度来理解主观性，认为建筑和空间是一个固定的领域，具有不变的意义。如同购物商场或者新城市主义镇中心一样，迪士尼乐园在一个依赖汽车的大系统中提供了短暂的街道尺度的交流时刻。当然，没有人居住在迪士尼，那里的工作就像"演员"一样来制造其他人眼中的欢乐场景。迪士尼不创造新的体验，并束缚意外，只能欣赏它严格制定的、不断重复的神奇瞬间。

美国最伟大的输出就是娱乐——享乐主义已经成为我们的国家项目。但是像迈克尔·艾斯纳（Michael Eisner）和帕特·罗伯逊（Pat Robertson）这样的文化精神领袖们，他们想告诉人们如何玩得开心、如何将我们的产品强加在他们的身上，就如同我们将民主强加于伊拉克或将《爱之船》电影重播于印度。城市设计的唯一不变的准则就是：它是为消费者或崇拜者而创造，而不是市民。这种对"正确"的迷恋违背了由简·雅各布斯所呼吁的城市风格的核心，违背了社交性、自主性和娱乐性之间的重要联系。理清享乐和公正的含义及相互之间联是 20 世纪 60 年代参与广泛的一项工作，这其中雅各布斯的贡献较多。像"激发热情、内向探索、脱离体制"以及"人行道之下的沙滩"这样的具体化口号是后弗洛伊德主义者对悠久的清教徒风格的攻击，并将自由表现和对快乐的追求作为一种合作和公平的手段，一种联系个人和政治的方式，一种反抗的乐趣。美国战后文化的奇特之处在于，享乐的权利和限制成为了国家经济特征的中心以及斗争批评的目标。种族、性别和性平等运动、环境保护主义的传播、城市生活的重估以及对殖民主义及其战争的攻击，都是社会繁荣带来的额外效益，这种额外效益坚持认为斗争不仅仅是为了面包，还为了玫瑰。

城市设计从一开始就是进入这个系统的方式，是一种建筑恢复其失去的信誉的手段，并继续其作为一种权力工具的传统角色。这场城市设计发明的完美风暴就是一个奇迹般的聚合：旧的现代主义形态和社会模式的推翻，城市生活再次受到广泛的青睐，新合法化的历史主义老练地重新解读着城市环境的结构和习俗，宣扬过度消费的系统使其特别

170

粉饰了欧洲的生活方式（如我们突然吃酸奶），对有效的后期现代主义可选方案（如超
级建筑）显示出了它的无知。它的成功很大程度上得益于许多该领域的建筑师的不作为，
不断在同行中显示政治分裂的遗弃行为，强化了向新城市主义协会及其同伴的必然靠拢。

事实上，大批婴儿潮一代的建筑学毕业生享有社会和政治的优先权，而这种优先权
被视为是一种权力的必然合并，并建立起了政权，从而使得相当多的对建筑学自身的怀
疑成了一种不可能的手段。他们关注"可替代"建筑、小尺度的自主解决方案及修复而
非重建，这些都具有服务和赞成的前沿观点，但鄙弃任何不能体现转变、多样化和多元
性的民主政治。十年过去，DDT——这种用于城市更新的橙剂（剧毒除草剂）和越南的
地毯式轰炸之间的联系让这种争论更激烈，其后果鼓励、削弱、劝退了一大群年轻的建
筑师和规划师将自己永远或临时地置于主流实践当中，许多人转而关注地方自治主义、
自力更生、生活方式尝试、公正放逐的不同模式，试图寻找温和的解决方案，被一种柔
和的梭罗式的光辉和年轻文化所温暖，创造了一个丰富的替代社区，如：城市社区坐落
于废弃的房屋中，乡村居民点位于穹顶之下或校车巡游的大地上，即使这样的地方令大
多数人更加羡慕而并非使用，这些人为了自己的一部分，通过其他手段追求改变的意识。

因为他们的反独裁主义基础，这些聚居形式从未获得，也无法获得。一份在战略上
总结它们的正式宣言，虽然没有深入的发展，但如果从传播的角度上来说，还是有大量
文献留存的，包括《全球概览》（*The Whole Earth Catalog*）、《厄洛斯》（*Eros*），
《文明》（*Civilization*）、《生态乌托邦》（*Ecotopia*）。尽管如此，这种形态和行为
的汇总无疑是一种强有力的城市主义，它持续地参与着当代的争论，只不过是因为那些
婴儿潮一代，曾经的发起者，如今变成了金字塔尖的社会权威，将他们的良知抛在后面。
无可置疑的是，基于土地和自给自足消费模式的环保社会思潮之光，将游牧的魅力作为
城市主题，将大众建筑的理念结合到新的合作型生活方式中；厌恶大规划；歧视公众参
与以及盲目迷恋自然，这些成为了当今绿色建筑和城市化的直接先驱。

这些虚弱的自相矛盾的观点在于让人看到集会和公民权的意义，它们越来越多地从
固定的场所和模式中表现出来。"速生"城市和地球村的想法对一代人来说是非常诱人
的构念，对他们来说永久的权威既危险又值得怀疑。像摇滚音乐节这样短暂的乌托邦才
可能是城市化最贴切的表达，它试图像一个完美的叛道者那样，提出一个纯理论和无形
分配的建筑学，建立一个无刺的世界范围平等运行的基础设施根基，作为一个城市的后
继者有无所不在的潜力可以进入任何地方。给橡树装上插座，把大篷车连接成全球性网
络的观念是后消费社会游牧主义的终极幻想，抵抗人类的秩序风格，一个最小化的"场
所"，没有自然的干扰，钱不再是问题。这种幻想是温暖的、愚蠢的、预知的，现实之
前的虚拟态。就像摇滚音乐节，它就是一个清晰的议题：在彻底失衡的地方让世界系统化，
并且它预测了当今城市形态学的一个重要的驱动力网络，它使任何事都成为可能。

如建筑电讯派（Archigram）这样一个组织在以下形式化方面尤其成功：通过洞察

力和智慧挖掘竞争技术与时代田园牧歌远景之间的张力。在纯粹的操作层面而不是建筑学的精确论战上，建筑电讯派是一个改道、鼓励迁徙以及批判诡计的大师。他们从一开始就迷恋于高科技的转化，即把 19 世纪的机械学转变为巨型结构主义者、新陈代谢派以及其他妄自尊大计划者的"退化"乌托邦。他们迅速地描述了一系列游牧结构：移动的城市，空中马戏团通过气球在空中飘移，自给自足的流浪者穿着他们可折叠的"衣服"。在结果未定的的后麦克卢汉、前网络时代的过渡期中，他们将大量颠覆性的快乐寄生和探索渗入小城镇和郊区中，重新配置新的平民景观，全球游乐园。他们的项目在物理可能性的界限中运作，创造了一种醉人的形态，立刻极具形式影响力，但在政治上却几乎完全无用。这未必就是反传统文化与众不同的命运。

173

　　然而，在城市设计出现之际，最重要的尝试还是倡导规划以创造城市实践可替代的风格，它具有时代性，作为一种鲜明的反抗而出现，致力于阻止公路、城市更新和旧城改造的绅士化带来的社区破坏。在它具体的实质性操作中，重点在于恢复和自卫，将公用事业交付给弱势群体，修复贫穷社区损坏的组织网络，翻新遗弃地区的房屋、社区花园和活动场地。倡导工作用重新分配的逻辑看待建筑和规划，以怀疑的态度作为一种破坏或者特权的手段。用起源于恩格斯的分析，这个问题并不是缺少建筑，而事实上是太多的建筑被错误所掌控。

　　鉴于这是它逻辑上和一贯的态度，它形式上的谦逊对于任何渴望建造的人来说都是强买强卖，并且没有为绿色用地提出明确的定位，当然对于郊区的转变也缺乏强有力的见解，同时，郊区的转变也被怀疑为多样性的敌人和生态威胁，会吸干内城的资源。倡导的视觉文化，正如它曾经的样子，是非常固定的社区表达，如自发建造的公园、市中心壁画以及贫民窟的即兴活动，它自身已经超越了浪漫主义的乌托邦。这些偏好加入了政治美学的旧梦想，寻找社会内容的艺术再现，但是只有当它被直接推定时，当它被"人民"所授权时，还原了倡导的品味。这种定位，将产生设计看作是助产术，在一系列社区为基础的设计实践中继续受到实质性的认可，从无论是"日常城市主义"学派，还是规划师和地理学家改革的翅膀中找到相关的思想支持。对于这些人来说，社会公平公正是黄金准则——这也是学术研究中关于城市议题的最清晰声音。

　　这些多重旋律仍然是当今城市设计的辩证基础。一个包含了传统主义、环境保护论、现代主义以及自助的矩阵，为几乎所有旨在建造城市的当代设计配置了实践和意识形态的会计学。虽然每个当代趋势都包含某些程度的概念混杂，关于城市化的基本争论却从19 世纪到现在始终显著地保持一致。转变，并将继续转变，是政治和意识形态的价值观，伴随的不仅是每一种形成方式，还有其概念和意识形态重构的快速步伐，以及从每一种形成中附加和减掉混乱的意图和表达。这些迁移的意义是极其重要的：这是让城市标记上了我们政治和可能性的方式，它们形态上的斗争，如同之前一样，深深地被我们政治的未来所缠绕。

174

今天,美国式的城市设计,从胡志明市到迪拜的全球范例,已经形成了一系列的关注焦点和策略,这使其正式地成为保留项目。虽然最终拥有一个更令人恐惧的社会信息,但其影响与国际现代建筑协会一样有限。当前默认的基本是一个现代普世教条主义、城市美化品味以及新自由主义文化假设的拼接,并由此产生了城市规划专家的双生:绅士化的旧城改造以及新传统主义郊区。20世纪20年代的现代主义尚未拥有这样一套视觉系统,可以成功地(伪造的)认定自己具有一系列独有的社会价值:一种已剥去了传统主义的建筑省略风格(给每个加油站和便利店都装上山形墙),想象着逝去的黄金时代的欢乐,实在让人惊叹。

从中立转为右派所产生的特异性绝非巧合,新共和党派大多数喜欢将历史主义的表达作为一种即时认证和威望的方式。所有这些方式都带有一种救赎的光环,这源于社会权威公约的一个小观点,以谎言、冷漠以及限制里根主义的好莱坞式品味而达到高潮。新城市主义是里根时代完美的聚居理论,是"家庭价值"的城市化体现,在美国文化正朝向多元化转变的非常时期被强有力地奉上神坛。新城市主义者的成功无疑是带有正义色彩的社会理论共同导致的结果,受到清教徒启发的"山冈上的光辉城市"的景象支配着新保守主义知识分子的头脑,迅速成长的宗教权利认为应当体现"传统"美国的价值,对于那些在大量差异的攻击下失望的真正美国风格的人来说,新城市主义者建立一套单一正确的城市法则的想法无疑是镇痛药膏,而一个拥有着太多种语言、太多值得怀疑的生活方式、太多无法控制的选择的地方,美国危险的多元主义已不再由白人新教徒文化控制了。如反动的遗产基金会的创始人兼总裁保罗·文理奇(Paul Weyrich)最近评论的:"新城市主义应当成为下一个保守主义的一部分"。

当然,这个评论将起源和结果过分单纯化了。新传统主义方法以其宽大默许描述了美国城市设计的特点,也显示了其实施的结果——有时脆弱闭塞、有时诚恳有说服力,其中关于环境的许多进步方法元素为它的酝酿提供了养分。事实上,新传统城市主义的强大吸引力不仅在它的新自由主义、终结历史的争论(在其中历史主义代表资本主义,而"现代主义"代表被征服的集体主义的多种形式)中可以看到,而且也体现在它对环境保护主义无法回避的相关政治和实践的诉求中,一个拥有着广泛一致性的真正的普世主义。新传统城市主义自认为是对城市蔓延的报复,是社区观点的朋友,是公共交通的拥护者,以及公众参与的牧师。新城市主义和大部分当今默认的城市设计都被看作是一种合乎逻辑的产物,许多进步的趋势在它们的起源上如此活跃。这种趋势名义上的支持者有彼得·卡尔索普(Peter Calthorpe)、道格·格尔巴夫(Doug Kelbaugh)、乔纳森·巴奈特(UDG城市设计小组的骨干)等,他们祖护新城市主义的优先地位,认为设计应有更大的包容性、谦逊和深度。此外,新城市主义协会不应该因为寻找与问题层面相一致的解决方案而受到阻碍:建设新市镇的想法是重要的,这不仅能控制城市无序的蔓延,在城市化正以每周一百万人的速度增长下,还能为那些人提供住所。

犹他州盐湖城城关购物中心（从里奥格兰德河北望），捷得建筑事务所设计，2001年摄。摄影：Michael McRae。图片来源：捷得建筑事务所。

事实上，国会中没有任何关于新城市主义的章程，这点可能会受到任何一位明智的规划师的反对。新城市主义鼓励保护城市和自然环境，提倡复兴当地和区域。恰巧相反，争论聚焦在对实践原则沉闷而统一的转译上，古怪的对于"传统"建筑形态的宗教式坚持，态度模糊的合作者；尤其是大多数新城市主义作品的弱点，总是一成不变地关注汽车、等级制度、排外的住宅，没有环境革新。在这一点上，这些嘹亮的原则似乎涉及过多，多数类似新城市主义协会自夸的社区参与方法——专家研讨会（倡导式规划的一个成功的工具），似乎不是为了产生新的观点或者允许居民参与设计进程，而是为了新城市主义偏好达成共识。不论投入了什么，产出永远是类似的。

这些冷酷的正统的思想谋杀了现代主义，因此结构重组的《雅典宪章》作为新城市主义的会议主旨和章程，以及国际现代建筑协会作为其先锋组织并不让人惊讶，并且新城市主义也不依靠魅力、传道的领导力，这种明星的力量正是新城市主义协会一致嘲讽的对象——这就是对过时的乌托邦的绝对定义。"净效应"是一个愿景，它再现了对国际现代建筑协会在形态上和思想上自我肯定和普遍化的情绪，但是，如果同样受限制的话，它提供了一个全新的形式行为的辞典。现代城市主义和"新"城市主义在意识形态上的融合是惊人的：双方都倾注于一个普遍的、"正确的"建筑学观点；都反对异常事物和反常行为；都与人的主体性建立着极其约束的联系，对差异的实践没有耐心；都要求去解决城市问题，但被夸大地认为是形态问题；都声称要逐步接纳社会公平的想法，

176

但是二者都没有一个理论适用这些问题。最后，双方被说服，认为建筑可以独立影响社会转变，成为良好行为的导水管，研磨出快乐工人或消费者的工厂。

司空见惯的是，新城市主义最著名的也是有据可循的两个模式就是"海滨"（Seaside）和"庆典"（Celebration），它们都具有迪士尼式的象征性和表现形式。换言之，两者都是凭借规划和设计所制造的一种特定视觉特征来引起城市的欢乐。这种欢乐被编码在体裁的表达中，并且严防变异性。欢乐被编码在特权类型学上，单一家庭住宅是长久不变的最初形式；欢乐被编码在高度静态和社交仪式化的基础设施上，如柱廊、主要街道、精简的露天舞台和汽车的维修店；欢乐被编码在社交观念上，扎根于同质性和纪律。这些是一个有闲阶层的模范环境，它们确实创造出了一个呆滞的宁静和一套"公共"活动的场所，这对于那些草率地走入死胡同的独栋别墅模式来说确实具有明显优势。

海滨案例是新城市主义下的炮台公园城，它第一次使用全面的法律汇编和表达，并清晰地揭示了它的可能性和局限性。一个小型的中产阶级以上的假日社区，如法炮制了无可争辩的魅力，像马撒葡萄园岛、火烧岛以及波特梅林（Martha's Vineyard, Fire Island, and Portmeirion），美丽的设施、统一的建筑，以及通俗的休闲节目以满足特别亲切的度假者们诉求。这种气氛既令人愉快，但又是人造的。它们的活力被更多一般市镇建设作为先例所引用的必然性是有限的，这恰恰是由于它们的排他性。一个人用度假来逃避的事情无外乎：工作、混乱、遇到熟人、不可避免的不平等，各种正式苛求、学校、公共交通、不美观的基础设施，不一致的行为等等。

庆典，是迪士尼公司的一个真实项目，稍微地靠近了城镇的概念。它的规模更大，它的居民可以在里面工作，有更多社会和经济基础设施，并且有一个稍微广泛衍伸的零售价格点；但是，像大多数新城市主义项目一样，它主要是对郊区的重构。庆典的核心经济部分是消费，它的居民不用像其它郊区居民那样依赖汽车去上班。如同海滨项目，由严格的条款确保它的秩序井然，共同创造了卫生合格，以及含糊的古典风格建筑，显示了新城市主义领导力的奇幻重要性。那些私房屋主协会提供了必要的管理工具，像组织一样约束合作社和商业改善区，它们拥有类似的议程以维持房产价值、治安水平的差异性、确保地方的外在特质，以及补充和逃避正常的民主法治。

虽然新城市主义的项目主要在郊区，但是它们的修辞权威却在很大程度上源于城市的典范；在更富有且更多抵抗的现实城市环境中，新城市主义项目和美国城市设计更广泛的实践之间已经有了很多的交流。两者都将它们表现的任务理解为提供"城市"的舒适性，好的城市首先要有能力提供丰富而复杂的视觉空间，在实践中，雅皮士生活方式的快乐及其节目如购物和餐饮、健身、时尚和可移动性，以及一定程度上的城市鉴赏力，这些都基于它们项目和建筑的可辨认性。在某种程度上，它们体现了一种社会或政治影响，是围绕着老式资产阶级礼仪形式，和一组可持续发展的有限示意符号为中心的。在过去的25年中，很多的美国城市经历了形态和习惯上的戏剧性变化，基本上不论多大规模的城镇都充满了街边咖啡店、行道树及装饰、鳞次栉比的建筑、富有艺术感的店面、阁楼（loft）住宅、自行车道以及其它城市设计范式薄中的魅力元素。这些令人愉悦的设施组合实际上已成了衡量城市质量的显著专业尺度。

不久之前，我有机会审查卡尔加里（Calgary）核心区的主要扩建规划方案，这是自炮台公园城之后城市设计进步的一个缩影。这个规划有很多好的特点，包括轻轨、混合使用的建筑、富于变化的尺度、对朝向的关注、以及大量规定细节和都市风格装饰的修剪整齐的街景；但其效果却是无趣的。它的网格规划和挑剔的编码无法应对例外的可能性；可见的回赎无法在规划中对它的不同情况（如河流、公园、铁路站场以及市中心）作出细微回应；有限的建筑组合能力（如大学综合体方案）可能成为破坏创意之源，难以在它的标准化范式薄中作形式改动，如从小广场到不合格标志的禁令。由一系列迷人的渲染图所传达的规划景象，是城市设计的调色板，完美地再现了便利设施（小巧的商店和艺术性标志、格鲁吉亚广场、有凉亭的街道），所有的描绘似乎都是在一个永恒的夏季。

卡尔加里规划是一种星巴克式的城市主义，一个形态适宜且符合传统的居所已经被转译为自身的通用版本。隔离区的想法是从城市更新的空白中衍生出来的。带着这种推论，尽管特殊地区和商业改善区成就了隔离区，但相对于受场所的影响，这种规划受意识形态的影响更多，通过城市设计的柏拉图式城市形态，不断地仿效西雅图、波特兰、温哥华的原型。当然，这些城市都已经取得了许多成功，作为一种默认的城市化，它原本一定会更糟。问题不在于已有许多好的形式观念体现在城市设计或新城市主义范例中，而是它们在城市主义弱智化中起的作用：创造了一种通用的城市"美好事物"的文化，对混乱和例外无法宽容；在新技术、社会、概念和形式发展的影响下，压抑城市形态持续的转变和阐述，以及不允许社区差异的影响。城市设计和新城市主义就像是绅士化的独特风格，是为了人的体面而进行的城市更新。

它所涉及的问题并不在于追求精细的可视性和人性化社区尺度的舒适设施，而在于中产阶级赖以生存的经济，即在穷人的家里取食，正如简·雅各布斯所争论的混合秩序。今天主导城市设计的全是生活方式，没有爱心，没有对地球上大多数人的怜悯，无论美国人是否已成为贫富差距日益扩大的受害者，世界上一部分最爆炸式增长的城市中还有15亿人口居住在贫民窟里。现代城市主义，尽管最终失败了，但它仍是对19世纪城市主义为消除肮脏和不平等而进行的社会改革运动的扩展，它所关注的清晰对象就是棚户居民。男人和女人是经济压迫和他们所成长的城市环境的受害者，如曼彻斯特的工人新村、柏林的"出租兵营"（Mietkasernen），以及纽约的租赁物业。《光辉城市》的阳光、空间、绿地及其相同的建筑，如果在当今显得疏远而无趣的话，那么至关重要的是要思考一下当时它们想要替代的事物：工业城市的黑暗、疾病丛生、危险的高度拥挤。

新城市主义用蔓延代替贫民窟作为其争论的目标，它的理想对象是郊区的中产阶级，他们的问题是现有的经济特权和不适当的空间组织之间的不匹配。这里的困难是拥有太

179

180

多，而不是太少，如果这是一种出于环境视角的理性观察，那么从什么是必须要做的角度来看，它根本就是一个不同的问题。失去的是公平的思想，它是一种既包括空间重构更包括财富再分配的理论。将城市主义简化为一场风格的斗争是忽视最重要议题的一个常见问题。例如，毫无疑问地，公共住房在这么多美国城市中被拆毁由新传统主义行列式房屋所替代，代表了一个更宜居的取舍。但同样清楚的是，"第六希望计划"（Hope VI program，译者注：处理严重衰败公共住房国家委员会（the National Commission on Severely Distressed Public Housing）提出一个总额为 75 亿美元（以 1992 年美元实际价值计算），为期十年的城市复兴示范方案，建议国会每年资助 7.5 亿美元。后来，该方案更名为"第六希望计划"。）在这次转变之下的净效果是残忍地移走了前者 90% 的人口，关于建筑的争论遮盖了工作中更大的政治目的。同样的还有继续的、几乎毋庸置疑的拥有进步政治学的现代建筑协会，它已经无法忍受被城市更新的真正含义所欺骗，被它对跨国主义表现出来的意气相投、被它已经成为中国宣传部门的象征，被建筑先锋派的大部分重要人物放弃政治所欺骗。

去年伦敦政治经济学院的城市方案专业（Cities Programme）在纽约组织了一次会议。雷姆·库哈斯引用简·雅各布斯开始他的演讲，他嘲笑般地指责雅各布斯是一个时代的错误和思想的拖累。作为一个健康的、自上而下的伟大想法的主要倡导者，以及一个全球化中最富有经验和可见的模范公民，库哈斯一贯认为对雅各布斯地位的认识是对他道德矛盾心理和社团主义文化倾向的蔑视。在将雅各布斯奉为神圣的纽约人舞台前，库哈斯的表演确实有趣而顽皮。库哈斯巧妙地通过讽刺以及模糊批判和道歉之间的界限，接受他曾鄙弃的市场优胜劣汰的必然性，然后自我催眠并进行设计。对他来说，对超大尺度及其标准格式的批评审问是注定的，任何重新扭转一般世界城市形式的企图都是不可救药的天真想法。

"新"城市主义和库哈斯的"后"城市主义代表了霍布森的选择。摩尼教的反乌托邦使我们陷入了"楚门的世界"（The Truman Show）和"银翼杀手"（Blade Runner）之间。对城市的虚构可分为人造的和难以置信的两部分，其中有一些东西既令人发怒又惨不忍睹，而对项目的顽固识别面对了一个真正的危机，应对前者的是千篇一律，应对后者的则是唯我论、先锋主义的复兴。城市不论是走老路还是新路，都变得毫无人性：贫民窟惊人的增长，大都市无穷的蔓延，全球化生活的同质性，以及权利被剥夺的疏远影响。但是尺度已经被这么改变了，以至于城市的未来与地球自身的命运如今不可避免的纠缠在了一起。

城市设计需要超越其狭隘的对生活"质量"的固定描述，去涵盖它的所有可能性。这就要求有一个拥有显著拓展效果的论述，不仅用类推法或者艺术性地确立自己的权威，还包括在项目中强化公平性和多样性，并对地球的生存作出真正的贡献。我们的城市必将持续地经历改造和重构，它们的生长被严格地管控着，我们必须沿着可持续发展的根本道路兴建数以百座的新城镇，这是最紧迫重要的事情。这也意味着塞特提倡的城市学科已经变成了一个危险的时代错误，它缩窄了它的理论领域，转而关注形式的事物。城市的美学必须重新回到它与社会和环境不可分离的观点上：作为一个学术问题，这比起在建筑、规划和景观三个学科中重新定位城市实践要求更高。最后，城市理论必须彻底抛弃良好城市是集中一个单一形态的目的论幻想。

阻挠结构的传统孤立的设计原则，如今必须让步于更广泛的与环境保护论相关的理解，并应对限制和公平的挑战。这种设计认识论的复苏是一个必然且不可避免的结果，伴随着我们去理解全球和当地的生态是复合的、综合的和偶然发生的；审视我们的工具和它们在操作及涵义中所起的偶然作用。不能再简单地把城市及其形态理解成为生活和福利的隔离，因为地球是一个整体；也不能再逃避在每种尺度上对新的范式作必要的研究，它是幸福和公平未来的保证。有界限且负责的城市，必须在不损害他人的利益之下，帮助重新平衡世界上过度发展和欠发达地区之间日益增长的对立，容纳全球化不曾要求的风格差异，严格解释和提供消除对他人生存偏见的呼吸方式。这就要求恢复"乌托邦"夸张的措施，以及对最广泛授权赞成的想法予以严格的保护。 182

这不禁令我们回想起两个典型的纽约人——简·雅各布斯和刘易斯·芒福德。他们都热爱城市，并奉献了一生去理解城市的特质和可能性，不知疲倦地促进城市必然的转型，基于对社会公平的渴望和对城市历史中交织的有趣形态、习俗和权利的深入联系。没有人赞成沉闷、虚构、一成不变的黄金时代，但是都将良好城市看做一个演进计划，受到新的知识和经验演变可能性的影响。雅各布斯为她历史悠久的社区而雀跃，但也愉快地乘坐着地铁穿行其下。芒福德居住在郊区边缘，但从没有学过开车。每个人都从对城市的不同关系中找到了乐趣，并且都基于他们对真实生活过地区的拥护。城市设计的未来不能支配美好生活的出现，相反应该不断地探索对于赞成和多样性的伦理和表达。

糟糕的培育

艾米丽·塔伦

是时候让城市设计逃离建筑师们的糟糕看护了。他们似乎想要将其打造成为丢脸的问题儿童，而不是接受其新兴的社会效用。迈尔克·索金在"城市设计的终结"（本书的前一篇文章）中夸张而痛心的评价，无疑是建筑师常见的咆哮。城市设计师的成就微不足道，他们的理想是荒谬的，他们的秩序足以让建筑师感到恶心。诸如保罗·戈德伯格（Paul Goldberger）的教训，"一招错则满盘错"（见本书中的《当今的城市设计：一次讨论》一文），显示出对这个领域的蔑视。

索金对城市设计感到恼火，这是当然的，因为他以一个建筑师的角度来思考问题。建筑师渴望独创性，虽然这是陈词滥调，但确是事实。将这种渴望代入到对人类住区的设计中，就会感到沮丧：成功的城市设计通常是无独创性的。当建筑师将城市设计看做他们发挥创造天赋的地方时，城市设计往往会使他们绝望，甚至充满敌意。这也证实了索金"城市设计的创造性破坏"的呐喊。

类似索金这样的建筑师很清楚地认识到将城市设计与社会现实联系的重要性，但是他们对于这样的联系产生的过程感到不舒服。有趣的是，索金宣称刘易斯·芒福德能够 理解司法和形式无法关联，因为他是一个孜孜不倦的田园城市改革者以及新城市主义的前辈。撇开芒福德不谈，索金主张如果这样的转译涉及到任何的 19 世纪形式主义，那么它所有的社会价值都会蒸发。沉重而"无聊"的普世主义如人行道、一致的临街面和狭窄的街道一样，都只能被看做简单而精致的小东西而不值一谈。

相反的，在"当今的城市设计"讨论中所提出的主题却是城市设计必须永远被约束。没有愿景、经典作品、原则，也没有公开的社会议程，它的进步只能是程序上的。讨论中既没有提及如何通过城市设计来促进社会公平，也没有一个具体观点。由于缺乏这种至关重要的连接，城市设计被归结为个人设计师的美感，或是设计师自认为应该听从的那些被压迫、被误解、或对政治有用的声音。

建筑师对于社会议题持谨慎态度是正确的。如同在这十年中很多人指出的那样，城市设计在应用于社会公平上经常发展得很糟。田园城市变成了田园郊区，而田园郊区不断蔓延和彼此割裂。现代新建筑协会的失败，清晰地表明了将平等概念植入建造形式在今天是何其痛苦。20世纪50年代，规划师们只见树木不见森林，有时候借着社会平等的名义却做着最卑鄙的事情。显然，城市设计正处于其狂妄自大、盛气凌人、无畏风险的青少年期。

但是，保守而严格的建筑师"父母"从不允许城市设计从它的错误中汲取教训并得到成功。没有将社会原则应用于设计成果，社会目标就只能通过老生常谈的安全或无视仁慈的处理而被唤醒。这推翻了试图实现具体社会目标的城市设计运动，如新城市主义。没有一个合法的社会基础，新城市主义背后的想法自然看上去不堪一击。让它悬挂在缺乏社会用途的"可行走状态"，这是一个极易实现的目标，就是一堆无聊的小尺度人行道和市民广场而已。

新城市主义者们仍然相信城市设计在实现社会目标中扮演着合法角色，对社区多样性的支持就是一个例子。设计可以通过许多不同的方式来实现多样性：通过展示如何将多户家庭单元组合到单一家庭的地块内；通过设计不同的土地用途和房屋类型之间的联系；通过创建路径打破边界的连通性中断；通过增加靠近公共交通地区的密度；通过展示非标准单元类型的价值，如庭院房屋、尽端路以及住宅马厩；通过在住宅区内安置小型企业或商住单元；通过制订可以成功容纳土地利用多样性的编码；通过弱化在投资不足的商业带大规模开发的影响；通过设计有集体场所功能的街道；通过联系公共机构与它们周边的住区。

这些都是一些"世俗"的方式，城市设计用它们来解决人类混合的基本需求，不舒服的接近而产生的恐惧，以及经常引起争议的广泛用途的组合。这就是城市设计的解决方式，通过与不同偏好共存，对空间的争论，以及日益增长的私密性和安全性需求。设计是必要的，不是为了理顺每一个错误，而是让多样性可以存在，甚至更好地存在。难道这些城市设计的工作要被索金所说的"无聊的正统"而遭到摒弃吗？

几乎所有人都不乐于反抗现代城市主义，它催生了"时尚生活方式中心"和其他类型的"妄想和虚伪"[1]。谁不赞同用刺激和调整来替代指挥和铲平？谁不同意渐进设计比自上而下的总体规划要好？谁不希望拥有快速且充满活力和多样性的步行社区？

我们需要建筑师来设计我们的建筑；但是不需要他们来设计我们的社区和城市，也不需要他们热心地仔细检查每一处人性化的地方，并标记它为假冒。让他们继续做他们的美学实验，发现时间的重叠，为他们纵容丑陋的美国景观辩解。建筑师们试图抹灭我们对新奇事物的期待，让城市设计从这样的"父母"手中逃离出来吧！

注释

[1] William S, Saunders, "Cappuccino Urbanism , and Beyond," *Harvard Design Magazine* 25:3.

既成的事实：城市主义从路中到沟里

米歇尔·普罗沃斯特，沃特·范斯第霍特

　　"荷兰设计正在拯救新奥尔良！"——这是荷兰建筑学会（NAI）在华盛顿国家博物馆举办的展览"新奥尔良——一个共享空间"所传达出来的信息，这个展览于 2006 年 4 月开幕，传达了上述信息 [1]。至少，荷兰电视新闻节目的观众是这么认为的。实质上这一活动是荷兰建筑学会邀请荷兰的建筑师为台风中受损的城市制定发展计划。来自 West 8 设计事务所的阿德里安·古兹（Adriaan Geuze）设计了可以抵抗海湾飓风的美丽人造三角洲，逐步安置返回的市民。MVRDV 事务所的建议基于一个新奥尔良孩子的绘画，图上有一座学校和一座位于山顶的操场，这些都在洪水线之上。本·范·博克（Ben van Berkel）和荷兰 UN Studio 事务所设计了一个迷人的绿色 Z 型建筑，在其中包含了所有可能集成的项目。而来自美国官方的贡献则被荷兰的电视节目直接忽略了。

　　在电视节目中，荷兰建筑学会主任阿龙·贝特斯齐（Aaron Betsky）陪同路易斯安那洲参议员玛丽·兰德里（Mary Landrieu）参观了展会。参议员给予了鼓励：荷兰规划将给予新奥尔良市民希望。随后参议员与专门来美国参加展会开幕式的荷兰基督教社会党财政部长乔普·韦恩（Joop Wijn）进行了会谈。为什么一名内阁部长会出席新奥尔良一堆
匆忙的投机性设计展览的开幕式？韦恩认为，荷兰不用再迟疑将他们的专业技能出售给那些被毁坏的城市而换取收入，因为美国人自己根本不介意这一点。相反，他们欢迎荷兰人的创业精神。所以，是阿德里安·古兹（Adriaan Geuze）和威尼·马斯（Winy Maas）设计了新的新奥尔良吗？不，韦恩谈论的是世界知名的荷兰疏浚公司、水务管理顾问公司和海洋工程公司。

　　除去加尔文基督教民主党政治家的道德感会被美国的实用主义轻易同化这一玩笑，这个新闻节目最终把荷兰著名的建筑与城市建设诀窍融合在新奥尔良的环境中。这些规
划为新奥尔良描绘了乌托邦式时髦、大胆、人文和政治正确的愿景，并给予城市希望，而希望的给予又为各地的政府官员和商人们创造了绝佳的机会进行交易。古兹、范博克

新"新的奥尔良",路易桑那州新奥尔良媒体中心(渲染图),UN Studio 设计,2005 年。
图片来源:UN Studio。

及 MVRDV 事务所的设计让新闻媒体能简单易懂这种经济交换,就像在政治家国事访问期间表演的民俗舞者。当然,我们作为荷兰城市规划界的成员,可以为古兹、范博克、MVRDV 的创造性和真诚参与而自豪,为荷兰建筑学会主任的游说技巧而自豪。我们可能都会从这个高姿态的活动中获益,但是它也给我们留下了感情的空虚。

这是新奥尔良市民需要的那种希望吗?我们在谈论的是哪种市民?本次展览期间,一场激烈的政治斗争正在进行中:有的人只考虑让那些有工作、付房租、有助于税收的人重新在新奥尔良安定下来,而另一些人则认为穷人、黑人和失业者与其他市民一样拥有相同的权利。这是一个古老的问题:一个巨大的灾难是否应该被视为清理社会问题的契机?这是 20 世纪城市规划的核心,但在荷兰为新奥尔良做的规划中似乎无关紧要。如果设计关注这个问题的争论和选择,他们就不会为荷兰公司和美国政策制定者之间的交易服务。一个与文化和经济交流相关的城市设计似乎只能回避真正的问题,因为别无选择。它的抱负是转移公众视线,它的罪恶是天真而单纯的视角。

如果我们将视角转向那些城市规划,会导出遭卡特里娜飓风毁坏地区的真正项目,比如在密西西比流域重建论坛(Mississippi Renewal Forum)上讨论的 11 个城市项目,可以看到一个完全不同的景象。一个新城市主义的军队突然降临被飓风毁坏的社区,在车间作坊里,在专家研讨会、市政厅会议以及公共论坛上,绘制了可实施的城镇规划,这些规划看起来像古老密西西比河的理想化版本,并立刻得到公众的支持。在像安德烈斯·杜安尼（Andres Duan）和约翰·诺奎斯特（John Norquist）这样朝气蓬勃的人的引导下，城市规划已经在民粹主义和政治职业化方面达到了顶峰。它同时也摆脱了现代主义传统中的刻意求新和展望远景的抱负。新城市主义在这场辩论中已经选择了一种过滤掉老城市所有痛苦的立场。

189　　卡特里娜飓风后的城市设计经验，让我们看到了在现代主义的自觉继承者与实验性的城市设计之间存在着一个悲剧性的鸿沟。后者是现代主义背叛者，倾听政策制定者、商界人士和一般民众的声音。通常前者指责后者保守而投机，后者指责前者是冷漠而幼稚的精英主义。在成熟的城市规划中，比如城市扩张和郊区化的过程中，后者更为成功；但在高级别的文化项目、竞赛、研究和媒体杂志中，前者更得到公认。就职业道德的本质而言，后者其实是社会主流舆论手中的工具，它只追求得到最广泛共识的观念，而不太可能提供其他选择，例如帮助被剥夺权利的社区，或告诉我们不可预见的可能性。另一方面，前者注定只是口头解决最棘手的社会问题，通常它力图用城市规划来解决这些问题，为我们呈现出一个新世界的碎片。当所遇到的现实超出野心勃勃而脆弱的策展人，以及曲高和寡的文化委员会的能力时，他们所描绘的令人兴奋的愿景也只能是愿景而已。

　　加拿大歌手尼尔·杨（Neil Young）在他最流行的歌曲《金子般的心》（Heart of Gold）中写道："这首歌让我走在道路中央，但那里的旅行很快让人厌倦，所以我走向了路边的沟渠，这里的旅行更加崎岖，但我看到那里的人更加有趣。"[2] 无论是政治和经济上可行的新城市主义还是国际前卫的规划者，都笔直地行走在各自的道路中央。为了解决新奥尔良等城市的现实困难，我们需要的是选择沟渠艰难旅行的人。这条沟在哪里？它是什么？我们会在沟中见到什么样的人？

　　全世界范围内，在条件悬殊的城市环境中，远离专业关注点之外，数以百万的人过着他们的日常生活，城市设计的沟渠学派也正在发展。这个不同的学派带着一串基因：解放主义、集体主义和创新主义，以及对现代主义运动那种"英雄时代"的突破。这些实践已经摆脱了现代主义的文体共识，但在各自的城市文脉中持有同样的态度：他们的驱动力来自于守旧的意识形态和公民目标。他们中的大多数人彼此了解，就像一个秘密的国际兄弟会。

190　　委内瑞拉的加拉加斯城市智库（Urban Think Tank，UTT）、荷兰的艺术家珍·范·黑思维克（Jeanne van Heeswijk）工作室、纽约的城市教育中心（the Center for Urban Pedagogy，CUP）、拉胡尔·麦罗特拉工作室（Rahul Mehrotra）、孟买的城市设计研究中心（Urban Design Research Institute）、比利时的 CityMine(d) 组织、旧金山的 Public Architecture 事务所、日本的犬吠工作室（Atelier Bow-Wow）、美国的日常城市主义组织（the Everyday Urbanism group）、意大利的潜者者组织（Stalker）等一些团体，在官方机构和建筑甲方预算之外创造并实现了自己的项目，在分析现有社会和空间情况的基础上加以改造，一点点地接近着自己理想的愿景。这些实践并不依赖客户或机构的资助,而是他们自己锐意进取,通过其他融资方式来支持项目。

他们的项目往往基于对一个城市或街区的疯狂承诺,他们潜入和挖掘一切可能对其项目有用的条件,至少实现一项他们的意图,从而证明他们想法的可行性,并继续推进下去。这些机构、团体和艺术家已经放弃了传统建筑和城市规划工作室,同时模糊了城市规划、城市设计、艺术和社会工作之间的界限。他们并不关心他们自己被归到哪一类,只追求自己的项目在一定程度上获得实施。对我们而言,与那些操纵了市政厅和学术界的意大利风格或伪前卫建筑师相比,他们才是真正的城市规划者。既然掉进了沟渠,他们就不允许自己分心考虑客户和媒体永远关注的光鲜图像和好看设计。他们处理官方和专业人士所忽视的问题,探索其真正的社会和文化特征。他们用设计暴露问题并解决问题。这些机构认为,社区干预的力量往往与他们的物质和财政投入成反比。他们做出的战略选择证明了这一点,从而表现出他们对城市环境深刻的政治认识,以及从内部改变这些动态的努力。他们的干预对象可以是物质实体,也可以是更重要的操控政治关系的战术。通过成功的建设实践,这些机构逐步改造着政治环境,让越来越多的东西变得可想像且可行。让我们来看看沟渠城市化的三个例子。

加拉加斯的城市智库

在这种实践中最为坦率的是加拉加斯的城市智库,这个机构的领导者是两个在哥伦比亚的大学训练出来的建筑师——委内瑞拉的阿尔弗雷多·布利耶博格(Alfredo Brillembourg)和奥地利的休伯特·克隆普纳(Hubert Klumpner)。城市智库已经转变了其注意力,从拥有总体方案、委员会、客户和国际关注的正规城市,转移到了平民窟遍布、拥有数以百万的贫困"客户"、没有全球资本关注、甚至没有合法地位的非正规性城市 [3]。城市智库指出,这种非正规性城市在第三世界国家无处不有,需要认真研究和新的设计工具才能够解决其问题。城市智库并不像加拉加斯其他的策划机构和房地产企业家那样谴责贫民窟的非法和危险性。他们也并不认为这些居民困在被剥夺权利的难民营中,需要被非政府组织和发展援助机构等别的事物来取代。相反地,他们描述了贫民窟为另一种城市:像正规城市一样丰富、精彩,并在社会和经济方面内涵丰富,或者甚至比正规城市更多。阿尔弗雷多和休伯特并不认为非正规性城市是非法的,它们只是在法律管辖之外,没有市政厅、邮局、电话公司,它们落在标准的社会组织网络之外。但它们在这里,并将其巨大的经济根植在这里,它们比正规城市更加可持续,几乎100%的步行化,并且制造的垃圾还不到正规城市的一半。非正规性城市占据了第三世界国家几乎50%的主城区,但也几乎没有得到过任何建筑和城市专家的关注。它需要并激发另一种城市设计:先占领,再建设,后规划,最后再实现所有权。

委内瑞拉卡拉卡斯的第一座垂直体育馆原型，城市智库设计，2011 年摄。
图片来源：Daniel Schwartz/ 城市智库。

在委内瑞拉卡拉卡斯的棚户区旁，第二座垂直体育馆正在建设中，城市智库设计，
2011 年摄。图片来源：Daniel Schwartz/ 城市智库。

　　城市智库已经将广泛测绘和分析的非正规性城市现象转译成城市的实践，加拉加斯的"部分代表整体"就是其最初成果的展示。他们的项目之一是垂直体育馆，那里过去是人口密集的巴里奥拉克鲁斯街区的一个足球场。这一项目必然需要空间的扩展和重构，城市智库在现有体育场的基础上构建了一个社区建筑，里面的空间安置了城市健康部门、一条道路、一个篮球场、一个舞蹈房、一个举重区、一个城市体育主管办公室、一条跑道、一面攀岩墙和一个有顶的足球场。这个工程拥有复杂而交织的结构，可在任何时间用于体育和娱乐活动。该项目的设计和建造都是城市智库工人自己完成的，主要依赖先进而便宜的施工技术，其中一些还是他们亲手做的。建成后它便被移交给社区，人们开始筹划其用法和所有权收购等。通过这个体育馆和其他小型项目，城市智库把拉斯加斯的城市片段缝合为成一个整体的巨型城市，通过植入建筑配件，如社区会堂建筑、雨水蓄水池、人行天桥、台阶等，让其更好运作。这一野心宏大的城市愿景正在稳扎稳打地实施，全面背离官方制定的加拉加斯发展计划。就像城市 20 世纪五六十年代总体规划一样，它也是基于一个彻底的社会调查——是什么使这个城市运转，并假设其解决方案和结论可以在其他地方复制。何塞·路易·塞特指出，对于一个北美大城市来说，在建设一个垂直健身房和现代主义的总体规划方案之间，其设计尺度和投入的公众资源的差异是惊人的；然而在概念方案阶段，这两种方法都将大都市作为一个单一的有机体。根据城市智库的看法，对貌似不可规划的巨型都市可以用小的空间部署来影响，从而将分散的城市策略重新编织在一起。垂直健身房揭示了全球各地成千上万的棚户区和贫民窟的特点，因此，我们甚至可以说这个小项目能够取代其现代主义祖先的大规模城市改造工作，而实现全球的文明发展。

193

孟买的拉胡尔·麦罗特拉工作室

　　拉胡尔·麦罗特拉也将类似方法运用于非正规性城市。他是一位建筑师，也是位于安阿伯市的密歇根大学的一名教授，在孟买有一个项目[4]。与布利耶博格和克隆普纳一样，麦罗特拉也认为他的城市的某些特点是独特的，在现代城市世界中是无处不在的。因此，他详尽地分析了孟买，并指出孟买是一个官方城市规划失败的典型，也是一个巨大的都市化新工具的实验室。不同于城市智库使用的"非正规性城市"的概念，麦罗特拉使用"动态城市"这一概念。通过这个概念，他将我们的目光从孟买海滨巨大的建设项目转移到发生在人行道、婚礼和其他庆祝活动中的事件上。麦罗特拉详尽分析了街头小贩是如何先占据一块人行道，然后逐步加入更多更大的实质元素，最终形成了街道上的一个小建筑。麦罗特拉对这个占领、建设和获得所有权过程的描述与城市智库在加拉加斯的研究完全一样。不过麦罗特拉的研究并不仅限于非法或半法外现象，也不局限于穷人身上。他关注的另一个重要现象就是婚礼派对，华丽装饰的临时建筑在两三天内建成、使用和拆除。这些由砖石和灰浆构成的城市是一个几乎未被注意的系统，例如衣服、竹子、霓虹灯、激光束和疯狂的舞蹈，它们维持着城市的兴奋。通过观察人们出行，如以摩托车快递员在交通自由日的速度从家里带热的午饭到工作场所，麦罗特拉研究密集的非正规交通网络。

　　麦罗特拉正在进行的项目之一位于孟买殖民地时代的一个新古典主义风格的地区，

通常这种地方要么会被拆除而建新的建筑，要么作博物馆似的保护。无论哪种方式都是片面的，会将这一地区改造为单一时代和身份的产物。作为城市保护策略的一部分，麦罗特拉在这一片地区举办了艺术节，通过集中建设艺术画廊来吸引游客。通过这种方式，麦罗特拉不仅达到了唤起民众历史和文化意识的目标，也筹措到了用于建筑保护的资金。

194　通过多处对公共空间的小干预，麦罗特拉重新整合了动态变化的都市元素，实现了这一地区的复兴，并戏剧化地表达了经典的城市空间和当代孟买快速发展之间的冲突。麦罗特拉的反转策略首先振兴了公共空间，同时在这个过程中，通过筹集资金来保护历史悠久的建筑物，这一措施已被证明比传统的保护方法更加有效。

　　作为一个建筑师／保护专家／城市规划专家，他的兴趣不在于物质空间或建筑的历史，而在于对意义和功能的重新塑造，这也是城市发展中的矛盾本体。他不在政府或大型房地产投资者中寻找客户，而是在地方非政府组织、贫民窟居民工会和非正式组织的"深层民主"中寻找支持。不同于从政府当局和市场力量中挖掘动力的一般正统的建筑师和规划师，麦罗特拉发现了另一个力量来源：动态城市中的玩家和仪式，这些元素尽管是暂时的，但却会不可阻挡地出现在孟买的街头。通过发展设计和其他策略，采用节日、仪式和临时雇员，麦罗特拉意外成功地对公共空间的质量和实用性产生了持久的影响。同样，麦罗特拉的项目隐含着高度现代主义的宏大野心。孟买等城市并非由自上而下的规划控制，而是受似乎未规划过、非正式、半合法和暂时的仪式影响。对于一个野心勃勃的、想要进入城市控制中枢的建筑师和规划师来说，关注动态城市似乎是唯一合乎逻辑的选择。

弗拉尔丁恩的珍·范·黑思维克

　　前两个案例也许表明了河渠城市主义与第二和第三世界国家城市的非正规增长情况密切相关。然而，这个观点是错误的，因为在这些实践中共通的是态度和方法，而并非环境。这种城市化同样存在于第一世界的设计公司中，比如意大利建筑师组织"潜行者"。这个组织在罗马建设了一英里长的考维勒住宅街区（Corviale），这个乌托邦式的街区可追溯到20世纪70年代，是以柯布西耶风格为蓝本，作为内部再生研究的对象。在旧195　金山，建筑师约翰·彼得森（John Peterson）率领的公共建筑组织也采取了类似的策略来保护和设计南部市场地区的小型公共场所。

　　在荷兰，珍·范·黑思维克几年前就开始推行她的城市化品牌。她常驻纽约，是国际知名的荷兰视觉艺术家。她历时最长、或许也是最艰难的项目位于弗拉尔丁恩的维斯特维克区，那是靠近鹿特丹港市的一个工人社区，这个社区建于20世纪50年代，是一个高度现代主义意识形态的规划，由深受国际现代建筑协会影响的荷兰规划师维姆·范·泰泽（Wim van Tijen）所为 [5]。维斯特维克发生的事情现在正在荷兰、法国、德国、甚至也在美国的很多类似项目中发生。整整一代在现代主义城市规划控制下建设起来的城市肌理正在被拆除，并被新建住宅所取代。这种潮流带来更多的私人产权、更多的停车设施，同时也减少了社会住宅、高层建筑和公共空间。

范·黑思维克利用她作为视觉艺术家这一"无辜"的身份表达出一个完全不同的城市道义和愿景。她借用一个社区艺术项目负责人的身份在维斯特维克设立了一个长达三年的办公室，从而了解了这个经济贫困但文化丰富社区的每一个细节。随后她说服拥有该地区大部分街坊的住房公司将一个荒废的购物中心借给她，直到该中心被拆除。她展示了她游击队般的足智多谋，将这个中心改造成一个文化、艺术和社会的综合体。这个过程中，她在不同的方面齐头并进，一方面鼓动当地居民，另一方面说服了鹿特丹布尼博物馆将该中心作为临时备用馆，她还组织了地方手工艺品展销会，并邀请国际知名的建筑师、艺术家和思想家来这里访问。她甚至将整个建筑喷绘成火红色，以此来激励周边地区的现代建筑风格，并将该工程建设成为城市的中心。她主要采取的是"自下而上"与社区合作的方式，但同时也结合了"自上而下"的国际化精细设计，还有艺术、思考和创业精神。

该项目从一开始就是一个单纯的艺术行为，但随着日益引起社会关注，面临的问题也越来越多，它开启了一个不受欢迎的讨论，即如何对待现代主义的高层建筑。在这个项目中，所有批判现代主义泯灭特征、文化匮乏、丑陋的陈词滥调都被证明是错误的。居民为他们的社区感到骄傲，并且更不欢迎自上而下的政策。外面的知识分子被迫看到并了解这些地区，而不仅仅是抽象的。范·黑思维克对社区的投入，对城市制度和政策的创新利用，这些实践非常类似城市智囊团在加拉加斯和瑞克在孟买的做法。将数以千计类似的、建于 20 世纪 50 年代的现代主义建筑中挖掘出来的潜力作为发展的文化动力，这种做法带来一个深刻的命题：如果你可以在弗拉尔丁恩的维斯特维克做到，那么你在其它任何地方也能做到。接受这一观点，意味着重新评估过去几十年最重要的城市观念和规划政策：现代建筑运动的绝望与终结。范·黑思维克优雅（也许是间接）的干预，给了城市主义者重重的一击。

196

不同于道路中央派的城市实践，河渠派的城市实践与组织规则是对立关系。他们不断证明事情可以有，而且应该有不同的做法，因为存在不同的实施者和不同的实施目标。他们必须与总体规划、宏观愿景和政治抱负保持距离。他们从后门悄悄地参与进来，建立起地面上的"事实"，在当局者意识到这些事实时，可能就来不及阻止了。阿里尔·沙龙（Ariel Sharon），巴勒斯坦的建筑师，1973 年当谈论在约旦河西岸建造了这么多以色列的居住区时，创造了短语"地面上的事实"，意指以色列是为了实现自己的自治，未来难以从阿拉伯领土上撤离。"在地面上创造新的事实，那么即使你的政治对手不同意你的世界观，他们也只能着手应对。"[6]

这揭示了河渠城市主义的最后一个要素：它既不同于自下而上的城市化和倡导型规划，也并非被动地接受当地人民的意志。它从一个新的视角来看待设计基地，而不仅仅从官方和市场机制的角度。这就是现代主义实践者一再强调的信念，这种关于城镇集体解放力量的信念贯穿城市规划界，从帕特里克·格迪斯到埃比尼泽·霍华德，从刘易斯·芒福德到克拉伦斯·斯坦（Clarence Stein），从恩斯特·梅（Ernst May）到科内利斯·范·伊斯特伦，从乔治·康迪利斯、康斯坦丁·陶克西亚迪斯（Constantinos Doxiadis）到杰奎琳·蒂里特、格鲁恩，当然还有何塞·路易·塞特。这些现代主义者形成了一个被守旧的学院派和市场机制放逐的群体。当我们纠结于一些城市问题太过庞大而复杂，难以用城市规划来解决时，他们将从河渠中出现，用他们完整的意识形态和新式武器，为我们的城市提供更富远见的智慧和能量。

注释

[1] www.nai.nl/e/ca;emdar/travellingexhibitions/neweorleans_e.html.

[2] Neil Young, liner notes to *Decade*, Warner Bros. Records, 1977.

[3] Alfred Brillembourg, Kristin Feireiss, and Hubert Klumpner, eds., *Informal City: Caracas Case*（Munich; New York; Prestel Verlag, 2005）. 也可参见城市智库的主页：www.u-tt.com.

[4] 参见拉胡尔·麦罗特拉（Rahul Mehrotra）的主页：www. rma-associates.com

[5] Jeanne van Heeswijk, *De Strip 2002—2004 Werstwijk, Waardingen* (AmsterdamL Breda Artimo Foundation, 2004). 也可参加范·黑思维克：www.jeanneworks.net.

[6] 参见 rivertext.com/facsOn_3.html.

角色和学科边界的拓展

城市设计的第三条路

肯尼斯·格林伯格

201 迈克尔·索金在本书"城市设计的终结"一文中断言:"我们已经进了死胡同,'新'城市主义和库哈斯的'后'城市主义代表了霍布森的选择,摩尼教的反乌托邦将我们陷入了'楚门的世界'和'银翼杀手'之间⋯⋯(一个)对城市虚构分为人造的和难以置信的部分⋯⋯应对前者的是千篇一律,后者则是唯我论、先锋主义的复兴。"

在近年来的会谈、文章和专题讨论会中,针对新城市主义和后城市主义之间本没有双赢的二分法观点,经常被以不同的形式提出。这个观点贯穿于本书,提出了这个争论话题,"当今的城市设计"以及爱德华·苏贾、理查德·索默、蒂莫西·拉维(Timothy Love)进一步扩大了这一争论,而米歇尔·普罗沃斯特和沃特·范斯第霍特的"既成事实"一文最终敲定:卡特里娜飓风后的城市设计经验,让我们看到了在现代主义的自觉继承者与实验性的城市设计之间存在着一个悲剧性的鸿沟;后者是现代主义背叛者、倾听政策制定者、商界人士和一般民众的声音。通常前者指责后者保守而投机,后者指责前者是冷漠而幼稚的精英主义。

202 对于这些分歧的批评是有效的,面对的挫折也显而易见。然而,这种二分法所体现的极端情况正在大量发生,因为城市设计真实而肆无忌惮的世界正在以无数积极的方式继续推进。事实上,"第三条路"已经开始出现,它不局限于狭窄的两个僵局的死胡同里。新的道路不断地被环境的规则所驱动,迫切需要将各种互为矛盾的社会、经济和文化的力量整合为一体,进一步观察城市是如何运作和演变的。

无数案例,包括本书所引用的一些,在世界各地已经建成或正在规划中的,所涉及的城市区域和社区都在探索新的更加自我维持的模式,在生产能源、处理废弃物以及通过寻找多用途和更机动的替代品以减少汽车依赖等方面取得了进步。在国家和地方政府的支持下,这些新社区的设计集成了新的技术和方法,着眼于不断变化的标准和规范,发展创新型的知识产业。

德国弗莱堡的沃邦,原是一个废弃的军事区,现已成为一个可持续发展的模范城市区。在 20 世纪 90 年代中期，该地区通过强化规划过程和宣传活动，解决了交通、能源、住房、生活和社会生活中的有关问题。因为其包含了环境支撑元素，且在市政当局、公用事业、项目管理和当地居民之间形成了密切合作，由此被 1996 年人类栖息地第二次会议列为一种城市发展的德国模式。

在芬兰，赫尔辛基市区几公里外的大学区，威奇（Vikki）住宅和工作区已经发展成为一个活生生的绿色设计的实验室，包括花园和路径的组合、堆肥、回收利用、太阳能电池板，减少了 30% 的水消耗和 25% 的化石燃料消耗。

在瑞典斯德哥尔摩哈默比水岸新城地区，建筑、市政基础设施以及交通环境等方面对环境的要求严苛。斯德哥尔摩自来水公司、富腾工程有限公司（Fortum）和斯德哥尔摩废物管理局联合开发了一个通用的生态循环模式，以确保有机材料的回收利用。

在瑞典马尔默，旧码头区的"Bo01"地块原本是充满污染的工业用地，作为一个生态区当局为开发者制订了严格的环境法规。对于教育、研究、住房、文化、娱乐，用生态的方法进行规划是开发该地区的关键。通过建立一系列面向大海、运河和公园的生态环境，这个社区的生物多样性得到了最大化。

大不列颠哥伦比亚省的居民已经开始搬迁到维多利亚的码头区绿地，这里由昔日的工业荒地改造而成，将可容纳 2 500 人，可为不同收入的人群提供就业，及发展本地企业，该项目荣获了 LEED 铂金认证。温哥华的东南佛斯河（Southeast False Creek）在市中心附近保留了大片未开发的滨水土地，将成为一个可持续社区创建的典范。当温哥华获得 2010 年冬奥会和冬季残奥会举办权后，这 80 英亩发展用地被选定为未来的奥运村村址。它的规划基于环境、社会和经济的原则，着眼于混合使用和家庭住房，被作为一种可持续发展的模式重点规划。这个容纳 16 000 人的社区将确保商品和服务都能在步行距离内获得，并安排居住用地靠近工作区，并通过便捷的交通相联系。

在多伦多，多伦多湖滨开发公司（一个联邦、省和市的复兴联合公司）已经选出了当河下游区发展设计大赛的冠军，冠军获得者是一个由迈克尔·范·瓦肯伯格（Michael van Valkenburgh）领导的研究小组，我也是其中一员。获奖的设计通过一种创新的方法，利用城市设计，交通运输，通过扩大栖息地和可持续性以及其它生态关注等综合性手段，将顿河河口自然化，将一个长期被忽视的区域变成可持续的新公园和社区。该地区成为一个"绿色"的城市地区，城市、湖泊、河流相互作用并处于动态平衡中。

所以我们可能尚未来得及意识到，我们正在目睹那些假学术和形而上学二分法的重要消解，它们试图将城市从自然世界剥离。如同许多强大适时的冲动一样，这种和解也有诸多科学、文化和审美的原因。科学界所关注的生态环境可怕的退化、危险的后果，以及不可否认的，地球上人类的脆弱性，这些惊人的同步发现都是因危机感而激发的。

一些有见识的规划从业者和作家早就预计了这种变化，其中包括 1971 年伊恩·麦克哈格的《设计结合自然》，1984 年安妮·斯本的《花岗岩花园》（*The Granite*

Garden ），1984 年迈克尔·哈夫（Michael Hough）的《城市和自然过程》（*City Form and Natural Process*）。他们的想法提供了一种新的思路，即人类是自然的一部分，不管在这个星球上的哪里，都会在一定程度受到人类活动的影响，基于这一认知，可以跳出传统的减轻人类活动影响的思维方式，转变为和自然过程协同工作的方式。

我们迫切需要改变自我毁灭的做法，以探寻本质上更为可持续发展的方式，城市（现在我们最主要的生活环境）正面临着能否解决这些棘手问题的严峻考验。环境危机已经广泛引起注意，它将超越阶级、文化和政治路线的界限，并推进城市设计向新的研究领域迅速迈进。不管是用肤浅还是复杂的方式，它希望找到更绿色的解决方案，带给我们影响较少的生活方式，以及对市区、单个建筑物和景观的新的设计方法。它预示着一个更大的结构，并与日常生活更加接近，如生活、工作、购物、文化、娱乐、休闲等这些活动尽量能在步行、自行车可达的范围内解决，减少对汽车的依赖，降低能源和替代能源的消耗，改善废物管理和处理，寻找雨水和废水管理的新方法。

目标和优先事项上的重大改变也产生出一种新的文化倾向，这种倾向探寻一种新的共存形式，即用新的场所感将城市与自然相互交织。通过这种方式更新的地区，凭借将潜在的自然环境加以开发利用而变得更加稳固和具体。中央公园保护协会的前执行董事贝伊丽莎白·巴洛·罗杰斯（Betsy Barlow Rogers）说过，"正如城市变得更像公园，公园变得更加像城市"。

随着环境和生态意识的日益增强，引发出很多有力的推论。整个自然界是具有连续性和相互依赖性的，在更好的把握这种复杂关系的基础上，通过土地的复合使用以及给更多人提供全生命周期的住房选择，将动态的、发展的、可持续的城市与多样的、进化的环境连接起来。另一个相关的推论是，要应对日益增加的复杂情况，我们需要更新、 更广泛的专业同盟。

一旦我们接受城市是复杂的、经历了多代人、持续建造的人工环境，作为城市设计师，我们就必须面对我们的局限性。经验告诉我们，一旦市场力量、计划改变、新的需求共同发挥作用时，规定模板往往不能很好地运作。我们所需要的是一个灵活的框架，它允许创新、混合、自然发展、变化和惊喜。虽然这种转变对追求最终结果的可预测性的规划而言是一个挑战，但其内在的实用主义很有可能解放设计，使其能利用来自他人的创造力。城市设计变得更像是即兴的爵士乐。套用一句斯图尔特·布兰德的话，我们正在学习"城市如何学习"。城市设计不是生产特定的产品，而是越来越多对长期变革的预测和指导，没有固定的终点，要有权衡的价值观、目标以及实际结果。

真正考验城市设计的是，既要达成一致，也要建立关系，但同时留出足够的空间应对新的理念、市场和社会创新，以及预留扩展的创意空间给整个系列的设计学科，包括建筑、景观、工业设计、平面设计、灯光设计。

由于其本身的性质，针对复杂和不断变化环境的成功的城市设计不能被一个单一行业所独霸。在哈佛大学设计研究生院的第一届城市设计会议中，建筑师、规划师和景观设计师通力合作，将关注的焦点纳入一个更大的无固定边界的动态事业中，并共享领导权。必须与工程、经济学、环境科学、艺术等行业的同事建立新的联盟。这种广泛的专业技能和知识的融合并不是妥协，它将带来更丰厚的、更好的结果。

这样的团队合作本质上需要一个扩展的实时对话。随着通信技术的爆炸式发展，信息得以方便迅速地共享，分层处理复杂变量变得更加容易，在此基础上，多层次的方法和工作作风不断涌现。而在北美和欧洲范围内这项工作越来越多地必须在一个高度公开和争论的环境完成，受影响的团体享有知情权并应当坐在桌子旁。 206

很明显地，共享和重叠的领导权必须从城市的设计领域拓展到实施及不断创建的场所的管理上。这种管理是一个长期的过程，涉及多个部门和项目负责人。城市设计的荣誉必须被广泛共享，这会减少媒体对某个设计之星的关注。荣耀理应属于整个团队。

与新的方法不谋而合，城市设计为打造城市与自然的关系提供了非凡的新机遇。滨临海洋、湖泊和河流的地区，由于有可以重新加以利用的大片废弃的港口、工业、铁路和仓储土地而成为许多城市拓展的方向。另外，随着一些老化的20世纪中叶的公路基础设施的使用寿命即将到期，需要维修和更新，另一个系统性的机遇也随之出现。

非专业设计人员简·雅各布斯和刘易斯·芒福德在1956年GSD会议上提出了一个关键问题：政治认知的缺乏。毫无疑问，城市设计的实践不可避免地要受到其所处的政治环境的约束。近年来，政策上的右倾以及相应的传统资金的撤出给城市带来了危机，这对公共部门提供服务和采取主要措施的能力提出了深度的挑战。这意味着城市设计的领导地位向私营部门和非营利部门的转变。

希望任何情况下都可靠的途径已经迫使另一个对传统对立二分法的突破，传统对立的二分法包括左或右，社区或开发商，富人或穷人，寻求在更明确的政治立场中的第三条道路。在此背景下，城市设计需要不断地平衡私营部门的作用和期望，借助企业家的人才和事业心，以捍卫公共领域、社会公共利益和更广泛的社会目标。城市设计对当前不可避免的公私合作的贡献是：给两者提供了相辅相成的机会，让其跨越这道鸿沟。

上述内容均强化了一些在这本书中提到的城市设计的定义，特别是理查德·马歇尔在"难以捉摸的城市设计"一文中的定义："城市设计……是一种思维方式。这不是分离和简化，而是综合。它试图……处理城市的现实情况，而不是仅仅通过学科的镜头片面看待问题"。这个开放式的、无等级的立场应该使城市设计成为迫在眉睫的环境工作的主导部分。 207

炮台公园城之后的城市设计：增加多样性和活力

蒂莫西·拉维

208   美国当前大尺度的城市设计大多是由有经验的房地产公司做的，而不是公共或准公共的机构或官方。因此，应该制定新的战略，充分利用房地产开发的内在机制来产生更多创新的设计方案。对于建筑师和城市设计师，要利用新经济，需要了解推动发展决策的经济和管理的基础。只有通过他们在最初阶段与开发商的合作，在财务分析指标、建筑类型、土地混合使用重要性之间找到平衡，才能丰富美国城市设计的文化。

      从防止郊区蔓延的新城市主义议程，到近期媒体关注的大型建筑项目，如弗兰克·盖里的大西洋院方案，主流美国城市设计实践似乎得到了媒体、政府官员、以及学院的认可，保守而言，它可以成为组织大规模城市地区发展的范式。当因这些规划而生成的环境受批评时，被认为罪魁祸首的是建筑品质而不是城市设计的框架，例如炮台公园城和金丝

209 雀码头。或许标准的城市规划是无可非议的，并未成为问责的焦点，因为存在一个普遍接受的传统观念，认为街道和街区才是城市建设的概念核心。

      但是这种重点关注和评论的缺失，意味着这些街道和街区的具体尺度、图案、与逻辑不受质疑。具有讽刺意味的是，关注郊区和小城镇发展的新城市主义，却具有更先进和自我批评的议程（虽然新城市主义的实践模型和范式不足以应对大规模的城市发展）[1]。

210 更重要的是，由于原则和概念的不同，城市设计师的重点放在"公共领域"，而建筑师的重点则放在建筑物的微观设计上，因此在地平面上无法做出更加细致的规划。

      与其勉强接受现状，也许我们可以通过设计一个更好的城市框架，既能创造一个更加有活力的多元化城市，又能给更广泛的美国设计文化带来更具创新的建筑成果。为实现这个目标，城市设计师和建筑师需要与开明的房地产开发商和公共政策专家合作，在房地产金融逻辑和监管环境中探寻新的规划和建筑典范。例如，从办公室的地板尺度到城市区划的框架，创造性的探讨将是必要的。许多城市设计和建筑规范都是基于对美国大型企业的根深蒂固的假设，或是习惯了早期阶段项目规划的强加意志。但新的城市设计范式，可以创造性地协调建筑类型，地块配置和更大的城市设计框架。

被称为"布鲁克林小姐"的大西洋院的建筑规划
和模型,盖里建筑事务所设计,2006年作品。
图片来源:盖里建筑事务所。

1979年,由亚历山大·库珀和斯坦顿·埃克斯特做的炮台公园城的总体规划,为北美大规模的城市房地产开发建立一个持久的范例。这种做法也被一些蓝筹公司(如SOM建筑设计事务所、库珀罗伯逊合作工作室、佐佐木事务所)当成在美国的城市设计实践的主要模式,成为在20世纪70年代末和80年代初美国建筑理论家的空谷足音。这个轨迹开始出现于阿尔多·罗西(Aldo Rossi)的《城市建筑》(*Architecture of the City*,该书在1978年译成英语),1978年柯林·罗和弗瑞德·科特的《拼贴城市》,以及主要影响了20世纪80年代初东海岸建筑学院的科瑞尔兄弟(罗伯特和里昂)。这个重组的煽动者包括康奈尔大学建筑学院,特别是罗负责的城市设计工作室,以及纽约建筑和城市规划学院的出版物和课程设置。在建筑师或从事城市设计的建筑师对"文脉主义"的短暂拥抱之前,进步的建筑师/理论家(如迈克尔·格雷夫斯,彼得·艾森曼)和受高文化水准客户青睐的建筑师(如贝聿铭),都主要集中地将建筑项目作为一个独立的雕塑。虽然这仅是对建筑师工作重心发生转变的复杂过程的一个概览,但我们有必要将其勾画出来,因为它对现在的城市设计和建筑意义非凡。

211

在20世纪70年代末和80年代初,对城市的关注重新被定位到传统城市的空间美和形态美之上。这种变化的产生,是由于罗和他的追随者用诺力图/图底关系发现了某些传统城市的形态和模式具有的可识别性。事实上,当代城市设计作为一门专业学科的诞生可以定位到20世纪80年代中期,像建筑师杰奎琳·罗伯逊(Jaquelin Robertson)、亚历山大·库珀等,当时用罗和克里尔兄弟的图底关系与城市隙地技术进行了城市设计实践。在这个城市主义和城市设计的概念中，城市开放空间，包括街道、广场、公园，从建筑群中作为概念化的空间图像凸显出来。因此，该框架倾向于空间图形，如巴斯那样的圆形和新月形。城市设计师运用美术学院式的技巧，将他们城市规划图中的建筑物涂上粉色，将构成公共领域的匀称公共空间涂上了郁郁葱葱的绿色，两者形成鲜明对比。一些近期的项目如库珀·罗伯逊的哈佛大学奥斯顿校园（Allston）总体规划草案，仍然使用这一概念框架和代表性技术——平面中用涂黑区分空间虚实（poche）以及图形化的城市空间等等。

20 世纪 80 年代中期，当这些方法成为主流之后，这些信条在美国东北部很快得到了规划师和建筑师的认可，并被市政府采纳。普遍接受的假设包括：城市设计的首要目标是要沿着街道及空地的边缘将"积极的地面使用"最大化，以创造一个"积极的城市领域"，而这些公共空间被视为在城市肌理中塑造出来的户外房间。事实上，从图底关系和意识形态的对立来看，这个城市化概念的优点传承至今，被作为是针对战后现代主义和郊区蔓延的一剂良药。

除城市设计原则无可争议的适应性外，炮台公园城的方法之所以能适合类似规模的城市规划，另一个原因是其房地产发展的逻辑。将大型发展地块打碎成独立的"街区"，每一街区指定一个建设项目，实现了两个目标：整体发展被分为弹性阶段，可以轻松地适应不断变化的房地产市场，并使得地块的大小适合一个典型住宅或商业发展项目的最佳尺度。建筑保证有充足的开口空间，能从各个方向进入，从而提高其在市场上的价值。分块的多阶段开发在一个不断发展的基础上具有持续吸引资金的能力。有趣的是，这个远期的商业总体规划灵活的阶段逻辑是：在这个循环中，它是商业的，但在下一个循环，它是居住的，一但法定了地块的大小，则不会随着规划而变。这种理想的地块类型通常适合大致是方形的办公大楼。双廊建筑和多户建筑类型颇受开发者的青睐，只要调整一下地块周围的规划，就能轻松适应地块配置。

纽约炮台公园城总体规划，库珀—艾科斯塔建筑事务所（Cooper, Eckstut Associates）设计，1979 年绘制。

审美单调的炮台公园城以及其他几个类似的几乎建成的例子，包括马萨诸塞州剑桥的大学城，和布鲁克林的科技园（MetroTech），在一定程度上可归咎于对原始模板的匆忙实施。总体规划被快速填满，像炮台公园城的南端，可能会患上一种特定品位阶段的"相似建筑综合征"。有趣的是，金丝雀码头的实施是一个更持久和渐进的过程，从而拥有一个充满活力的后现代和新现代建筑的混合，给商业设计的最新趋势提供了一个范本。

当城市面貌单调时，大多数人指责的是建筑品质，而不是城市设计框架的质量。在最近一次耶鲁大学的滨水设计会议中，院长罗伯特·斯坦恩（Robert A. M. Stern）也跟随这一潮流，批评纤细的新现代主义住宅大楼在多伦多滨海千篇一律地不断增加，而却并没有批评新区的城市设计。斯坦恩列举了战前纽约公园大道上公寓建筑的不同立面表达的例子，建议采用更强势的装饰策略[2]。斯坦恩的批判和补救措施暗示的假设是，开发者的建筑形态逻辑和基本形式、以及任何总体规划的 DNA，都已是既成事实。这一立场迎合了房地产市场的力量，更糟糕的是，它将建筑与开发商、分区法规的律师、专业人士剥离开来，而在大多数城市，正是由这些人主要负责塑造建筑物的体量和循环逻辑。

但是，不只是建筑的风格，单一建设规模的垄断才是问题的症结所在。也许现在可以说，单体建筑类型的重复不适用于 35 000 平方英尺的建筑，即使该模式在波士顿的后湾区和巴斯取得了成功。唯一的例外可能是曼哈顿的中央公园，双塔的天际线从中央公园看出去很棒，但是单体建筑类型的持续重复不会塑造出丰富的街道生活。

相较于用单一方法填满这个地区，炮台公园城的规划方法引起的对街区的文化和社会批评则更加复杂。可以说，开发商在阶段性开发实施的每个阶段，最大化其开发价值（办公用房租赁，公寓销售等收入），并以此作为前提，然后再确定"A 级"地区。最近的公共政策，如"包容性区划"，要求一定比例的保障性住房作为大型开发项目的一部分，这些都有助于改善这种局面。需要采取类似的政策，如为小规模的零售商提供场所，因为移民常选择零售业务创业。一定比例的小零售业可以平衡大型连锁企业发展的自然趋势。但建筑面积规模又成为最大的问题，因为对积极的街前利用深度是有限的。只有美

奥林匹克村设计竞赛提交稿（渲染图），墨菲西斯事务所设计，2003 年绘制。
图片来源：墨菲西斯事务所。

国市级的大盒子零售商可以填补大的出租空间，满足预计租赁率，并满足开发商对 A 类地区的预期。

那么，在近期正在进行的类似范围和规模的总体规划工作，用何种设计方法可以纠正当前流行的城市设计策略中所存在的美学和社会方面的不足之处呢？

纽约西皇后区和奥运村：大型建筑不是解决之道

继炮台公园城之后，是 1993 年长岛市皇后西区的规划，如果其商业、政治体制和设计没有得到成功实施的话。它的总体规划，由拜尔·布林德·贝尔（Beyer Blinder Belle）和格鲁森·山姆顿（Gruzen Samton）负责，与炮台公园城的规划在规模、设计准则、范围和规划语言上几乎相同。至目前为止，一些发展项目已建成或在规划阶段，但都位于相对偏远的皇后西区，已完成的项目是内向型居住飞地。在 2012 年奥运会的前期选拔过程中，为总体规划中的南部欠发达地区的一个奥运村举办了一次项竞赛。汤姆·梅恩（Thom Mayne）最终胜出，在这之后，他提出了详细的建议。对很多人来说，包括亚历山大·加文（Alexander Garvin），他是纽约 2012 年奥运会申办的前董事总经理，曼哈顿下城开发公司负责规划、设计和发展的副总裁，梅恩的建议是原皇后西区项目的古板的设计的反例和良药 [3]。有趣的是，平淡的建筑（而不是规划框架的设计）被视为皇后西区的问题，积极的建筑被视为解决方案。近期另一个由单一设计师独立完成的、作为建筑方案设计的大规模的城市设计，是由彼得·艾森曼设计的，备受称赞的宾夕法尼亚车站上空使用计划。

但是艾森曼和梅恩的方案都不是城市设计，而是非常大尺度的建筑作品，需要由最初的设计者实施以达到所需的整体效果。事实上，在建筑形式和周围空间之间有一个建筑尺度的临界点，但艾森曼的西城和梅恩的奥运村方案远远超越了它。梅恩的钻石农场高中（Diamond Ranch High School），路易·康的索尔克研究中心（Salk Institute），米开朗琪罗的卡比托利欧广场，以及联合国大厦，都是单一设计师协调大型城市化项目的成功案例。在我看来，单一设计师的控制一旦越线，例如理查德·迈耶（Richard Meier）的盖蒂中心（Getty Center），则必须构造形式以实现必要的多样性。

我很感兴趣的一点是，在城市设计领域是否需要其他东西来填充，因为它的尺度已超过建筑，需要物质设计（而不是"规划"），而且炮台公园城的方法也明确地显示出，在动态的房地产市场中需要务实性。这种对市场的迎合不只是一个效率问题，也是美学问题，由很多人设计的分阶段的项目，会带来真正的多样性，而不是人为减少创作的变化。更广泛地说，考虑到当代城市所面临的实际问题，区分这两种城市化是必要的。也许艾森曼和梅恩以建筑为中心的计划，只是想在更大的尺度上为媒体导向的建筑产品提供"闪光的价值"。当然，不管外界对他的实际提议看法如何，丹尼尔·里伯斯金在归零地（9·11世贸中心遗址）项目中引人注目的角色，都证明了这种方法的市场价值。但城市设计的第二个例子，一个能将城市设计和建筑区分开的例子，或许才是在这领域中的真正创新。

马萨诸塞州剑桥的北角：对开放空间的倾斜造就极化的城市框架

北角原是一个火车机厂，占地 48 英亩，位于波士顿坎布里奇市和萨默维尔市的边界上，由 20 个不规则的小型城市街区围绕着一个开放空间网络所构成，它整合了通往查尔斯河的民兵自行车道，一系列"绿色建筑"穿插其中。这个地区的重建暴露出最近大规模开发所产生的新问题。最突出的问题是，为了使旧工厂区的环境整治既合法又适合于房地产开发，所引起的技术和政治上的难题。景观建筑师在分级、水文、自然环境的长期演替等技术问题上，走在了理念的前列。这个领域的革新者包括宾夕法尼亚大学和 Field Operations 设计事务所的詹姆斯·康纳（James Corner），他计划将斯塔滕岛上的清泉垃圾填埋场转换成一个巨大的区域公园。StoSS 设计事务所的创始人、哈佛大学设计研究生院讲师克里斯·里德（Chris Reed），最近赢得了一系列设计竞赛，其中包括分阶段的生态过程，既能激发审美又有设计方面的底层务实的论点。

作为 2002 年完成的北角总体规划中的一部分，迈克尔·范·瓦肯伯格和肯尼斯·格林伯格提出了建一个 5.5 英亩的"中央公园"，它作为一个更大的绿脊的心脏，既能提升面向它的地块价值，也能作为一个更宽泛的可持续设计概念的核心理念 [4]。范·瓦肯伯格的公园设计，主要关注其环境美和社会美，尽管在已公布的项目效果图中已考虑到连片建筑物的视觉舒适性，突出了开放空间的作用。当然，考虑到街坊的三面被高架交通的基础设施包围，一个大型公园很重要的是环境舒适性；公园随着地块初期发展完成了第一阶段的建设。可持续发展的设计成为主要营销说辞，为了在监管部门的批准期间出售该项目，也为公寓购房者提供了一种生活方式的选择。

因为负责该项目的管理部门较多，所以获得监管部门的审批很困难。开发实体是新罕布什尔州朴茨茅斯市吉尔福德运输公司和波士顿房的地产公司 Spaulding & Slye Colliers 的合资企业，是私营的，不受准公共机构（如炮台公园城和皇后西区的主开发商）的控制。在开发团队中，没有"公众利益"的代表，社区团体和单一问题的倡导者拥有其他的杠杆手段，要求通过补贴"公共利益"换取开发审批。森林城市公司开发的布鲁克林大西洋广场，是另一个由私人开发商而不是公私合作开发大型项目的例子。森林城市公司不得不和几个非营利组织合作，并修建高于一般比例的保障性住房，以弥补建成后私人和公共利益的不平衡现象。

通常，私人房地产价值和公共利益之间的比例已经成为开发商和单一利益的倡导者或活动家的谈判焦点。各方提供最佳案例阐述，由民选官员和受影响的住宅社区的主要选民做出决定。通过这种根本的政治和经济谈判，在最近的城市设计方案中，已经明确发展资金优先补贴新的公共公园。事实上，政治上固有的"公园好—开发坏"的过程意味着，"亲睐开放空间"的景观设计师比"亲睐大厦"的建筑师（作为城市设计倡导者）有效得多。这也许就是范·瓦肯伯格成为这么多大规模的城市设计项目主要倡导者的原因之一。

公园建设和土地开发之间的平衡被这样或那样地严重扭曲，这取决于开发商是私人还是公私合作的实体，也受影响社区的组织力量和该项目的原始动力所左右。添加一个公园而减少开发，比增加开发而减少公园容易得多。例如，受蜿蜒穿过波士顿市中心的高速公路抑制的地块重建，最终制定了一个简单的比例，即75％的开放空间与25％的建筑占地面积，不管前期是否已有历经多年的复杂的城市规划措施。因为2006年初的一个决定，即在项目中开辟出几个地块建设公寓使其在"经济上自给自足"，迈克尔·范·瓦肯伯格事务所的布鲁克林滨水公园项目一拖再拖。他们提供了两种说法：公寓收入可以支付公园的维护；大西洋大道被规划为公园的主入口，该处用作居住将给公园带来游客。

不幸的是，这些谈判起因在于促进私有化发展或促进公共空间发展的两极分化。政治的两极分化更完美地符合每个开发区块内放置一个巨大单体建筑的炮台公园模式，但在公共空间的倡导者看来，这样围合出的空间没有任何公共价值。然而，正如简·雅各布斯和其他社会理论家指出的那样，城市化的最佳模式是从私人利益和公共空间的凌乱重叠中衍生出来的。例如波士顿的昆西市场或纽约南街海港，我们提倡的不是完全私有化的"公共"空间，而是一个更精细的商业和公共空间的交流。意大利的咖啡馆、北非集市和亚洲的食品市场共存的文化／空间格局，正是在此条件下产生的具体例子。我们需要的城市设计方法是关注在此条件下的交流，而不是考虑不同的利益之间的边界。这是一个兼具设计师和社区意识的倡导者双重属性的工作。弗雷德·肯特(Fred Kent)的"公共空间计划"(Project for Public Spaces, PPS)是检验这个层面的城市设计的组织之一。每一个城市都需要它自己的版本。

房地产开发的逻辑与企业建筑实践之间的摩擦

KKA建筑事务所（Koetter Kim & Associates）2005年11月完成的多伦多东海湾区规划面临着几个早已提出的问题，诸如开放空间与开发地块的平衡。项目以当下可持续发展设计的主题展开，值得一提的是，它在其它类似的方案（包括都市设计事务所设计的，毗邻东海湾区的西当河河湾规划）中，实现了通用的炮台公园城总体规划语言和汤姆·梅恩、彼得·艾森曼只重视建筑方案之间的平衡。科尔特金对城市设计决策中建筑含义的兴趣部分来源于他的血统。弗雷德·科尔特原本遵循康奈尔大学的柯林·罗的观点，并和他一起写了《拼贴城市》。在20世纪70年代末和80年代初，科尔特、苏西·金（Susie Kim）和他们的团队参考同时期的莱昂·克里尔方案的建筑特征 [5]，提出了波士顿的中心城市设计的方案。更重要的是，他们的方案如同关于风格的意识形态一样，试图依托类型学的创新解决城市问题 [6]。科尔特和金的波士顿方案提出的更早，可能影响了安德烈斯·杜安尼（Andres Duany）新城市主义的最初构想。

东海湾计划表现的建筑语言具有时代性，这类柔和的新现代主义在大型企业工作中流行。透视图屋顶上可见的绿色小块，表示了一个可以实现的绿色议程。最能代表建筑和城市设计之间重叠的例子是，在寒冷的天气，一个朝南的骑楼可以转换为封闭的行人天桥。这是一个典型，城市设计作为独立的学科，从一般的规划中来，具有建筑学的一次性特征。在此透露出的信息是，这是城市框架的力量而不是建筑的品质起了作用。

东海湾规划处理了地块规模和建筑类型的相互关系，是特定关系而不是属类关系。该规划包括了一种住宅和商业建筑的分类法，以及如何更多地通过尺度和比例种类其适应地块设计。事实上，采用地块配置来完全抑制市场灵活性，这在规划中也是一种尝试，它是城市设计中一个重要的研究领域。但是，这个种类必须在微观层面进行检验：每一个特定建筑类型在市场经济中都是经济可行的吗？总体规划是否有足够的容量和灵活的地块推动第一阶段的发展，从而在后续开发中可以为不太灵活的地块增加价值和降低风险？

与炮台公园城方法的创作语言一致，东海湾规划在不光滑和模糊的轴网中引入变化和异常。根据现有的场地条件进行调节这些异常，包括"入户"街道（在高速公路下，它接通了地区到城市）的几何形状和高速公路自身的对准。在这种情况下，如同许多例子中一样，引起创作变化的神经反应不能威胁整个地区原有的网格。于是，所有的建筑只能客气地呆着，等待"设计导则"中建筑变化的指示——总体规划特有的附件规定了檐口高度，拐角处的特色，建筑出入口的位置，服务区等等。

由肯·格林伯格负责的剑桥肯德尔广场总体规划是北角规划的先驱，它推动了街道和地块的不规则，使得整个地区的网格不单调——这一解决方案是基于基地最初的环境问题 [7]。 街道避开了主要的污染区，以减少开发项目的环境补救开支。这个明智战略带来的不只是视觉上的好处，还包括明显的实用主义（不需要英勇的和昂贵的努力而创建这样的解决方案）。更重要的是，总体规划的偏好可能会产生更多有趣的建筑 [8]。例如，一条中止于房地产地块的街道可能会引发独特的方案或精心的建筑设计。这种方法提出了一条更普遍的原则：总体规划越特别（而且务实），指令性的设计导则就越不重要。事实上，一个非常宽容的，没有导则的总体规划可以给城市的建筑带来更多的变化。

在总体规划中的建筑形态选择，与其依赖总体规划导则，还不如依赖框架（有些建筑师会说严苛或限制），总体规划框架可以被构想成在基础设施规划中直接配置全部规划意图，然后允许各个发展或设计团队自由支配。我们希望的是，通过消除作为安全网的设计导则的可能性，基础设施规划将需要更加努力的工作，去建设一个成功城市，从

221

而带来更大的多样性，而不是屈服于典型的总体规划或设计导则框架 [9]。正是总体规划师担负了进行基础设施规划的额外责任，为产生丰富的建筑创造了机会，否则规划只能因为其保证正确性而变得平淡无奇。换句话说，城市设计师的目标应是吸引或强迫建筑师参与到分阶段实施的大规模开发过程中。

伯克利投资公司在波士顿尖兵堡的投资项目：绅士化带来的精细规划

伯克利投资公司是一家波士顿本地的房地产发展公司，购买了尖兵堡区的 13 栋住宅、2 个停车场和尖兵堡区邻接波士顿市中心的一些空置地块，该区域是砖式高层建筑的高密度街区。我的公司——Utile 建筑规划设计公司，被开发商聘请完成综合性的总体规划，着眼于现存建筑物的再利用方案和开发地块的发展机遇 [10]。Utile 公司创建了一套方法：将城市设计与阶段性的零售租赁市场联系起来，以创建一个有赞助的和有特色的零售混合的社区。规划的细节取决于街铺和新增住宅之间的文化和经济的相互作用概念，通过第一个零售商的建立，该区域将会被启动起来。

因为居住人口少，且现有的街坊主要用于办公用途，街道在晚上大多很冷清。Utile 公司提议通过降低市场租金及现有阁楼建筑的品质来吸引新的餐馆和咖啡馆入驻，以丰富晚上的生活，并给公寓转换创造了市场。该规划建议伯克利投资公司在现有的阁楼建筑里开发足够多的居住单元后，引入如杂货店、干洗店、药房一类的邻里零售服务。接着，伯克利投资公司可以在后续阶段等街坊增值以后，在空地上开发住宅、酒店及写字楼项目。在这种情况下，城市设计涉及了街坊的特定社会工程，如底层的用途和前面提到的住宅及商业用途的混合。

与之前的城市设计范例不同，尖兵堡规划采用的方法是分析绅士化的原动力，这在随后的规划中得到了证明，例如纽约街区尤其是史密斯街和布鲁克林的威廉斯堡、下东区，以及近期的布鲁克林的布什维克区 [11]。问题关键在于无论邻里变化是自然产生的，还是房地产投机者造成的，都可以转译成单一的市场开发商如伯克利投资公司控制的一个策划过程。

费城的 B3 地块，即百老汇街的下端地块，它的发展遵循了类似的策略。托尼·戈德曼（Tony Goldman）的高盛集团（SOHO 开发者的先驱）在 20 世纪 90 年代末购买了几个连续的地块和战前办公楼，想打造一个混合用地的城市街坊。高盛团队没有聘请建筑师，而是聘请了 160over90 设计公司 [12]——一个总部位于费城的品牌公司，来帮助创建一个分阶段发展的社区蓝图。在这种情况下，市场营销和规划的策略，而不是物质设计，充当了变化的模板。这一战略的核心是为各种各样的餐厅、画廊和商店提供"成本"空间，吸引类似城市街区的目标人群。通过仔细选择先锋租户，高盛团队的运作方式更

222

像是导演而非物质规划师。为了吸引这些租户，160over90设计公司的创意总监达瑞尔·切里（Darryl Cilli）选择改变传统的房地产小册子。意识到高盛地产不是在简单地销售空间，而是出售一个新兴的街区，160over90设计公司在销售过程中创办了一本文化杂志。与这本出版物相关的，他们发起了一场公关活动，在国家级杂志和报纸上发表本地区的故事。随后，高盛地产小心地给该街坊增加了三个精品店和一家广告代理，而且并没有取代原有的零售商，这给该街坊带来了"性格"。尖兵堡和B3的例子虽然不多见，但意义重大。因为它们表明：建筑底层使用和建筑物使用者的微规划，可能会给自然形成 223
的传统街区带来文化和社会的活力。

尖兵堡和B3规划的案例更普遍地表明，大规模的发展既可发生在现有的城市街区，也可以发生在部分棕色地块（指城中旧房被清除后可盖新房的区域），原因是没有那么多可供大规模开发的地块。与白板的棕色地块不同，这些规划包括现有楼宇和开放地块，从而产生了一系列的建筑尺度。这反过来又可以鼓励更多样化的居民和企业，更多样化的发展伙伴，鼓励在较短的时间内实施。其隐含的资金逻辑是：减少广泛混合的小型项目的回报，换来的是更具吸引力的增长点。

肯·格林伯格将在波多黎各圣胡安的项目中用新的地块导则检验这些财务假设。用这个特定的方法，在开发的时候，较大的地块将根据计划和需要被进一步细分。创新之处在于最终地块的尺寸可以变化——只要较大的地块保持穿越性，这个尺寸可以通过特定性的逻辑决定。这将允许乃至鼓励所有的开发商去购买较大的地块，留下较小的地块给额外阶段或小的开发实体。这些多尺度的发展机会鼓励不同规模的经济体共同参与进来，这是将简·雅各布斯的关于社会健康的邻里原则转化成了一个积极的规划策略。

尽管炮台公园城方法沿用了很久，但是一些新兴的趋势给城市设计带来了新的机遇。这些机遇源于现在可用项目基地的性质，它可以吸引大规模的房地产开发。后工业化的地区需要生态修复，大量历史建筑的现有城区通过重新设计给邻里增加特色，在这两种情况下，更广泛的社会和环境关注往往会为公共观念添彩。修建一个大型的公共公园，是已经部署的几个策略之一，目的是寻求公平的公共利益以换取建设大型项目的权利。景观建筑师已率先进行了这一议程，因为他们为公园设计发展了一套说辞，即结合了传 224
统公园的社会美以及扮演消除污染的新角色。漫长的发展过程和吸引资金和租户的大型开发商的需求，使得我们在施工之前必须对项目的设计决定做出充分的论证。这就是城市设计师和建筑师的领域，而不是营销顾问，它可以更主动地为开发商增加价值抓住创新设计的机遇。

与此同时，在现有市区内收购开发的项目，启发了大型开发商以及一起工作的城市设计师和建筑师，对发展和城市设计作更细致入微的了解。不同尺度和类型的建筑必须适应规划，这种认识被提升，由此多样性也可带来空白地区更细致、更丰富的城市设计实践。城市填充式开发的地区还需要更细致的分阶段战略，因为既要照顾现有租户及居民，同时要考虑更大的规划。这种方法的好处是，典型的城市设计关注的底层用途和较大的公共空间网络，同时得到了考虑。这种对底层长期混合使用进行微规划的能力，鼓励更精细的城市设计始于建筑物和街道的边界，而不是像炮台公园城方法的概念支撑，即对建筑口袋空间和公共领域的明确分界。

绅士化内在的负面社会效应有可能在单一的实体悄悄地在市区购买房地产（在波士顿的哈佛大学或在费城的戈德曼地产）之后激发出来。这种负面效应的缓解不仅需要敏感的规划，也需要公共政策机制，如解决保障性住房比例的包容性区划。关于绅士化需要一个更均衡的对话，避免如保障性住房或绝对经济发展的拥护者那样极端的立场。需要进行更多的研究来确定其它市场敏感的政策，以鼓励其它使用类型的多样性经济，如零售和办公空间。

225 更普遍的是，仍然有地方将城市设计作为一门和建筑学严格区分的学科，把它当成是一部设计大型城市地区的车辆。城市设计作为单一设计师的建筑命题过于庞大。相比之下，我和其他人都支持如下的城市设计方法：从务实的街道网络和复杂的城市开发地块自然生发出来的设计创作。我们希望城市框架规划能产生足够丰富的"环境"，使得后续的开发项目避免建筑和社会的单调。我们的目标不是用设计导则来解决偏差，而是把责任落到规划的质量上去，从而完全消除对导则的需要。这将激发各种方案和审美百花齐放，这就意味着，从一个城市设计师的角度来看，对建筑师的信任要超过安德烈斯·杜安尼所建议的，但没有达到一个建筑师可以设计一个完整的城市地区的程度。

这种改革的规划方法论需建立在对房地产市场的充分认识上，根据青睐多样的地块尺寸而非单调的建筑物和土地使用的财政模式进行调整。一种新的城市设计模式的出现需要谨慎协调建筑类型、地块配置和较大的城市设计框架之间的关系，它需要建筑师和对现状不满的房地产金融分析师之间的合作。建筑师，在经过至少十五年对城市设计的忽视之后，需要效仿景观建筑师，让它成为一个充满创造性实践的领域。

注释

[1] 城市设计最佳实践方式的深层次讨论可见 2006 年 6 月 1 日至 4 日在罗德岛州普罗维登斯举办的新城市主义会议的相关纪要。

[2] 2006 年 3 月 31 日至 4 月 1 日，耶鲁大学建筑学院举办的大型水岸发展会议"在水岸边"（On the Waterfront）上的提问环节中斯坦恩作出如上评论。

[3] 亚历山大·加文是耶鲁大学建筑学院"在水岸边"（On the Waterfront）会议的组织者，他介绍了皇后西区开发项目和会议的一位演讲者汤姆·梅恩。

[4] 北角总体规划组由肯·格林伯格率领，波士顿 CBT 事务所、剑桥和纽约的迈克尔·范·瓦肯伯格事务所和景观建筑师组成。

[5] Modulus 这本杂志是一个当时学术动态的很好的缩影，它涵盖了里昂·克里尔对普林尼别墅（Pliny's villa）的重建细节，和科特·福斯特（Kurt Forster）关于卡尔·弗里德里希·申克尔（Karl Friedrich Schinkel）对于柏林中心城市设计方法的重要论文。

[6] 哈佛设计研究生院建筑系的助理副教授 T. 凯利·威尔逊（T. Kelly Wilson）绘有多幅高精度的波士顿全景平面图。

[7] 肯德尔广场前期规划由格林伯格和 Urban Strategies 地产开发公司一起完成。格林伯格随后又以格林伯格咨询公司的主管身份参与了该规划的后面几个阶段。

[8] 肯德尔广场规划 1999 年通过审批，现在这个区域已经满是洛杉矶的建筑师埃利希（Steven Ehrlich）、Anshen+ Allen 事务所、剑桥和纽约的迈克尔·瓦肯伯格事务所的建筑和景观作品，甚至还有斯图加特的本尼什事务所（Behnisch Architekten）设计的美国健赞公司总部。

[9] 为了使该方案可行，基建方案需要在地平层上更加具体，这样才能给上面楼层的用途留下可变的可能。比如说通过确定货运和停车出入坡道的确切位置可以生成一个街道交通系统，这样的规划比传统的总体发展规划更具有可变性。理想的情况下，完整的街景设计是在单体项目之前完成的。因此，一个强势的城市领域应该是一个富有影响力的"文脉"，而不是像白板一样被其他形式的产生所影响。

[10] 来自伯克利投资公司的首要客户是总裁杨·派克（Yong Park）和执行副总裁（Rick Griffin）。

[11] 参见 Robert Sullivan, "Psst...Have You Heard about Bushwick? How an Underirable Neighborhood Becomes the Next Hotspot," *New York Times Magazine*, March 5, 2006, 108–13.

[12] 克雷格·格罗斯曼，作为 Goldman 地产在费城的运营总监，也同时是这一地区负责开发的主要成员。

226

那一个 1956 年

查尔斯·瓦尔德海姆

景观城市主义在过去的十多年中，一直是作为对传统城市设计在学科和专业承诺上的批判，或是另一种"新城市主义"。景观城市主义引发的批判，一方面是因为城市设计在解决北美和西欧大多数城市的快速城市更新与当代以交通为导向的城市中重要的水平特征时，被认为收效甚微；另一方面是因为传统的城市设计策略无力解决工业化后留下的环境问题，无法面对日益增长的生态信息化的城市主义需求，以及难以应对城市发展中设计文化的日渐提升。在这本书或其他地方出现的有关景观城市主义的讨论中，有趣地阐明了一个提案：哈佛大学的城市设计最初本该下设在景观建筑学专业，这个提案最终被废弃。关于何塞·路易·塞特在哈佛设置城市设计专业的最初想法，是他想要在学术领域提供一个学科转换的空间。但是城市设计还不能实现它作为设计学科和建成环

境之间转换的潜能。察觉到它未实现的潜能，景观城市主义提出：历史性地回顾现代主义规划中的环境和社会愿望，在它成功的案例中求其精华去其糟粕。本文叙述了一个与历史相违背的状况，以阐释城市设计目前面临的困境。用这种方式，它提出对至少一种系列，即景观作为城市、经济和社会秩序媒介的现代主义城市规划，进行潜在的复原。

这本书里的文章对设计学科的知识、历史和未来做出了重要贡献。在城市设计起源的诸多可圈可点的贡献中，值得一提的是埃里克·芒福德唤醒国际现代建筑协会中的城市设计地位，因为他将这一领域的知识延伸到有国际重要影响的建筑师、城市规划师、跨学科的学者之间的讨论中。芒福德的经历为几个更为当代的研究提供了有益背景，包括亚历克斯·克里格以一个当代专业的视角对这一领域进行了全面概述。克里格在本书的"城市设计在何地又如何发生"一文中重述了塞特创立这一领域的多种动机，并且让读者忆起了在哈佛会议上提出的，不计其数的关于城市的不同设计学科内部或之间潜在关系的问题。在所有问题当中，最具争议的是景观设计在城市设计中的恰当角色问题，在 1956 年的哈佛大学会议曾对城市设计起源的重要意义进行了阐释，这个问题到今天仍不可忽视。

1956 年同时也是北美最成功的现代主义城市规划项目被委托的一年：底特律拉法叶公园的城市重建，它也是"底特律规划"的结果。这一规划及其公布的项目，提供了另一种可选择的 20 世纪中叶城市形成的历史，一种源自将城市形态作为景观的理解。在学术关注的全盛期，即后来被称之为的城市设计，拉法叶公园并未从中获益。相反，它借鉴了存在已久的城市规划理论对特殊场地的运用，由路德维希·海伯森默（Ludwig Hilberseimer）制定。海伯森默和他的同事密斯·凡德罗，以及阿尔佛雷德·卡德威尔（Alfred Caldwell）与芝加哥开发商赫伯特·格林沃尔德（Herbert Greenwald），考虑到底特律长期规划的退化和极限熵衰减，共同策划出一个经济、生态和社会可持续发展的模型。海伯森默的拉法叶公园规划提供了一个考虑城市塑造中空间和形态因素的物质规划范例，它尚未具备初生的超学科形成的需要，即后来所谓的城市设计。这个方案的空间组织是基于海伯森默的《新的区域范式》（*The New Regional Pattern*）中的原生态规划结构。这本书中详述了一种与北美城市化的经济、生态和社会条件相适应的新的空间秩序。

海伯森默的提案呼吁一种生态改善、社会参与，以及文化催生的城市建设实践，其中，景观为美国城市即将到来的分散化提供了城市秩序的手段。法拉叶公园代表了海伯森默唯一建成的规划方案，并揭示了景观作为城市秩序主要决定因素的另一种历史。海伯森默的规划，以及它对于未来美国城市混合种族，混合阶级的详细视角，代替了之前一组实施的规划。那一组由佐佐木英夫和维克托·格鲁恩组成，他们也是哈佛大学城市设计会议的参与者。

这两个截然不同的方案同时历史性地排列在一起，为城市设计提供了潜在可选择的历史。这是真的，即使我们不重提密斯，在格罗皮乌斯被任命之前已占据哈佛建筑的领导地位。本文重述的城市设计历史本该是非常不同的，因为密斯和海伯森默选择在剑桥而不是在芝加哥南部进行他们的学术流放……此处我有点偏题了。

当然，这些历史，包括这里授权发表的历史、我简述的反历史，以及所有潜在未提及的可以选择的历史，它们都与当下讨论的城市设计定位有关。这本书中搜罗的历史和他们暗示的当代地位，都有力地证明了城市设计在历史上的持续性和持久相关性。这一点同样在这一领域厚实而资本雄厚的 50 周年纪念文集中得到了证明。仔细阅读各种各样的贡献，可以发现围绕城市设计 50 年的讨论，至少有三个潜在的不同主题。

首先是那些将城市作为实验性观察和历史性探究对象的描述和争论，这包含构建城市化的当代探索和不同的城市历史。这里，彼得·罗的城市设计方法基于城市化和各种附带现象的实验性观察，并被不同的历史学知识所扩充，该方法具有独特的意义。其它论文则阐述了分离城市设计专业实践和全范围工具化实践的观点。工具化实践已经被规划师、政策制定者等大多数专业人士通过设计规则所证实。这个学科领域为大多数案例提供了一个标准化的背景。还有一些论文聚焦于城市设计作为一门学科或教育科目。

"当今的城市设计"圆桌讨论，由《哈佛设计杂志》编辑威廉·桑德斯主持，它以

229

230

一个简短的子集提供了一个概述，在建筑教育和设计文化中，城市设计有多种可能的定位，但一定要将城市设计在一个广泛层面的议题和议程上合并讨论。或许这种合并（和偶尔由此产生的困惑）是不可避免的，但是我的疑问是，它是一种从这一领域和 1956 年会议本身起源中承袭而来的形式。

城市设计的形成之所以能特别地经久不衰，是因为它坚持不断地对维护传统定义的学科边界进行讨论。它尤其为当代读者揭示了在北美的设计教育和专业实践中，鲜明地显示出最近跨学科的趋势。一些设计院校近年来已经模糊了建筑与景观建筑之间的专业差别，然而其它院校则专门设立了交叉学科或提供混合注册的课程选择 [1]。分享知识和交流教学经验的转变，部分归结于与日俱增的学科复杂性，学科交叉和多学科的专业实践背景。并且这些实践毫无疑问回应了当代大都市背景下的挑战和机遇。

由此可见，本书中的论文和近年来城市设计历史和未来的讨论，对许多顶尖设计院校中设立的无专业特点的学科，可以说是有利有弊的。他们赞助的城市和学术性课题很少尊重传统的学科边界。在这方面，设计学科不应该作为一种例外，并且许多领先的设计师最近都在呼吁设计学科之间需要新的跨学科 [2]。法希德·莫萨维（Farshid Moussavi）在"当今的城市设计"的讨论中，呼吁更广泛的学科交叉和设计学科之间的身份变化，这是及时和明智的。

从这里收集的资料中可得出的另一个结论是，关注城市设计讨论中的趋势，发现为了明确伦理或道德地位，经常支持一种特定的观点，或对其广泛地授权。由于建筑和景观建筑愈加受到杰出文化、交易的文化资本，以及所产出的令人迷恋产品的驱动，城市设计似乎已经内在化了，在自身专业实践中关注其责任及历史性地位。城市设计作为设计学科的良心角色，也许是一个可以预测的结果，但是它用多种道德准则，影响了许多围绕着城市设计的讨论。

大多数时候，这些关注点围绕着社会环境主题而展开，主张设计专业的责任是考虑和关心越来越难以界定的公众团体。在可持续的背景下，这些公众团体已经扩展到移动的全球消费者的后代，结果就是城市设计在日益工具化和底线驱动的全球经济中，被渲染为设计中的道德高地。因此，一个今天可供城市设计的解读是，它并不是塞特预想的为具有城市思维的建筑师和景观建筑师们提供的超学科平台，而是在这一领域的主流讨论中，为学科的边缘化提供了空间。这就建议将城市设计解读为一个超我主题的超学科，或者在设计专业内升华。

另一个对收集到的资料更为乐观的解读是基于普遍共识。城市设计作为一种持续的关注，继续享有学术权威的特权，并且获得对建成环境作为一个正式、文化、或历史建构的实证描述。这不是简单的策略性资产，也不应该与规划的长期承诺相混淆，那是政策、程序、和公众意见的描述。相反，历史上学者对城市状况和最佳建成形态范例所做的实证描述，这是城市设计最坚实的基础之一，或是城市设计作为一种持续关注的反思。对这一领域公认适度的界定，很好地包含了鲁道夫·玛查岛理智而清晰的呼吁"公认的知识"，它是基于多种设计学科的专业知识领域，同样也包含了玛格丽特·克劳福德（Margaret Crawford）提倡的"日常城市生活"，以及通过对城市社区、身份和居住经验等的描述而获得的对社会正义的模糊预期。[3]

不幸的是，近些年，太多城市设计相对适度的资源和注意力被引导到可商榷的边缘焦点上，在当代城市文化中日显脆弱。其中，我关注三个最为清晰和脆弱的焦点问题。

首先，迄今为止，近年来城市设计最有争议的方面是它趋向于适应反对改革的文化政策和"新城市主义"的怀旧情绪。近年来，顶尖设计学院巧妙地将自身与 19 世纪最糟糕的模式保持距离，太多的城市设计实践要为之道歉，以放弃建筑愿望为代价而保护城市租户。在承认城市形态相对自主性的同时，这通常以过度强调城市密度的环境和社会利益表现出来。我想说的是，城市设计应该更少关注密度，即已经逝去的黄金时代的虚构景象，而应更多关注多数人真实生活或工作的城市状况。

其次，大多数主流城市设计实践的主体都关注于以富人为消费目标的环境"外观和感觉"的精细设计。纽约市长迈克尔·布隆伯格（Michael Bloomberg）在近期一次政策演讲中提到，曼哈顿地区作为日益巩固的财富和特权的一块飞地（很大程度地受益于近期最佳的城市设计案例）是纽约的"一个高端产品，甚至是奢侈品"[4]。我会支持迈克尔·索金关于城市设计的呼吁，要突破鼓励曼哈顿化的内隐偏见，以及消除为了金玉其外而追求高密度和精英飞地的倾向。

最后，城市设计作为设计学科和规划之间对话者的角色，已被广泛应用在公共政策和过程中，成为一种社会的代理。然而，最近城市规划在设计院校中的复苏是一个重要和姗姗来迟的修正，它有过度补偿的可能。这里的危险并不是设计会被城市研究学者和专项奖学金淹没，而是规划学科和他们的院校进行自身重建的风险，作为关注公共政策和城市法律体系的独立学科，却排斥设计和当代文化。

233

这一历史的矫枉过正最直接且最有争议的是，它一直是设计文化和公众进程之间的对抗力量，在城市规划或其他设计领域中，它成了更合理的社会地位替代品。为了替代无休止的作为一种后现代主义城市疗法的公众咨询，我认为应该重新思考本世纪中叶现代主义的大量中产阶级政策。然而，海伯森默或其他现代城市主义领导人物的复兴，也不是没有挑战的，但潜在的好处是，由于他们较高的设计文化地位，他们是积极唤醒生态意识和鼓励社会实践的先驱。海伯森默在他的职业生涯中仅建成一个规划项目，这一事实有利证明了这一模式的难度，但同样也显示出它的可行性和有效性。就在我们都已抛弃现代城市规划之时，我们已经失去了通向美国历史上仅有的短暂瞬间，那里可实现社会发展和生态觉醒的规划实践。

这让我又想到法拉叶公园和那一个 1956 年，那一年验证了罗斯福新政和美国福利制度的最完美规划。法拉叶公园的成功之处在于：就在大多数美国人向往郊区化开始离开城市的时候，这个规划为美国城市描绘了一个混合种族，混合阶层的未来图景。最终，它只是 1956 年描述的城市设计，一个仍然未能实现的承诺。如果重温关于城市形式及其附属现象的历史和实证的描述资料，城市设计将会在大多数美国人的生活和工作方式中找到充分证据。

构成城市设计文化的大部分产生于费城和剑桥之间的一条低城市密度带上，那里，大多数美国人生活在郊区，通过乡村高架公路减少密度。重新思考当代城市化的困境焦点，已经被至少三篇相互竞争且偶尔矛盾的书评所证明，与罗伯特·布鲁格曼存在争议的书评《蔓延——一部压缩的历史》（"Sprawl: A Compact History"）一起出现在《哈佛设计杂志》同一期（2006 年秋 /2007 年冬），尽管这本书中的一些文章最初仅出现在网上。布鲁格曼对于城市设计的实证性分析，以及当前城市设计构建讨论所表达的隐含威胁，并未引起对这些价值的共识，这从《哈佛设计杂志》对布鲁格曼工作的反响中可得到证实，也可被所有人理解。

其中威胁之一就是日益明显地意识到，在这些篇幅中城市设计被描述为已经抛弃了它最初的愿景，为大多数北美人居住和工作的场所明确表达城市秩序。考虑到许多欧洲城市越来越仿效北美城市经济和空间特征的事实，这是一个不容小觑的有关城市设计国际性讨论的问题，特别是因为这么多被记载于此的城市设计历史，一直关注于将欧洲城市化模型引进到北美城市中来。

在城市设计作为未实现的承诺的情况下，景观城市主义在过去的 10 年里已经产生了潜能。景观城市主义代表着另一种选择，广泛基于城市设计的历史定义。当持续整合生态环保规划实践时，景观城市主义也同样受高水平设计文化、当代城市发展模式，以及公私合作复杂性的影响。朱莉娅·泽尔尼克（Julia Czerniak）的景观建筑观点如今已从对这种潜能的外观描述转向了功能描述。同样地，她文章中对于塞巴斯蒂安·马洛特（Sébastien Marot）著作的援引也值得一提。马洛特最近已经阐述了一个连贯的理论框架，让景观城市主义和当代的建筑文化关联起来 [5]。马洛特的"郊区化"和"超级城市化"这一对概念，使城市设计与建筑文化的历史疏远有了潜在和解的希望。

马洛特阐述的超级城市主义，可以解释当代建筑文化对过度程式化的建筑干预的兴趣，这些干预通常作为城市环境多样性和传统混合性的代理或替代品。在城市密度逐渐降低的环境下，他通过描述设计中景观规划专家重要的实践，明确地表述郊区化的概念。在亚城市主义和超级城市主义之间，日常城市主义坚持作为不可消减的（并且最终不可设计的）生活经历的潜台词。类似地，景观城市规划专家认为，多数北美人的生活经济和生态环境，理应影响我们的模型和城市设计的方法，并且开发了一系列适于市郊的、远郊的、和快速城市化环境下实施的模型。

平心而论，就像鲁道夫·玛查岛在"当今的城市设计"中所言："景观城市主义产生的形式还没有被完全实现"。也可以说，景观城市主义将在未来几十年中，仍然是城市设计构成的另一种非常有希望的选择。这很大程度上是由于景观城市主义提供了当代城市化一种文化催生的、生态思维影响的、经济上可行的模型这一事实，从而成为城市设计对传统城市形态持续怀旧的另一种选择。最显著的证据是，大量的国际杰出景观建筑师是大规模城市发展建议方案的主要设计者，其中，景观提供了生态功能、文化权威和品牌标识。在这些景观城市规划专家的案例中，詹姆斯·康纳的 Field Operations 设计事务所和 West 8 事务所的实践可选为借鉴的案例。Field Operations 设计事务所对费城特拉华河滨水区，以及悉尼东部达令港的再开发项目是这一类项目的代表，还有 West 8 事务所的阿姆斯特丹内港地区项目，以及他们近年在多伦多中央滨水区的项目。

景观城市主义作为对城市设计最强有力和最成形的批判出现，并不是一个偶然，就在当时城市密度、中心化和城市形态法制化的欧洲城市范式显得日渐疏远，并且与我们多数人生活工作的环境相比城市更郊区化，建筑物更田园化，与封闭的环境相比更倾向于基础设施。在这种环境下，景观城市主义为城市设计的更新同时提供了模型和方法，并将在未来半个多世纪和那一个 1956 年以前，成为与城市设计相关的关注点。

注释

[1] 许多北美的设计学院近来调整他们的课程结构，或是创立新的课程以有效地容纳景观建筑学，在建筑学、景观建筑学和城市设计学科之间的消除院系的区隔。这些院校是维吉尼亚大学、多伦多大学和奥斯汀的德克萨斯大学。 236

[2] 在过去的 10 年里，一些设计学院已在建筑学、景观建筑学和城市设计之间设置了跨学科的课程。这些院校有宾夕法尼亚大学，维吉尼亚大学和多伦多大学。

[3] John Chase, Margaret Crawford, and John Kaliski,eds., *Everyday Urbanism* (New York: Monacelli, 1999)

[4] 迈克尔·布隆伯格，纽约市长，2003 年 1 月的经济政策演讲。完整的内容请见 http://www.manhattan-institute.org/html/cr_47.htm, 2007 年 4 月 7 日访问："如果将纽约比作一门生意，它不是沃尔玛，以最低价格的产品占据市场。它是高端产品，甚至可能是奢侈产品。纽约提供了巨大的价值，但只有那些能够付得起的公司才受欢迎。"

[5] Sébastien Marot, *Sub-urbanism and the Art of Memory* (London: Architectural Association, 2003).

民主掌权：新的社区规划和城市设计的挑战

约翰·卡里斯基

237　市镇会议对于自由的意义，就好比基础教育对于科学：它们将其带入到人们触手可及的地方，并教会我如何使用和享有它。

在美国，人们塑造了一位大师，他必须服从最大限度的可能性。

——亚历西斯·托克维尔（Alexis de Tocqueville），
《美国民主》（*Democracy in America*），第一卷

当《美国民主》的作者亚历西斯·托克维尔 [1] 在 19 世纪 30 年代穿越美国旅行时，他被市民高度参与当地政策制定的现实状况所震惊，他还记录了其称之为"大量微不足道的产品（建筑物）"构成的这种民主景观———一些纪念碑和在这两种极端之间被他称为的"空白区"[2]。这几乎就是今天对洛杉矶城市设计的写照。想像一下市政厅，一座新的天主教堂、迪士尼大厅、墨菲西斯事务所设计的新的加州运输部大楼，一些不错的摩天大楼和地景中的大片"空白区"。这样的"空白区"表明，至少在洛杉矶，民主正在设计中间地带，清晰地反映了当地人民的生活需求和愿望。

238　　　在洛杉矶及其周边地区的三种情况表明了这种规划在加利福尼亚州南部的状况：洛杉矶国际机场（LAX）的扩建，格兰戴尔新购物中心大楼的建设，以及圣·莫妮卡市因修剪过度生长的前院树篱所引发的骚动。这些事件表明市民专家，而不是规划师和设计师，才是绝对的城市演化和设计的主宰者。最重要的是，这些情况在美国城市基础设施规划中十分典型，并挑战着规划师、建筑师、景观建筑师，最后也是最重要的挑战了城市设计师，在规划、设计和当代城市主义生产中，去重新审视自身的角色。

洛杉矶国际机场

洛杉矶国际机场的远期规划影响着加利福尼亚州南部的所有居民。自1984年为奥运会而进行的最后一次改建完工以后，洛城就完成了洛杉矶国际机场的扩建，以适应与日俱增的乘客和货运量。在这20年间，其中有一些发展景象特别奇妙，如铁路线向西侧海岸线延伸几千英尺，起初是悄悄地探索的。20世纪90年代后期，前任市长理查德·雷奥丹（Richard Riordan）最终公开了一项1300万美元的提案。他在规划中提出了刺激当地经济，增加机场跑道容量和安全，并且提议用一个大型设施代替现存如卫星般分散的U形终点站。雷奥丹的规划是超大型的基础设施，除了市长和他的圈子，几乎没有人会喜欢这个规划，尤其是临近社区里的人。雷奥丹的机场安置了太多新来的过境游客和货物，产生了太多的噪音和交通量，并且以牺牲周边许多社区为代价换取了经济效益。除了这是一个激进的、自上而下、扩大公共服务范围的努力外，这项规划几乎是失败无疑的。

下一任市长，詹姆斯·哈恩（James Hahn），利用2001年"9·11"事件重新梳理了这些问题，并对机场扩建进行了重新规划。他的团队并没有拆除现有的设施，而是主张在临近高速公路附近，建立一个单独的安检设施，并且用客运工具将这一设施联系到现存的机场大厅。这一想法使得恐怖分子无法到达登机口和机场大厅。通过减少重建的建筑面积，标价就从1300万美元降为900万美元，并且规划师们希望以此来增加对飞机的使用。然而，临近社区仍然认为增加的过境旅客和受理的货运容量异常之大；许多安全专家更是认为独立的安检设施，相比现存的机场大厅，更容易成为恐怖分子袭击的目标。在公众集会上，这项规划仍然遭到周边社区和几乎破产的航空公司一致反对。

洛杉矶城市管理顾问辛迪·密斯考夫斯基（Cindy Miscikowski）感受到了这个过程的崩溃，并真正渴求改善机场安全。她提出了一项复杂的妥协办法，提议将哈恩的提案分成两部分：首先，建设一个综合的汽车租赁设施，大众运输工具连接到邻近的轻轨线，并且改善机场跑道以保证安全，完工的造价将是300万美元；随后的部分包括哈恩市长规划的其它要素。这些将受制于一项法律规定的特别规划，还需要更多的研究、环境的检验和公众投入。

在倒数第二次市议会的会议上，一位城市管理顾问在一片反对声中，被推到在距自己桌子50英尺外多孔的会议室前面的一排座位上。他随后沮丧地叹道，尽管规划和社区投入花费了10年时间和1.3亿美元，决策者仍然难以通过一项规划，总而言之，就是不赞成把机场跑道向南移动。这至少清晰表明了，一个真正的基础设施规模与令人疲惫的复杂公众程序密切相关。当规划被批准的那天，反对仍没停止，而且设计最终仍然有待解决，至少从反对城市的角度来说，也取得了一项更好的规划。事实上，几周之内，机场公布了15亿美元的额外措施来减少噪音和周边地区的交通问题。

239

格兰戴尔的商业混合体

机场扩建及其规划影响了165万人口的范围，而"美利坚品牌购物中心"（Americana at brand）主要影响了加州的格兰戴尔，就在洛杉矶边界以北，一个33万人口的城市。这个项目的开发商瑞克·卡鲁索以将洛杉矶历史性的"农夫集市"改造成"格罗夫大道"而为人所知，这是一个户外购物广场，通过一条复古的有轨电车线与20世纪30年代卖新鲜食物、预加工食品和旅游小商品的市场连接起来。当格罗夫大道每年吸引游客超过300万的时候，卡鲁索被许多渴望为他们社区取得同样成功的城市趋之若鹜。在格兰戴尔，卡鲁索承诺实现一个"美国化"的城镇广场，上面是住宅，下面则是电影院、餐厅和商店，这些都用一个新的"绿色"外壳包裹。对于这个露天城镇中心购物广场来说，卡鲁索和当地重建部门协商了一项7700万美元的补贴。

而一些受影响的业主，以及其他质疑美利坚品牌购物中心交易的人，还有需要公布其荒废的调查结果表明，当格兰戴尔的格拉瑞尔的业主，一个坐落于这一新项目街对面的竞争性购物中心，出资赞助了另一个设计概念的时候，公众坚决反对这一项目。这个替代设计或许伪善地给了它的商业支持者，更少的零售店铺和开发强度。一场关于两个开发商的公众争论接踵而至，相互竞争的不动产利益各自寻找公众的支持，最终，当意识到市议会将支持卡鲁索的项目时，格拉瑞尔的业主出资举办了一项全城公民投票：支持或不支持美利坚品牌购物中心。设计专家们、有共识的规划师们，甚至是了解情况的决策者们都不打算决定格兰戴尔中心城的未来使用。经过持续几个月的激烈竞争和花费几百万美元的购票活动，卡鲁索赢得了51%的得票率，美利坚品牌购物中心用直接的民主方式得到了支持。

圣·莫妮卡的树篱

在加利福尼亚洲南部，就算最小的设计细节都受到投票者建议和意愿的管束。而在圣莫尼卡，一个紧邻洛杉矶西侧10万人口的小城，有一项少有人知且未被执行的限制前院树篱高度的法令。该法令反映了19世纪晚期的理想城镇景观，目的是保持一个曾经沉睡和有些破败的海滨度假胜地开放的感觉。今天圣莫尼卡是富有家庭的防御堡垒，他们想将自身与城市化的周围环境隔绝开来。

援引城市的关注点（"人们生活在彼此之上"），隐私的关注点（"人们总是盯着我们"），环境保护论的关注点（"绿化应该永不遭砍伐"），安全的关注点（"我们的孩子再不能在街上玩耍，而是必须呆在院子里"），当然还有财产权的，许多住宅业主并没有意识到有此限制，在前院种植树篱使他们与城市隔离了。然而，并不是所有的圣莫尼卡人都没意识到法令，或赞同社区特征的改变。一些人抱怨道，城市法令应该强制执行。当这一议题被提交给市政官员，有关当局承认并强迫实施了法律；发布了一些业主的引证，并最终砍掉了一些违规的绿化。

环卫工人修剪私人资产的树篱理所当然会激怒树篱的主人。其他人则被城市的基本原理（"法律就是法律"）和看似粗鲁的市议会成员所阻止，这些议员最初在公众会议上驳回了这个看似仅影响少数人的棘手问题。树篱的主人们组织并大肆宣传对城市领导和政策的批判。一位新上任的领导人，鲍比·施莱弗（Bobby Shriver）是已故的罗伯特·肯尼迪·施莱弗（Robert F. Kennedy）的外甥，承诺做出妥协，允许人们保留自己的树篱，并宣布他将管理圣莫尼卡的市议会。

树篱政策在市议会会议上被讨论，并直接引发了大选。在一次会议中，对美国城镇风景的传统、拉丁风格的花园洋房之美、绿色草坪的神圣不可侵犯的陈述，简而言之就是设计逻辑的纲要，都被记录在案。几个议员，其中四人参与选举，由于他们在城市争论的过错而公开致歉，之后他们下定决心研究环境，为树篱建立新的导则规范。尽管作出了这一姿态，但是施莱弗仍然是近年选举中得票率最高者，这不仅改变了议会的政治风貌，而且最终改变了城市的设计细节。前院高大的树篱将毫无疑问成为当下圣莫尼卡一种常见的景象。

圣莫尼卡的树篱，美利坚品牌购物中心，以及洛杉矶国际机场的扩建，这些项目的共通之处在于，围绕这些规划的公众讨论强度和全面性。它们很好地显示出当今在美国大部分社区中的典型程序。毫无疑问，它们在一定程度上表达了惧怕改变和渴望保护的愿望，以维护短视和自私的利益；但是上述过程的繁琐并不意味着允许狭义地获取生存利益。在每个案例中，一系列的想法被完全公开，并被大范围的选民和利益集团所考虑。决策和之后的设计被以设计和规划专家自居的市民进行讨论和起草。想法，甚至是设计理念，由于直接投票或人民代表待定投票的威胁而突然改变和合并。民主，即"人们塑造了一个大师，他必须被服从"，再一次在邻里、街道、城市和区域设计中掌权。

民主规划和设计进程，而非特定的，通过强制公众输入的新层面的形成而逐渐制度化。就这一点而言，洛杉矶选民近期通过两种方式促进公众的规划复审。第一种是形成一个政府批准的社区委员会的强制网络，这是 2000 年的城市许可投票通过发生的变化，是诸多日益可见的结果之一。宪章改革也产生了第二种方式，以正式重视社区的关注，也就是新的居民区管理委员会（Department of Neighborhood Empowerment，DONE）。这个部门监督自组织的社区委员会，由当地选举产生，部分由城市资助。尽管社区委员会只是顾问，他们仍有权评论任何规划、开发和设计问题，但这权利具有局限性，他们只有批判的权利，并没有批准的权利。实际上，现在他们的任务很大地促成委员会的争论和政策决定。社区委员会的观点，给出了他们强调替代方法的倾向，如果他们的观点被忽视，则会引发对领导权显而易见的挑战，从而让选举的决策制定者一直

242

保持倾听、协调和合作。

除了地区规划协会和居民区管理委员会，洛杉矶创建了一系列公众规划审查和平衡制度。许多建议性质的委员会监督审查整个城市的详细规划，历史保护区，社区设计地区，以及专项覆盖区域。这些规划实施的地区，除了最小的一些项目，其它都是为了更加广泛的用途，容量和设计常规而在公开会议进行复审的。许多建议性的委员会将他们的工作成果反馈给社区委员会。民主的微观渐进主义产生了，权力被分散了，没有一个单独的组织有能力实现不合理的需求，结果形成的网络是一个有组织的规划过滤器。总而言之，它使得城市开发和设计的方向服从于城市自身的意愿。而想要在其房产上加建的个体开发商或住宅业主，都会为这一程序感到惋惜，尤其是当他们被困在这个网络之中；但是，迄今为止，选民和许多务实的政客，看上去完全满足了达到好城市的区域定义，通过设计一个有意识的对话系统，由下而上地微观管理规划和城市设计程序。

市民专家的崛起

城市生产过程中，公众的微观管理显而易见的潜在结果是形态上的破碎感——小即是美。然而这个"小"不同于 20 世纪 60 年代简·雅各布斯，或是 20 世纪 70 年代生态观点的"小"。如果那些观点是基于一种核心效能的，正如它的根基，现代主义所形成的理想范式，即越小越健康，那当今社会的"小"则被便捷、安全和舒适的追求所控制。与此同时，托克维尔预测的民主景观正在演变，他提出了民主国家应该"培育让生活更加便捷的艺术"[3]。

托克维尔的话写于 19 世纪早期，当时形成城市设计的事实是不存在的，或只是为少数人所知。在数字时代，随着日益增加的信息系统的可达性，规划的民主化也加快了步伐，外行可以利用这些系统精准转译供选择的设计方法的影响。在洛杉矶国际机场案例中，市民组织关注噪声的研究，测量机场跑道南移 50 英尺的噪音效果。在格兰戴尔案例中，供选择的设计方案，房地产赞成和税收增长预测都伴随着选举支持或反对美利坚品牌购物中心。在圣莫尼卡，市民规划师用技能组合，至少用数码相机和软件程序来展示初步的设计分析，例如，在一个个街区，一块块用地的基础上，决定前院树篱的基本高度。这种新的能力，即在公众讲台上实行微观的规划管理，确实能将城市化发展和设计放慢下来。尽管它的步履蹒跚，但是，公共交通得到空前地建设，洛杉矶河道被复兴整修，针对下水道系统提出构想，总体发展规划被着手设计，并且数以万计的住宅在建设施工。随着这些基础设施的实施，我们很容易忽视最重要的基础设施正在这一地区形成：参与式规划框架，它消耗着统计数据，决定着可选方案的权重，并指导着洛杉矶城市的形态塑造。

在这种大环境下，未来大都市形态的专业规划与日常生活的规划讨论逐渐融为一体。"日常的"人们被要求通过这一过程消耗时间并形成对每一件事情的意见，大至大规模基础设施的决策，小至小型儿童游乐场装饰等。这些信息都按照惯例在网上发布让市民有所了解，尤其是那些执着的人，将这些数据作为武器，他们看似非常专业地思考最佳方法和设计来解决当地的需求。即使在这些数据让他们困惑时，他们仍认为自己有表达最终观点的资格。鉴于由此引起的本地和利己的关注，这一过程还是会确立规划师重要的促进和中介作用。给予市民微观的视角不是那么容易，但可行的是，即使它要求新的规划实践和框架，本质上就是为了建立共识和决策机制而构建一个"新规划"。

洛杉矶城市风格的长期合作发展

规划程序越考虑洛杉矶的感观，并成为一个制度化和多层化的日常社会讨论的主题，城市景观就会变得越美好，"空白区"就会越少。这不是盲目的乐观主义。自从1985年我移居洛杉矶以来，那里的空气变得更清新，有更多出游的好地方，历史保护已成现实步入正轨，全国性的重要改革，如实施建设公共汽车快速换乘系统和混合利用项目正在重新改造市郊商业地带的感观。城市目前的议程是草根阶层对包容式住宅和洛杉矶河畔绿化的需求。在选民废止了继续建设不合格的固定轨道地铁的十年之后，拥护组织和少部分当地政客甚至呼吁建设新的地铁线路，这起初看上去是违背洛杉矶的立场，但已被平静地接受——所有的进展竟然发生在一个自认为是"邻避主义"（NIMBYism）驱动的政治和社会环境中。

如今，规划通过多层面的输入，反复的立场变换，以及公众和私人利益之间的必要合作，洛杉矶正逐渐接受一个城市的地位。本质上，雷纳·班汉姆充满阳光的郊区蔓延如高速路、海滩、山脉、无边界平地的独户住宅、中产阶级的需求，正像他在《洛杉矶：四种生态学的建筑》（Los Angeles: The Architecture of the Four Ecologies）一书中描述的景象，正在缓缓地褪色。新的一代正将城市的关注点转向对繁盛城市的兴趣。他们想要可行走的城市体验和邻里间混合的居住类型。他们企图控制公众的转变，并尽可能地信任公共学校（在过去10年中，洛杉矶选民已经一致通过了债券政策，现在增加了数十亿美元用于建设新的学校）。

市民对可接受的城市化限制的恐惧是必然存在的。总体上的区域性和大都市空间营造，一直受到持续的反对，尤其是在那些神圣不可侵犯的独户住宅的邻里社区中。然而，可供选择的模式和规划知识，特别是新城市主义的理念和原理正在出现，也被感兴趣的规划官员和寻找其它城市蔓延方式的市民广泛地传播。这一模式提供了一种有价值的工具，有助于展开城市密度和形式，并实现以大容量交通、城市和城镇为基础的生活方式，

245

191

甚至诸如工作和居住的区域平衡等抽象政策选择的讨论。最重要的是新城市主义原理已经通过提供一个未来图像化的模式，提升了公众的认知。并且，形成了当代洛杉矶城市感观的混合因素，这已经超越了一切简单定义的城市设计的意识形态。被创造出来的总平面，远比任何教科书上的理想模型更加复杂和细致入微。洛杉矶人想要他们城市中的村庄，也想要他们的高速公路。洛杉矶的城市生活无法简单定义，是由这样一点，那样一点地实现的。

加利福尼亚州南部教科书中规划的理想模式，提倡一种田园式景观，即整齐分散的城市村庄围绕着市中心聚集（类似混合使用开发的中心化），并全部通过固定轨道的交通整合起来，这是一种真正的理智和运转顺畅的城市系统。这种模式通过公众程序的考验，完工的时候其外观和功能总有不同，但要比原本构想的更好。最近开始的普雷亚维斯塔（Playa Vista）海滩社区总体规划和洛杉矶城中心新填开发项目都表明了这一点。在普雷亚维斯塔，是新城市主义精英的规划成就，几百万美元的规划费用，和寻求编撰总体规划意图的城市法规，这些已经在一个"城中城"和修复地区海岸线最后一片湿地的创作中达到顶峰。这个结果名义上是成功的，但成功并不属于开发商或规划师，而是干预此事的市民，他们用自己的方式，经历了 20 年公众复审和法律诉讼，最终促使国家干预和购买开发项目的签名特权，即一个占据半个基地大小的公园，并强制修复了淡水和海水沼泽地。为了换取湿地公园，开发商获得了建设该项目的权力，但是也勉强同意减少建设量，从最初提案的 13 000 个单元的住宅和几百万平方英尺的商业空间，减少到 5 800 个单元的住宅和更少的商业空间。[4]

与此同时，在洛杉矶的市中心，环境中充斥着大量未竣工的建筑，如果不讲得这么失败，就是城市更新项目。这些调整建筑规范释放出来的停车处，保护组织群体长期要求的防火设施，帮助用户适当地重新使用许多陈旧建筑和历史建筑。随着法规的变更，在中心城区，一户紧邻一户，以万户为单元的居住社区大爆炸般的涌现。对于渺小的普雷亚维斯塔市，这个大爆炸乍一看俨然是规划上的巨大成功。但是如同普雷亚维斯塔，这个最近的市中心历史建筑复兴，花费了 20 年的努力和无数的对话，包括与开发商和业主的对话，保护专家不时的法律诉讼，以及政客和公众官员的投入，他们相信中心区的重建太多地倚重新的项目。除了这一成功外，又在散漫的过程激发下使用了增量法，并规划进行了两所旧学校的大型再开发项目。其中一个项目紧邻迪士尼音乐厅，另一个项目则结合市中心的体育竞技场，那就是斯台普斯中心（Staples Center）。两者据报道的特征是内在导向的"体验"。考虑到这两个开发项目都将受到新成立的市中心社区委员会的话语权限制，环境间的关系（如果不是强迫的话）将可能被嫁接到这两个项目中。这两个案例最可能的结果将是一个混合物，既不是这个也不是那个，并因此与更广范围出现的洛杉矶城市景观保持一致。

从市中心和普雷亚维斯塔案例中吸取的经验教训是：公众对话越持续，个人和地方企业就会越被鼓励参加开发，其结果也就越好。由于未来这种超级增量规划对话的潜在影响，城市中需要被改善的最重要的基础设施，对于大多数城市来说，正是程序本身：使它更加高效，并提供一种包含多方观点的结果，而洛杉矶城市在这两方面都在进行改善。居民区管理委员会正赞助一个正在形成的社区管理学会，和一年一次的社区委员会会议，在议会中集聚所有当地议员与民选出的官员会面，讨论当下的问题，并且试图更好地组织他们的进程，从以往的成败中吸取经验教训。继社区里最初兴致高涨而匆匆成立的社区委员会之后，城市也发现要确保包容性，在没有自组织的贫困社区和黑人社区中，需要作出一致努力来培育议会组织。从这一点上来看，组织建设开始 5 年后，城市几乎完全被活跃的议会组织所覆盖。

不管本地参与的方式如何增加，许多人还是没有参与并提出自己的想法。考虑到潜在的一般政策和地区规划政策活动会产生积极的影响，缺乏参与在一定程度上是冷漠和愤世嫉俗的心理所致，特别是当实现一个规划需要很长时间的时候。缺乏更广范围内的参与也可能是因为人们的生活更加忙碌。同步会议审查的问题数量众多，太多组织赞助了太多的会议。社区委员会的长期成功，可能取决于他们抢夺许多重复和重叠工作的这种能力。就城市来说，需要齐心协力将多数公众规划讨论提交给议会，并由此来提高他们在当地社区中的地位和角色。实际上，当代的社区委员会的角色应该等同于 175 年前托克维尔提议的新英格兰地区城镇议会。随着 90 多个议会的形成（一个城市中仅有 15 个议会分区），与日俱增的公众参与意识得到了保障。至少，在地理上大量分布的议会确保了各种各样观点的产生，降低了一个集团或一类利益相关者主导地区规划和设计政策的潜在可能性。

248

规划师和设计师的新角色

如果引导更广泛的公众参与，则会日益产生更好的城市形态。规划师和设计师将需要参与到人们正在参加的更多事件中（而且将被被要求适当的参与），不仅是社区委员会的会议，还有学校会议、教堂活动、当地庆典和在日常生活中时有发生的街区派对。需要了解这些案例所需求的资源，如果不受财政的影响，其重要性等同于基础设施项目，如机场扩建，城中心复兴，甚至成排树篱的适宜形态。推动基础设施开发的程序反过来为规划师提供了新的机遇，为建筑师和景观建筑师预示了其他角色，也为城市设计师带来了挑战。

正如 20 世纪 60 年代之前备受拥护的模式在七八十年代就已经行不通了，规划师在逐渐避免实施区划法规和土地使用权限管理中最僵硬的模式。实际上，到了 90 年代，规划师不再需要教育和引导市民。曾听闻，至少在一些建筑师之间流传"规划已经死亡"[5]。

今天，对管理数据的收集和转译、管理和促进正在形成的公众程序、制定响应公众需求的政策、更高水平专业技术知识等的需求再次增加。实际上，规划已经从试图将人们引向以环境为基础的解决办法这一全面通才的职业（运用一点法律，混有少量形态设计，并掺杂一些设施），演化成为高度专业化高要求的职业，与当地社区合作管理复杂的内部、及透明而公开的外部开发过程。这一程序总是令人困惑，它的自相矛盾进一步强调了规划师需要更好地管理漫无章程的开发过程，规划再一次在发展进程中扮演了一个中心的角色。

249 　　有趣的是，在被规划师边缘化数年之后，可视化和物质性设计再次成为规划的主要工具。随着公众对可选择的未来的信息需求日益增加，理解这些数据的可行方式也在不断增加，规划师越来越多地利用数字软件和可视化工具来实现社会、环境、经济、土地使用数据和建成形式提案之间关系的即时搜索。更新的以 GIS 为基础的程序，例如 CommunityViz，它可以模拟预期环境，其三维覆盖网络可以即时关联几乎所有规划指标的菜单，例如允许的最大机动车流量、最佳的能源消耗、或理想的税收流。自 20 世纪 30 年代以来，规划第一次与公众交流并变得更加形式化。由于新的可视化工具，规划师能够在方案的概念阶段就避开专业设计。规划师以同样方式，避开坚持要玩可视化发展和规划游戏的强迫症市民，就像他们已经玩过的模拟城市游戏一样，但这也只是时间的问题。不过，那些想要操纵这一模拟程序的市民将需要积极和持续的支持——在他们支持下，规划专业人员将扮演一种专家的角色。

　　尽管他们可能不再是最初概念化规划理念的天然领导者，但随着可视化需求的增加，建筑师和景观建筑师，与规划师一样，将会在新的城市规划实践中扮演重要角色。当涉及到建成环境时，专业设计师对规划概念与现实实践，以及实体施工科学之间的关系和差异，将持有更深入的认识和了解。建筑物，不论是景观、结构，或城市，都不再单纯是一种视觉的活动，业余的城市建造者和专业设计师之间的差异在于，业余者更多地依赖于对形式的表面理解。整合持证专业人员的知识和经验的需求将一直存在，如将建造系统、科学、分区准则、生存安全问题，以及施工等方面，纳入以市民为主的一代人的可视化城市选择的进程。虽然景观建筑和建筑之间存在重叠性，每个专业都有各自一段特定的历史和法律职责，区别于规划或公众程序，但在公众规划程序之中，设计专业可以保持一个明确且促进的角色。不清晰的是两者都不包含城市设计。

250 　　城市设计作为研究生阶段大多数城市设计课程的精读，仍致力于传授关于城市法律、城市规划、城市房地产经济，以及促进社会交往的场所设计的一般知识。值得期待的是，即将毕业的学生们有能力洞察大局，非常可能成为对设计和规划成就有重要衔接和引导的人物。然而，许多曾在 20 世纪 50 年代城市设计形成时所承诺的，并且现在持续增加的大学研究生课程中所传授的，主要是使场所和建筑尊重街道、社区和城市协同效应的需求，现在要接受的是，至少在洛杉矶，外行在理解和实施。这些人不需要城市设计师来拥护他们的这些想法。城市设计师不能再被作为全才而培养。实际上，当激进的外行人士在理解城市，并实施管理，与传说中的专业人士相当的时候，城市设计作为职业追求已经陷入危机。

对于可能是城市规划专家的设计师来说，面临的挑战将超越日常的居民已经知道的他们所参与的那些社区规划。城市设计的未来，作为一种实践，现在正在扩展其知识和工具，让所有社区规划程序的参与者都可以使用。我们需要理解并支持这些知识和工具，它们正被用作民主规划程序的一个组成部分，是规划和设计专业的重大机遇，并预示着一个历史性的转变。通过这些手段，城市被规划、设计和建造，就像设计每一单个的基础设施一样的重要。相对于倡导城市规划是大众教育，或将人们引向好的城市设计之巅，规划师、建筑师和景观建筑师，作为城市设计师，必须联合起自身和人们日常的具体活动，来进行日常的规划。

因此，公众将更接近自己想要的结果：这是城市景观自定义的演变。洛杉矶的市民摸索着，已经在使用这种开始形成的程序——新的城市规划，来保持清洁的空气，干净的水源，较好的交通管制，减少独户住宅区的开发，绿化成荫的街道，更好的设计项目，以及特定地区更有活力的城市生活。然而，挑战也是定性的，天才的城市设计师突出了另一个两难困境。大量的专业知识，好的规划程序和城市设计常识不能确保好而创新的结果和积极的城市环境。它是设计的文字说明，因为市民专家无法绘图，规划师必须概括总结，城市设计师，如果不是设计实践方面的专家，会推托给建筑师和景观建筑师，但是他们仍将保持专业性，最佳地整合以民为本的规划意图和实践，以及为塑造那些定性空间添砖加瓦。城市"设计师"面临的新规划挑战是，坚持认为他们仍然是第一和最重要的城市环境的创造者和制造者。

托克维尔指出，美国人"习惯于喜欢实用的甚于好看的"，他进而又指出，美国人实际上是"要求美丽应该具有实用性"[6]。确实，没有设计的话，空间的愉悦性几乎没有可能实现。或许这更好地解释了一种感觉，大部分洛杉矶景观已经走到了万劫不复的地步，整个美国景观也是如此。但在我看来，与导致城市环境恶化的程序相反，由于公众对于信息系统的使用程度与日俱增，包括以设计为基础的信息系统，一种新型有组织的公众规划意识已经产生。在这方面的投入会越来越将洛杉矶引向民主的城市设计，提倡既美观又实用。获批准的城市设计在公众参与政策制定的程序中需要规划、建筑、和景观建筑学的技术手段。

251

注释

[1] Alexis de Tocqueville, *Democracy in America*, vol.1 (1835; New Yok: Vintage,1990), 62

[2] "民主不仅使人们制造出一大堆微不足道的产品；它还使他们建起大规模的纪念牌；但是在这两个极端之间存在着一个空白"。参见 Alexis de Tocqueville,vol.2 (1835; New Yok: Vintage,1990), 53

[3] 同上 ,48

[4] 虽然声称是新城市主义的任务，但开发结果被产品制造者进一步地塑造，他们很快地拒绝原本总体规划中的一些精彩之处，取而代之的是开发大规模的、内向型的多户住宅项目，毗邻密密麻麻的有私人汽车停泊院子的独栋别墅区，所有都坐落在从一个办公园区穿过一个主要大道的地方——一个位于洛杉矶西部的核心区假定的郊区小切片。时间，但更多的投入可能有一天会使普雷亚维斯塔的建成比例有所改变，与它所基于的新城市先例更加契合，然而，公园，原本未曾期待的，却成了永远。

[5] 汤姆·梅恩，以强烈和真诚的评论著称，他曾在多个场合向我提及没有了规划。雷姆·库哈斯肯定也提倡这种说法。这种批评的温和版，主要是说没有规划，尽管它以一种活动的方式存在于市政府中，这是一个很长的话题，在我积极参与美国建筑师协会洛杉矶分会的城市设计委员会期间。

[6] Tocqueville, *Democracy in America*, 2:48

新世纪前所未有的挑战

后大都市的设计

爱德华·苏贾

255　　对那些城市建设的专业人员乃至所有美国人而言,1956年是值得自信和乐观的一年。福特主义的热潮达到了顶峰,经济学家和政策制定者宣布美国经济已经出色地摆脱了衰退的商业周期的阴霾,在需求驱使下出现了大规模的郊区化,自有住房的普及造就了一大批中产阶级,同时也将人们的渴望推至一个前所未有的水平。一切似乎都有可能,大胆思考现代化大都市遗留问题的时机相当成熟,如遏止郊区肆无忌惮的蔓延、大力重振内城贫民区。

　　只有在这样的背景下,人们才可以理解50年前哈佛大学设计研究生院的那次会议,城市专家们为何如此雄心勃勃。不拘一格的建筑师和景观建筑师、城市与区域规划师、政策制定者和开发者齐聚一堂,在城市设计这个引人深思的主题下,讨论如何走出一条实用、具有远见的美国版城市建设的思路。何塞·路易斯·塞特为此订立了总的基调,他着重明确了复兴的城市设计是作为城市规划的一个分支,但是它拥有深厚的建筑遗产和视野。刘易斯·芒福德的出席预告了区域发展的理论在城市发展理论中的重要性,年
256轻的简·雅各布斯把与会者的目光聚焦到了城市密度所引发的灵感火花上。本着对社会现实负责的信念,城市设计理论在这样一个学科会聚的平台推动下,当仁不让地成为一把创造性的重塑美国城市的利刃。

　　然而20年后,几乎所有的希望和对未来的计划随着突发事件而变得支离破碎。经济的繁荣在20世纪60年代戛然而止,这使得世界各地的城市爆发了对巨变的需求。20世纪70年代初,世界经济陷入了自世界大战以来最严重的衰退,由此引发了一股寻找新方法的狂潮,希望可以重拾强劲的经济增长,并控制日益严重的社会动荡。当时情况的紧急已不容乐观,因为那些曾经如此坚实与广为接受的关于现代大都市的想法,包括对新城市设计的期望与梦想,似乎都化为了泡影。

　　在随后的30年里,新的城市化进程对美国城市的改变十分显著,但其沿袭的路线

加州洛杉矶市中心鸟瞰，2002 年摄。图片来源：Tom Poss/www.tomposs.com

却与当年哈佛会议参加者所设想的大相径庭。20 世纪结束之时，现代都市几乎面目全非，由经济危机引发的重组过程把美国城市化进程带入一个完全出乎意料的时代。变化如此巨大，那些针对 1956 年会议与会者缺乏远见的批评已变得全无必要了。那个时候没有一个人可以预测究竟会发生什么。

经历了这场对现代化大都市结构上的大洗牌后，城市设计自身也发生了转变。城市设计已经离开了舞台中央，渐渐远离它早期的普世野心和跨学科的欲望，成为一个相对独立的建筑学的分支（至少在美国是这样）。在这个新的定位中，城市设计理论与实践越来越背离城市与区域规划的主流，以及欧洲传统城市化理论中的的社会、政治和审美抱负，这些都如此鲜明地呈现在 1956 年。

作为一个专业化、学术化的分工，城市设计似乎是在用一个城市物质形态的概念来包装自己，这一概念与城市设计本应注意的迅速变化的城市景观毫无关系。对城市全局宏伟蓝图的描绘被局限在特定的务实可行的几个项目中，城市越来越变成了从属于设计的一个概念。从而使得城市设计这个分支进一步孤立，不仅是从规划，而且从地理学的新兴文献和社会科学中分离出来，而这些学科都在努力使新的城市化进程具有理论和实际意义。

这些进展的一个大的例外似乎是对新城市主义的专业崇拜和文化追随，其不那么雄心勃勃的命名或许更贴切地描述了英国的版本——新传统主义的城镇规划（Neotraditional Town Planning）。也许在外人以及很多专业人士眼里，新城市主义重

257

现了或者最大限度接近了哈佛会议所提出的普世精神与城市设计的遥远构想。此外，它已在实践中被证明是非常成功的，为从业者和他们那所谓的"新传统"（新的旧的？）城市设计概念带来了广泛的关注和丰厚回报的项目。

在过去 50 年里城市设计发生的任何讨论中，都不能少了新城市主义。尽管有这样那样多的问题，但相比于盛行的普通市场实践而言，新城市主义无疑产生了更为出色的设计项目。然而，我想在此提出的主要观点是，尽管有那么多的成功与失败案例，新城市主义对城市设计从更全面多学科理解的当代城市设计中独立且脱离出来的影响不大。有所不同的是，所谓的新城市主义（以及更普遍的城市设计）对理解自 20 世纪 60 年代危机洗礼下所形成的实际的新城市主义的帮助甚微。

邂逅城市设计：个人的视角

我第一次接触城市设计和城市设计师是在 1972 年，那时我刚开始在加州大学洛杉矶分校（UCLA）的建筑与城市规划学院教书。我所取得的学位与知识分子身份都来自于地理学，所以学科上的转变对我来说非常不安，我花了相当长的一段时间来适应。当时，城市规划是一个和建筑学、城市设计一样的正式单独的系，但它的作用相当独立，并具有强烈的集体认同感。早期，我的规划同事就提醒过我，城市设计就是建筑师做的。规划师研究的是"建成环境"，他们更关注于住宅乃至于社区发展、地方政策和社会运动。这样一个分工上的差异，刘易斯·芒福德和简·雅各布斯其实是站在我们这边的，而不是他们那边。

我仍旧疑惑这种强加的区别，因为我一直对加强各种与空间相关的学科之间的联系感兴趣，从地理学到建筑，到城市与区域的研究。那些专注建成环境的城市规划专业教员，至少会有些与建筑学相关的背景和兴趣，而那些城市设计的教员（其中大部分有较强的欧洲根基）比起建筑学的教员，似乎在城市规划上有更多的兴趣。这两方面显然是相互关联的，而且彼此时不时地解决了更大的合作以及联合教学的需要。但有些东西使他们一直处于分隔的状态。

我不断地听到有关这种分隔的原因之一，那就是建筑学的发展趋势，当大学里将城市规划与建筑学在行政上合并的时候，建筑学的发展趋势就是想把城市规划吞并并且重新定义，正如已经发生的，几个主要的美国东部的大学就如此要求。保持距离和清晰的界限对一个学科的生存与自主是必要的。但我很快发现，学科的分隔还有其他的原因，特别是从我个人所学的地理学角度，以及我正在进行的研究和写作，关于发生在洛杉矶的剧烈的社会与空间重组。

在加州大学洛杉矶分校所接触的城市设计让我陷入了曲解的困境。加州大学洛杉矶分校的城市设计几乎仅仅是对城市微小空间的构想，与规划师和地理学家眼中的城市设计形成了强烈的对比。我发现城市设计的教学极大地围绕着所谓的"类型学"，其理想化的本质是通过建筑组合风格描述不同的城市形态，这种方法是极端现代主义者柯布西耶与更崇尚有机而朴实的赖特之间对比的例证。在我看来，该方法似乎把城市设计（和城市空间形态学）的研究局限于对建筑群构成与外形的表层探索，与更大的城市和地域文脉毫无关系。建筑师关注于建筑单体，城市设计师则关注处在不断变化环境中的建筑群。而城市本身，特别是城市形态学，似乎仅仅是这些小规模形态的一个构想集合，一个建筑单体群的简单捆绑，除了这些，还有一个未完成世界的一切。

259

这当然不是我对城市或者城市形态学的观点。对于我来说，城市是一个由许多地区组成的集合，通过多层次的人类活动和身份，从单一个体和建筑物的空间扩展到大都市带、区域、州（省级）、国家甚至全球的尺度。每个级别，正规的图形和制图设计使许多不同的但独具特色、又多变的地区变得清晰明确，这不仅仅与建成形态和土地用途有关，还与收入、教育、种族、政治倾向、产业、就业等有关。此外，每个级别或规模的地区又与其他地区相互作用，创造出地方与全球之间复杂的关系网。每栋建筑或建筑群，无论是无家可归者的纸板庇护所，还是毕尔巴鄂古根海姆博物馆，都处在众多层次中，并通过这种地理的定位，始终参与到塑造和被塑造的过程中。

城市设计的理论与实践并不需要探索这个不断发展、多尺度的空间结构的全部复杂性，但最起码它不应该与之完全脱离，尤其是当世界各地的城市正经历一个巨大重组过程的时候，这些重组很大程度上是由诸如全球化的城市外在力量引起的。然而，在我看来，城市设计作为独特的分支学科，在概念和分析上一定程度地被困在静态和单一的空间，

260

这个空间仅仅由建筑物堆砌组成。在这孤立的集群外发生的事情与内部几乎没有具体关联，尽管内部发生的事情与更大的城市、大都市区、地区、国家甚至全球相关。以这种方式切断（联系）后，城市设计除了利用建筑设计师的特殊创造力以外，再无别的用处。

至于理论所坚持到的程度，这种空间还原论让城市设计与更大尺度的城市发展的时空演变，以及几乎所有的研究外部建筑的其他现代方法分离开来。此外，现代化大都市持续的转变放大了这种分离的效应。资本、劳动力和文化的全球化，弹性资本主义"新经济"的出现，以及信息和通信技术革命等，这些力量已戏剧性地重塑了城市，迫使人们开拓新的途径去了解与处理现代城市化和城市建设的挑战。这些我会很快在后文中进行详述。

1994 年加州大学洛杉矶分校的城市规划专业在行政上完全从建筑学和城市设计中分离出来之后，我与"另一边"的联系明显减少，尽管我已听说城市设计不再是一个独特的专业。相反，所有的建筑系学生看起来还是完全一样地在学习城市。在过去的一年中，

261

设计的再城市化使得近 40 名建筑学与城市设计（名称仍然存在）的学生，来城市规划系听我讲现代城市化课程。这种开放与渴望使我精神振作，我试图让他们更像地理学家

那样地思考。

近年来，作为伦敦政治经济学院（LSE）城市教学计划的客座教授，我与城市设计建立了新的联系。在过去的八年中，我每年都在伦敦政治经济学院教授一学期我在UCLA所教授的课程，该课程是城市设计与社会科学硕士学位课程的一部分。这个计划的目的是将十几名来自世界各地的学生汇集起来，他们中有些学过设计，却对地理与社会科学更感兴趣；而有些则学过地理与社会科学，想多学一些设计。这些学生会选修几个城市理论课程，并加入为期一年的城市设计工作坊，他们抱着一个理想化（偶尔实现）的目标，即创建一个特殊的协同效应，使他们每个人的教育背景在毕业时不会有所区别。

这个城市教学计划的影响之一，是它促进了所有空间学科之间的互动。社会学系管理着城市设计和社会科学的学位课程，这些学位课程与一些地理学课程有着密切的联系，包括"城市、空间和社会"，"区域与城市规划"和"城市发展"等课程。我想不到有任何一所美国的重点大学能做到如此，将所有的空间学科有效地交织在一起，建筑学和城市设计专业的学生能与地理学家、规划师、众多的城市社会科学家有如此密切的联系。这种学科互动最突出的影响是：将具体设计项目放入更广阔的环境中，让项目不只关注它们的周边环境，而且还关注于更广泛的城市区域发展、国家政治和政策、分配公平与社会包容的问题。我忍不住想，如果城市设计是要夺回一些它50年前所拥有的普世精神和创造性视野，那么它需要将自己放在一个鼓励所有空间学科进行互动和协同作用的环境之中。

大都市的转变和真正的新城市主义

紧随20世纪60年代城市危机的现代化大都市的惊人质变，让城市建设的专业人士和更广泛的城市研究学术领域大感意外。即使到了80年代，传统的城市发展理论和实践仍然在坚持，尽管它们的成长已经脱离了与世界各地城市所发生事情的联系。当人们意识到新城市时期的来临时，至少当用旧方法观察城市的时候，传统城市理论的不可知性使得许多人宣告城市主义已经结束。如我们所知的悼念城市死亡的一些新术语：反城市主义、城市简化、混乱的城市，以及后城市主义。正是在这个理论真空和专业混乱之中，新城市主义大胆地巩固了其支持力量和号召力，令人欣慰地回到了过去的理想化时代，给世界呈现出一种逃离目前不可理解的混乱状态的方式。

262　　　然而，其他研究城市变化的人，开始关注使重塑现代都市的新城市化进程具有实践和理论意义。这已产生了一批丰富而有见地的文献，它们尤其关注于今天城市中那些特别不同的新事物。在《后大都市：城市与区域的批判研究》（*Postmetropolis: Critical Studies of Cities and Regions*）一书中，我试图总结与综合这些文献以佐证我所说的后大都市的转变，这是正在进行的现代大都市重构一个新的形式和功能的过程。从这个角度来看，一个实际的新城市主义（不同于以前的城市主义）的全新视角出现了。

如前所述，现代大都市转型的主要驱动力来自于三个相互关联的进程：资本、劳动力和文化的高度全球化；"新经济"的组成部分，以弹性、后福特主义、信息密集、全球性来描述；新信息、通信技术传播的加强和促进。这三个进程都已形成了独特的话语，旨在解释城市转型的原因，以及现代城市化中新颖和与众不同的事物。此外，50年前没有人知道这些将是未来城市变化的强大驱动力。

若要有效证明或全面研究现代大都市的转变和新城市主义的出现，除了洛杉矶的城市化地区之外，恐怕没有第二个更好的地方了。在1956年，洛杉矶是密度最小的，也可能是扩张最厉害的美国主要大城市。它那些被媒体夸大的郊区，汽车主导远离市中心的生活方式，引发了对它这样的描述："60个郊区寻找一个城市"和"非空间的城市领域"。对于许多人来说，洛杉矶是郊区化城市未来最有可能发展变化的典型。这个典型直至今日，都极具争议又令人害怕。极少数的哈佛会议与会者明确地提到过洛杉矶，但是尤其是来自主导会议的东海岸和（美国北部）霜冻地带对未来不祥预期的观点，几乎可以肯定都与洛杉矶蔓延的、无中心、充满烟雾的汽车乌托邦有关。

然而，在随后的50年中，一个最巨大的、人们最不希望的、知之甚少的城市转变在各地发生，不同于所有想象与郊区的陈规。洛杉矶城市化地区覆盖了五个县，超过了大纽约最大规模的城市化地区，成为美国最密集的城市化地区。曼哈顿的几个人口普查区的人口密度仍然最高，但在剩下99%的范围内，洛杉矶的密度是最高的。

263

这种惊人的转变并不是精明规划和控制蔓延、促进可持续发展、浓缩的理性增长的努力结果。新城市主义者及其他人都努力创造"都市村庄"群，但上文所提到的转变也不是简单地将边缘城市和这些努力相乘的结果。这些发生在洛杉矶的事情，不同程度地也在世界许多其它城市中发生，区域城镇化进程是其最佳的写照。

在许多不同尺度上与区域复苏相关联的是，大规模的区域城镇化结合了分散化（从老的内城迁移的就业岗位和居民）和再集中化（在新的"郊区城市"以及一些旧中心城区），取代了主导战后世界大多数城市发展的大规模郊区化进程。这些进程扩大了我们所认为的大都市区的规模和范围，并使得区域视角在城市规划、管治和公共政策中的重要性与日俱增。

区域城镇化的主要影响是对现代大都市的"释放"。在宏观空间层面，它打开了传统城市的腹地，将其扩展到全球范围的大都市，与此同时，将全球化的影响更深地带入城市。伴随着资本、劳动力和信息的剧烈跨国流动，它促进了世上前所未有的文化和经济最多元化城市的形成，在这方面洛杉矶和纽约一路领先。建筑师和城市设计师必须认识和理解这种日益增长的文化多样性，更加关注它所产生的地方风格，还需意识到文化差异以及混杂的创意效果的必要性。

许多人用诸如"世界城市"和"全球城市"等词来描述现代大都市的全球化，但我认为更合适的术语应是"全球城市区域"。即使没有"全球"这个前缀，如"城市区域""区域城市""区域性城市""区域性大都市"等术语，也都意味着与传统的大都市城市化观念实质性的不同。一开始，城市化的地区都会发生人口规模与地域范围的巨大扩张，远远超出了现代大都市旧的上班族的范围。这些多中心和日益网络化的巨型区域城市，例如珠江三角洲、大上海区域和日本本州南部，每个地区都包含了至少 5 000 万人，超出 1956 年时最大的都市人口的许多倍。另一个反映区域城市化扩张的惊人统计数据是，现在世界人口的大多数只居住在 400 个全球城市区域内，每个全球城市区域居住着超过 100 万的居民。

现代大都市的"释放"已在城市区域内发生，尤其是在城市和郊区之间曾经相当明确的边界上发生。主导 1956 年并一直保持至今的城市愿景的观点，对许多城市观察者而言，就是现代都市由两个截然不同的世界所组成。占主导地位的中心城市代表着作为一种生活方式的城市化，这种城市化充满着兴奋性、多元、文化和娱乐、摩天大楼和各种行业，以及犯罪、坚忍、药物和贫困。相比之下，郊区代表着均质性、开放空间、独门独院、基于汽车的生活方式、相对无聊、足球妈妈、每天通勤挣钱养家的人、死胡同，以及将美国定义为"郊区国家"的这种政治和文化权力。然而，在过去的半个世纪中，这两个世界极大地混合在一起，使得人们越来越认识到，传统的城市和城市郊区生活定义需要一个重大的反思。

大规模区域城镇化的一个重要特点是一直不断在扩大，并且郊区的城市化几乎出人意料，郊外住宅区转变为新的外城区，（几乎完全）充满着传统旧中心城市相关的一切，包括比卧室更多的就业岗位。洛杉矶再一次成为了典型例子。今天，环绕着洛杉矶市的三至四个外围城镇中，规模最大、最古老（也许在整个美国范围内）的城镇是奥兰治县，那里，近 300 万人生活在一个无组织的住宅群落中，这个住宅群的大小超过 20 个大规模的自治市。在这个"后郊区"城镇中无法找到一个类似传统的市中心核，但是在其他任何方面，这些密集的住宅群落都是城市或城市区域，且必须被视为城市或城市区域对待。

由于这些变化，出乎所有人意料的是，那曾经经典的洛杉矶郊区成为了比美国任何其他城市外围更密集的城市化地区，同时华盛顿特区周围的城市化地区、旧金山的奥克兰地区正在迅速地追赶上来。剩余的那些属于旧定义中城市和郊区的地区，鉴于它们的发展，可能会导向一些奇怪的结论。例如，如果密集发展和紧凑被视为控制郊区蔓延的主要工具，而且这是常有的情况，那么人们可能会得出这样一个结论，认为洛杉矶是今天美国蔓延最少、最紧凑的大都市，在任何人的想象中这都是一个相当惊人的可能性，也是真实的负担。然而，蔓延本身，已不再是曾经的那样，不管是否被 1956 年的城市设计师认为它特别阴险，或是今天的新城市主义者致力于促进致密化和紧凑型城市。再者，一些激进的反思是适当的。

　　如今，比蔓延更严重的问题是日益失衡的就业地理分布，保障性住房，不受区域密度控制的公共交通（常被忽视）和多中心城市区域的产生。新型城镇化进程创造了越来越多的"空间不匹配"，这使老问题进一步恶化，例如内城贫困人口就业更加困难，因为就业机会被分散到周边中心内，同时，后郊区衰败的新问题也打击了大肆兴建的新城遭遇就业增长不足。在曾经被我形容为"边缘城市"的地区中，大约有15％～20％的居民必须花费两个多小时上班，一些严重的社会病症正在形成，如高离婚率、高自杀率的、儿童及家庭暴力，以及青少年违法犯罪。这些日益恶化的城市郊区问题，不能仅是通过当地的城市设计或规划本身得到解决，它们根本上是区域性的问题，需要区域性的解决方案。

　　若要完全理解美国最密集的城市化地区，必须给予洛杉矶内城改造一定的关注。世界各地的许多内城已经历了密度降低或所谓的"空洞化"，诱使一些城市将同样自相矛盾的中心城郊区化与郊区城市化相结合；但在此，城市的动态要复杂得多。几乎每一个美国的内城或大都市核心都不同程度地经历了这两个相关联的过程，每一个过程都由相对抗的趋势组成：限制工业化与再工业化，和分散化与再集中化。这已经产生了许多不同的发展轨迹。 **266**

　　在某些情况下，如美国制造业产业带上许多老福特主义时代的工业中心，以底特律为例，去工业化掏空了老城核心区，原本曾有惊人的人口和就业机会。同样在洛杉矶，远超一百万的长期居民，伴随着数以千计的制造业就业机会被迁出了内城，几乎将汽车组装、耐用消费品，及相关产业从这个曾经的工业中心根除，而这里曾是福特主义时代密西西比河西岸最大的工业中心。但是与此同时，高科技电子产品、时尚敏感的成衣制造、现在所谓的文化或创意产业（再工业化）等其它工业部门的发展，以及新的和已建成的产业空间（再集中化）中拓展活动的集中，这些都带来了惊人的经济和人口的重组。

　　所谓的高技术中心，聚集了高新技术工业和与之相关的商业服务、办公、休闲设施、餐饮等等，在城市外围繁殖，创造了美国最密集的郊区。在洛杉矶内城发生的情况更是惊人。在过去的30多年中，洛杉矶城市核心区域所发生的再工业化和再集中化，创造了可能是这世界上最大的贫困移民工人的聚集地，"贫困移民工人"这个词首次出现在洛杉矶，用来形容那些拥有多份工作却仍无法跨越贫困线的工人和家庭。近500万外籍侨民迁入广义上的内城，将城市密度提高到了曼哈顿的水平，考虑到低层住宅建成环境相对微小的变化，侨民的迁入可以说形成了今天任何美国城市中最差的低收入住房和最糟的无家可归的危机。

　　在同一时期，一个非常可观的市中心在美国华盛顿特区发展起来，摩天办公大楼的聚集，服装行业的蓬勃发展，金融、保险、房地产行业（统称FIRE）的不断扩张，政府（联邦、州、县、市）就业的最大汇集。在不远之外，好莱坞和其它专业娱乐和广义的文化创意产业集群已明显扩大。这些产业促进了外围城镇的工业化，并有助于保持洛杉矶在过去的50年时间里，在就业方面成为美国最大的工业大都市。 **267**

洛杉矶城市核心的重组或许是世界各地主要城市发展中的一个极端例子，外籍工人取代了国内的人口，往往在旧的种族、阶级和性别界限问题上制造了新的摩擦。随着始终不平衡的郊区城市化进程，以及日益严重的就业、住房、公共交通分配不当的问题，新型城镇化进程中产生的社会和经济两极化的问题越来越多，几乎无处不在。今天，1%的超级富豪与40%的最贫穷美国人口之间的收入差距达到了史上最大，使得美国成为所有工业化国家中经济两极化最严重的国家。这些差距在洛杉矶和纽约达到顶峰，这与50年前形成了戏剧性的对比，那时美国中产阶级蓬勃发展，达到了世界上任何其它地方都无法企及的空前高度，且收入不平等的情况明显下降。

大都市转变的讨论可以概括为：如果今天的城市建设专业，尤其是城市设计，能有效地应对我们这个时代的城市问题，那么它们必须把注意力放在实际的新城市主义上，而不只是一些善意的幻影中。

结语

在许多方面，比起过去的50年，今天的城市设计实践作为一种潜在的解决城市问题的方法，在公共和私营部门更能被广泛地认可。但是，正如我一直在这篇文章里所说的，这些近来的成就是建立在对实际的新城市主义理解不足与误解之上的。此外，目前城市设计的发展轨迹都是在分散注意力，偏离解决最关键的城市问题，特别是那些与收入差距不断扩大，以及国内人口与移民之间日益增长的政治经济冲突等相关的问题。我并不是说城市设计师可以单独靠他们自己来解决这些问题，而是说当前这个领域的发展趋势使他们的潜在角色发生了偏移。

268　　也许最显著的偏移来自于新城市主义取得的巨大成功与影响力，但此外还有许多其他因素。例如，越来越多的建筑师和城市设计师倚靠着这种极其动荡和可怕的环境生存，而这种环境正是由痴迷于安全和监视的新城市主义造成的。建造"监狱"已成为一个附属专业，尤其是对年轻建筑师而言；当今整个美国，封闭而监视的社区和其它的共同利益开发项目（CIDs）主宰着新的住房建设。监控摄像机、路障、铁丝网，以及其它创建防卫空间的方式，越来越成为振兴社区的首要考虑重点。碉堡式的设计要求保护公共建筑、酒店、购物中心、人行步道以及私人住宅。那些迷你警察站也越来越强调对私有化公共空间的保护。我们不能否认这些建设委托方，但也必须意识到，这样做会使我们浪费天才和失去机会。

自古以来，服务于超级富豪是建筑师的惯例，但由于近来排行榜上10%的富豪财富急剧膨胀，这种服务对建筑师成了一种干扰。在美国的城市中，比以往更多的大厦正拔地而起，对于那些仍然致力于城市生活的设计师，更多的城市区域正被绅士化和精品化。

说来也怪，由于城市的责任，对城市化而言，绅士化的旧城改造成为了一股比过去更积极的驱动力，至少比起有围墙、有防卫的"私人乌托邦"（为那些试图逃离城市风险和公民责任的人所做的设计）的蔓延更为积极。城市设计师可以带头增加一些项目，使它们与更大的城市和地区组织有效地联系，并且不至于形成更严重的孤立和排斥。

福利制国家的衰落，以及美国和许多其他工业化国家对付城市与区域贫困的国家计划的削弱，导致了另一种干扰：一个具有高度竞争性的本地"企业型"规划和城市设计正在兴起，它旨在吸引投资、工作和游客。城市营销和寻找神奇的"毕尔巴鄂效应"已经成为城市和区域规划中的一个主要增长部分。更引人注目的是，这使全球目光聚焦在各地的标志性城市建筑上，愈加忽略那些迫切需要处理的问题，即社会两极分化和日渐恶化的不平等问题。最起码，城市设计师必须克服这些干扰，利用新的机会促进更多民主、 269 多元文化的、社会平等和空间平等的城市建设进程。

五十年前，城市为了应对日益增加的贫困和不平等，在失败沮丧中扩张，当时的城市设计师几乎完全不知道在 20 世纪 60 年代将发生什么，这是很容易被理解的。今天无数的城市设计师，往往带着最好的意图，却忽略了过去这五十年中城市所发生的事情，这是无法原谅的，特别是考虑到由日益增长的城市、地区和全球紧张局势引起的新城市的爆炸，如 1992 年洛杉矶的司法骚乱，在西雅图和热那亚的反全球化暴动，前所未有的"9·11"悲剧，以及伊拉克战争等。最后，我只能重复之前的结论。如果今天的城市建设专业，尤其是城市设计，能有效地应对我们这个时代的城市问题，那么它们必须把注意力放在实际的新城市主义上，而不只是一些善意的幻影中。

没有预见到的城市世界：1956 年后的现象

彼得·罗

如果说，1956 年哈佛城市设计会议的策划者和参与者没有预见到之后全球城市化发展的速度、范围、方向和潜在逻辑，那可能有些轻描淡写。但是，平心而论，他们大致的目标更倾向于找寻"一个让建筑师、景观设计师和规划师在城市设计领域共同工作的基础"，正如他们所说，这个目标是专门应对他们所认为的"当代城市中美感和趣味的频繁缺失"问题，以及"对城市未来物质形态有更好理解的需要"[1]。然而，如果他们看到近期东亚地区的现代化、城市化速度与发达程度，或看到当今许多大都市的规模和经济版图，或看到在他们更加熟悉的美国和欧洲城市环境中，城市功能与形态的空间分布发生的大规模变化，他们很可能会感到惊讶，甚至震惊。对 1956 年的参会者而言，美国城市是关注的焦点。正如何塞·路易斯·塞特所说："我们美国的城市，在经过了一段时间的快速发展和城市扩张后，已发展成熟并承担了过去新兴城市从未可知的责任。"[2] 而且，他们的美国城市有一个独特的形态：一个中央核心和被郊区环绕的内城区。他们通常悲叹于郊区的发展状况，并且认为中心区在衰退。

271 从历史上来看，美国成为焦点以及集中在这种城市形态，并不足为奇。第二次世界大战后，美国掌握了主导权，另一位与会者理查德·努特拉甚至将那一时期形容为"'美国主义'入侵城市景观"[3]。此外，那些与会者也有意无意地处在这样的一个世界里：福利制国家的明显特征是 凯恩斯的政治经济学信仰，生产方式的明显特征是福特主义，同时，创造的景观是这些取向的结果。实际上，美国一直致力于培养全面就业和减缓经济动荡。[4] 进一步而言，除了这些所谓的第一世界国家之外，包括发达的欧洲国家（日本尚未加入他们的行列），也有苏联式计划经济的第二世界国家，他们都关注于快速工业化，以及开始逐渐步入现代化边缘的新兴第三世界发展中国家。当然，1956 年，大部分第一、第二世界国家也发觉他们正面临着的冷战致命打击后的可怕前景和去殖民化，只一些发展中国家在为发展而战，而且难以看到任何意义上的城市化塑造。尽管已经渐渐开始有了一些迹象，西方自由经济秩序的崛起已不远了。国家功能和性质的转变、公共和私人的国际组织数量的明显增长、现有技术复杂性和变革力量的实质性转变随之发生。事实上，在随后的 50 年中，大多数中央计划经济国家已经消失，同时福利制国家和发展中国家至少明显地让位于各种版本的所谓的"竞争国家"，在这些"竞争国家"中，市民与企业为参与国际竞争做准备，市民福利与其他支持的提供也明显朝着这个方向改变。[5] 可以肯定的是，很多争论仍然存在，如关于英美自由制度的相对功效，以福利为中心的欧洲约定，以及政企结合、劳动力处于相对从属地位的亚洲社团主义实践。尽管如此，总的来说，向竞争国家的转变已经开始，并将继续下去。

变化的三部曲

272

我冒险描绘一些讽刺画面：从主要的西方视角，结合城市空间在其当代进程中的变迁，至少有两个公认的阶段决定了整个相关事件的发展，而第三个阶段可能即将到来。[6]第一个阶段大致发生在 20 世纪 60—70 年代。在这段时期内，围绕着基本权利、社会公平和权力获取等问题产生了大量的社会动荡。同时，资源的可持续性和现代城市扩张的限制也引起了广泛的社会关注。除此之外，1973 年的石油禁运和经济开始滞胀等事件使得市场陷入了困境。在这些相关的事件影响下，至少在学术界，出现了对多样性更广泛的关注；随之而来的社会多元主义和环保主义的增加，商业信心的下降，政府信心的失去，以及对人与世界的实证主义解释霸权的严重质疑。在城市事件的领域则更直接，这个阶段摧毁或大幅削弱了一个大计划和政府项目的时代，或至少动摇了他们对社会工程和管理可能性的坚定抱负和强烈信念。从某种意义上来说，"现代城市"——这个 1956 年会议上提出的城市想法走到了尽头，同时大量实体经济转向后福特主义，第三产业显著增加，服务、建筑和基础设施在空间上外迁，通常使得城市分散化、向多中心的方向发展，这有时也被称为"捆绑式分散"[7]。在政府及其它相关事务中，用户和市民参与明显增多，市民社会的活动范围扩大，使得公共及私人计划越来越多地受到当地市民和组织的监督审查。地方文脉也开始受到关注，文脉主义在塑造城市环境中提升。

273

第二个插曲大致发生在 20 世纪 80 年代末至 90 年代。苏联的解体结束了两大不同现代化政治体制的竞争，20 世纪毫无疑问支持着西方世界。随后，先前的全球金融约定和其他协定土崩瓦解，它们曾在很长的一段时间内规定了世界经济的形式和流动，现在也让位于日渐增加的自由贸易、商业和资源可用性。跨国和多国公司的数量和范围不断增大，在更自由的时代中，金融和经济参与的新工具有利于创造和利用商机，这些新工具包括对个人更有效的工具 [8]。计算机和信息技术的进步，特别是 1993 年后公众开始使用互联网和万维网，也使得曾经只停留在想象中的数据处理任务成为可能，同时显著提高了交流与交易的规模和密度，现在这些交流与交易发生在一个易于理解、无处不在的虚拟空间中。个人经验和行动的进一步赋权成为可能，虽然实践中不完全，但至少在原则上是这样。当时也是公共职能私有化和劳工关系明显缓和的一段时期，在这时期还出现了许多非政府组织，这些非政府组织都追求更广泛的社会基础和国际私营公共事业的职能[9]。除此之外，为了拓展所有这些交易机会的地理范围和方式，以及减少空间摩擦，出现了"全球城市"的理念，它是沟通与生产能力网络中的一个节点，这个网络超越了国界。作为这个网络的指挥和控制中心，像纽约和伦敦那样的城市就更加重要了。城市群也围绕着高新技术产业地区产生，尽管那里持续的政府利益和投资的作用不容忽视。随着许多地方的国家人口增长率的不断降低，至少对一些地方来说，生活仍然日益富裕，除此之外，各地都想要建立具有各种生活方式偏好的更自由的社会，人们对本地的保护意识更为强烈，要求旧城市结构的合理再利用，历史保护，修复和再占用被遗弃或未充分利用的场地、甚至是更早期的定居点。对于物质环境的改善，地方政府关注的不再是简单的供给，而是便利设施的增加、种类、个性的创造，以及居住和商业竞争力的提升等问题。不幸的是，尽管生产率大幅提升、市民关注于本地资产、生活方式更加自由、市民能够更容易地进行交流和政治参与，社会公平和公正的问题依旧存在。

274

最后一个插曲意味着展望的进一步转变，也可能正在发展中，它取决于如何解释近来的事件。反对全球化的民粹主义集团的出现；对全球变暖、发展落后以及对企业利益至上苛责的关注度上升；"9·11"事件及其余波，以及愈演愈烈的全球恐怖主义的凶兆；新的与基本文化价值观的冲突；金融丑闻；争议巨大的社会文明之间的冲突；近年欧洲联合的发展趋势等。如果这些事件一起发生，都有造成另一个广泛社会文化以及政治反响的特质。只有时间能告诉我们这些反响是多么意义深远。实质上，过去约50年的时间里，西方社会发生的事情是这段时间内的一次意义深远的集体和城市经验的重塑。并非每个时期的集体经历都是一帆风顺的，这些经历对人们的影响也并不等同。每个时期的影响也不会在下一个时期到来的时候戛然而止。现代化和其所带来的经历更像是一个渐进的过程。然而，对本地以及全球身份的建设而言，许多可能的经历、共享以及机会已经打开。城市化的概念已经由"现代城市"转变为"后现代化城市"，现在则成为"全球化城市"，尽管大部分城市的活动仍然在形状、外观、功能、规则以及其他方面维持着以前的状态。

275

东亚

相比之下，再有些过于简单化的冒险地看：同样50年间（或更短的时间），东亚发生事件的过程却有着不一样的变化。在1956年举行会议的时候，东亚地区对其外部国际社会的影响远不如今天重要。东亚地区所有的国家当时都在用各种方式试图走出大规模的破坏或贫困危机、社会和政治紊乱以及经济落后的境况。在城市里，大量的国内

巴黎新凯旋门及广场，1995 年摄。"'全球城市'，作为沟通与生产能力网络中的一个节点，这个网络超越了国界……"图片来源：Owen Franken/Corbis。

外移民浪潮对服务业、基础建设及房屋供给不足造成了近乎势不可挡的压力。对于当时几乎整个地区的新生政权而言，对迅速现代化的渴望是非常迫切的，这并不仅仅是为了追赶如日本之类的国家以重获他们在世界舞台上的突出地位，同时也是为了确保生存以及他们新生政治结构和刚刚兴起的民族主义的长久性。维持政治力量和聚焦现代化进程的结果是围绕着广泛的社会契约的发展和宣传运动，两者息息相关，从中国铁饭碗式的政府独裁，到池田勇人这样的领导者对一党制和寡头政治的日本可使收入加倍的承诺[10]。当权者往往以协商一致的、快速的、增长的、以产量为导向的形式推进现代化，这些能够使他们迅速获益的可行的国际技术，大多来源于西方。这样做的结果是，经济仍然以令人震惊的速度增长，就像中国一样。物质生活标准提高的同时，公共卫生、教育以及其他形式的福利都得到改善，至少对于大部分人来说是这样的。这大大地推进了发展，伴随着文化背景趋向集体主义、人际关系价值和社会的有机概念，这些从根本上帮助构建了一个广泛的社会契约，它与现代化的总体目标一致，而且基本保持不变，尽管会有零星的、甚至是实质性的内部反应。

与此同时，城市建设逐渐与之相适应。的确，初期盛行的国际设计技术的综合特质与自上而下的社会组织管理能够很好的相适应，至少直到最近，与早期西方社会相类似的对"大计划"的怨言开始逐渐被听到。这样做的结果是一个相当闭塞的集中的城市建设和管理系统，以产量为目标导向，对参与过程的开放要比西方国家少得多。像东京和新加坡这样高度发达的城市会有所例外，但是即使是这些城市，往往高质量的城市管理

276

和改进，由选民代表的顶层所决策，并良好地保持在长期建立的集中式规划实践中。就好像古老寓言中的人物一样，西方国家像狐狸般狡猾，懂得很多，所以能够追求很多不同的目标；而东亚国家就像刺猬，只知道一件事，却对此坚持。对其他地区的集体经历也可以继续用这样的小说人物式的叙述，譬如中亚和非洲的一些地区，这些地区很不幸的正经历大量且持续不断的经济和社会境遇的衰退，甚至出现了逆城镇化。

城市化动态和全球政治经济环境之间必然联系的一个结果是，它们在不同地区扩大和发展的程度不同，与 1956 年已有的模式相比，大城市出现了不同模式的城市化。至少有五种模式出现，它们各自还有几个版本：第一种，一些成熟的、发展完善的大城市区域，大部分存在于高度发达国家，例如罗马，人口下降并且发展停滞；第二种，快速增长的城市、大城市区域以及发展中国家的某些地区，例如城市化正在蓬勃发展的上海；第三种，形式多样及分散的城市区域，也是大多存在于较发达国家，例如巴塞罗那，中心城市人口正在减少，尽管它的核心功能仍然持续繁荣；第四种，市区毫无组织地迅速扩张，主要集中在欠发达地区，就像在尼日利亚的拉各斯；第五种，主要集中在发达国家的成熟大都市区，它们的中心地区明显衰落，经历着像底特律和圣路易斯那样的逆城市化。在这两者之间，所谓的"城乡连续体"在空间和功能的安排上是不同的，特别是当考虑到劳动参与及相关结算上，以长江三角洲地区中的上海腹地为例，它与世界其他表面上相似的大都市地区的腹地，如巴塞罗那的周围地区是不一样的。同样在两者之间，像意大利那样曾被称作由一百个城市组成的国家，这样的"内部城市区域"与其他地区不同，它更注重旧的物质特性维护，不太注重于当代功能活动的重组。

1956 年，以上所述的情况都尚不明显。当时，罗马正经历着大量的移民和建设；经过 20 年的纷争和撤资，上海基本处于停滞状态；巴塞罗那在那时只是一个相对较小、士气低落和破旧的城市，刚从臭名昭著的饥荒岁月中挣脱出来；拉各斯则是一个殖民地前哨，之前石油业繁荣并有大规模的内乱；底特律和圣路易斯是相对健康的美国工业城市；而意大利内域的小城镇几乎都是一样的落后、农业化和贫穷。

这种多样性比较明显的另一个结果是城市环境。即使变迁，城市环境可能也需要新的与众不同的框架和技能使设计能够理解。例如，研究者们发现，无论在当代发达城市地区，还是不发达城市地区，无论方法相对丰富还是缺乏，规划师和景观设计师们所面对的问题都是城市化率停滞不前、下降，甚至呈负数，这些情况都与 20 世纪的大部分时候明显不同。再加上这种逆转的方向，更强调适应性、重新利用和保护现状，这反过来往往引发更尖锐的关于文化真实性的问题。此外，还有一些空间组织的尺度和形式，不一定完全遵循着公认的西方或西化的经典。在此，不禁令我想起东亚，其有机的、自我相似的当代城市聚集模式中缺乏通常的"中间地带"。更人类学角度地来看，同时提出并满足"社交与隐私""适当与滥用""所有权与使用权"的需求的方式，也可以差别很大，这对于规划和设计有着非常实际的和直接的影响。此外，即便不是所有发展中

一个环卫工人走过一幅印有艺术家画的黄昏下上海浦东天际线的广告板，2006 年 7 月 4 日摄。"当城市化正在蓬勃发展……"图片来源：Qilai Shen/epa/Corbis。

国家，但至少亚洲正在经历的巨大规模的城市生产，很可能会超越在其他时间、其他地方的对应事件，别的不说，它对整体框架的充分性，以及与本土有关的城市建设惯有模式提出现实的质疑，这个整体框架通常是由外在的"总体""战略"或"框架"等其他类似规划决定的。事实上，根据经验来看，经济欠发达和导致其的充分条件间的因果关系往往非常微妙：非充分条件导致的结果是一场螺旋而下的、影响环境的混战。同时，早期或者至少说是当代的基础建设与基地地形间的剩余空间问题，通常被归到这两者中，尽管有从克里斯托福·唐纳德的开创性工作到较近的景观城市主义这些充满诗意的努力，但在很大程度上这个问题似乎仍悬而未决。这样类似的情况还有很多。可以肯定的是，基础的城市规划和城市设计实施——从各种程序的协调和细分，到更换更新以及保护，乃至各种当代形式的杂交——都有自己的容身之处，但更和谐的应用则需要进一步的识别和更发散性的想象。总之，当全球城市化作为一个优势来看待，意味着全球参与机会更多、掌控技术手段更多时，它对规划和设计判断提出了一个比 1956 年更宏大，比以往都宏大的一系列问题。

撇开那些与过去不同的问题，让我们转向那些至今依然存在的，有些早在 1956 年会议就提出的问题，至少从当代的专业角度上看仍是这样。首先，是所谓的"当代城市中美丽和愉悦的缺失"[11]。毕竟，这是 1956 年争论的焦点之一，至今还在学术界，甚至偶尔在政治界存在争论。不要妄想完全回避这个问题，或把不必要的压力施加在"情

279

人眼里出西施"的这个想法上，值得注意的是，这个抱怨已不是新话题了，即使 1956 年时也不是。有充分的证据表明，那些精英权力阶级，比如 12、13 世纪意大利上层阶层，好像并没有为他们墙外的博尔吉的郊区发展而激动。更早之前的罗马人，也可以说情况大致相同，而再往后，对于伦敦、巴黎和纽约散发恶臭的贫民窟，当时的专业和政治精英似乎也并不厌恶。

那些反应更有趣的方面是，他们过去就像今天一样，奇怪地既保守又改革。称其保守，是因为他们拥护一种特有生活方式下的城市外观的严格保护；称其改革，是因为在保守的同时，这种态度被作为一种积极向前的方式而得到充分共识。无论是与否又是另一回事。此外，这种态度往往会折射出对不公平比较的偏见，倒退到将城市所表达的东西假定为更好、更稳定、更彻底和更容易理解的时候。至少在最后一个方面，当然他们会考虑到创造性的缺陷，或通常涉及的不完整召回的过程。毫不怀疑，新奇、新颖和避开过去的方方面面，在追求城市美化中也发挥了作用。事实上，大多数的城市计划公开地推销一些与过去实践所不同的许诺，并以某种方式解决新的现实问题。城市美化运动和奥姆斯特德公园规划都是很好的例子。同样地，它们是否真是这样，又是另一回事。然而，当计划通常被认为是过分涉及新奇、新颖和时代性时，它们多半会被迅速搁置，或经过短暂时间后，通常以提及与过去相关的某些方面，来否认未能达到预期。当然，这些观点似乎已经降临在美国和其他地方的公共住房的问题上。

就城市景观而言，美和愉悦持久达成一致的实例，似乎最容易出现在非凡的创意洞察力和强大的精英行使公民责任的时期。在此，教皇希克图斯五世在我头脑中浮现出来。或者，它们出现的那些时期，虽有较深的文化积淀，但建筑实践的表现力被完全限制。在此，我想到了中国封建帝制下日常生活的四合院和胡同。显然，这些共同和持久一致的情况，留下很多错觉，或可能是错觉，或介于两者之间。然而，认识到这一点，并不会排除对持久的美和愉悦较少达成一致的实例，尤其是那些在今天的多元环境和后结构主义思维框架中可以预料到的情况。它也不会排除在更广泛、更容易被接受的协议导向下的工作。如果有什么区别的话，1956 年讨论的定位问题就是，它坚持基于将各学科的广泛观点捆绑的解决方案，而世界历史似乎表明，一个恰当精确的观点表达，或一种对熟悉方法的聚焦，更有可能达到所希望的效果。

第二个问题，用当代专业修辞的话说就是猖獗的房地产企业的危险，在 1956 年对此有不同的描述，如"有用而庸俗的进步"以及一种"利润制度，从它产生的其他价值中勒索它的价格"，也就是说，在城市环境中凭空创造 [12]。显然，若无人监管，如此的企业导向必定是迫在眉睫的危机。然而，也许过去是这样，现在这种情况在世界的许多地方都很少见。围绕着城镇化，政府的监管力度和体制的复杂性，包括市场交易在内，在许多方面均有所增加，甚至还出现了部分房地产企业被过度监管和虐待的传言。相反地，集中式规划和城市设施提供，随着私有财产的企业精神的缺失，导致了世界的其他地方城镇化的不足与粗俗，给人一种难以忍受的平均主义的印象。在这些定位中需要一个适当的平衡点，如果真的存在的话，似乎能直接主导城市房地产开发是对社会的解释，而其解释的程度使提供足够的社会利益和选举自由变得具体化。例如，建筑的表达自由可能不同于美国宪法第一修正案权利，也不是对任何个性化的形式做出集中规定。然而，1956 年以来，如前面提到的，一系列利益和政治行为频繁建立和连结，导致任何适当的平衡点都不能轻易获取。可悲的是，这种结果使可能建立或获取的东西都不可能出现。如"不要在我家后院"的反应，揭示了社区利益的匮乏；其他的如"一个尺寸适合所有"的反应，揭示了社区视野的狭隘和企业的利益；更有如"没有任何费用的增长"的反应，则包括可能撤资，会导致类似的脱节，例子不胜枚举。令人震惊的是，各种特殊利益集团的作用和强度均有明显提升，填补了 1956 年与会者深思的，相对简单的公共和私营部门的鸿沟。结果之一则是，从文化或其他角度而言，城市发展的政治可能截然不同；另一个结果是，一个特殊群体的"优秀"城市设计的竞赛，不管是否涉及政府，其结果面临着比过去和 1956 年更多的不确定性。

第三个问题，是对规划师和建筑师之间的"冲突"和"难以达成一致"的顾虑，这个问题 1956 年会议期间已提出，同时在塞特的结论中有所强调。今天这仍是一个悬而未决的问题，与 1956 年时的分歧极其相似（即"有些建筑师心存顾虑，他们认为城市规划师对三维世界一窍不通"，而"有些城市规划师则认为建筑师完全不了解城市规划"）[13]。公平而言，当今已少有自行其是之人，即使有，也太人格分裂了。然而，一个人常常会在对城市建筑美学的理解程度上受挫，换句话说，对政治经济的考虑正如夜间航行的船。解决这个问题的方式之一，使用维特根斯坦的术语就是审视在不同的"生活形式"下所发生的情况，将其归纳在相同的主题里，并试图洞悉可能影响更多一致性、交错性或收敛性的策略。一种常见的方法，是跨领域或"阅读"不同生活形式，这种方法隐含在当代城市规划和设计的跨学科教育环境中。这常常反映在规划师的鉴赏能力，和建筑师对各种社会测量的运用能力中。另外一个较为少用的策略是覆盖各种不同形式的生活，并寻找示例或方法，使逻辑和结果可兼容另一方。最近一些关于城市群经济的空间研究，例如试图考虑以设施便利与环境质量来招商引资，则指出了这一方向。这是一种生活形式的微积分，变得开放而关注另一种，反之亦然。第三种策略，或是这种策略的一种变体，在于探讨"生活形式"的逻辑和本质实体是如何发生的，尤其当它们的使用和讨论方式从根本上脱离了"正常"时。例如，这有点像数学老师，教育学生"2+2=4"并非难事，从政时却发现同事的认识在 3.5 到 4.7 之间。这个趣谈的观点表明，在一个环境下是固定不变的事物，在另一个环境下则可能会发生突变。这开辟了跨学科对话的可能，并通过避免将一个观点直接置于另一个观点之下，或将两个观点至于某些定义不清、看似重要的量规之下来达成目的，正如 1956 年发生的一样。

从根本上说，虽然现在与那时一样，城市设计是一个操作的领域，设计作为一种有

282

215

效处理限制情况的方式，具有明显的不可比性，这种限制来自于城市建设和重建中各种竞争诉求的羁绊，包括资源、诗意的价值观和合理使用的考虑。它不是一个独立的学科或是接近的某种学科，如果 1956 年可以想到这个就好了。同样，它不需要也不会排除

283 设计以外其他学科的参与者，也不会导致他们之间任何主观的区别，例如在建筑师、景观建筑师、环境设计师、以及物质规划师之间。此外，城市设计似乎有更多的针对性，即公认的社会需求，尤其在城市发展之前的活性转型期间，尽管它不需要有，可能也不应该有。这正是 1956 年与会者回顾他们对美国城市造成的错误构想时所面临的问题。值得注意的是，类似"风貌"和"市容"这样的术语在东亚正逐渐进入一般民众的思考与讨论中，因为新兴城市发展的第一轮热潮已经显现或正在显现。基于这些因素，城市设计作为一个操作的领域可能将变得更加丰富，更重要的是，随着世界发展，今年是有史以来的第一次地球居民的大部分在城市居住。

此外，全球的城市设计，尤其是随着国际实践相对普遍的部署，当今对重要的文化解释提出了一个非同寻常的需求。关键的导向是根据（有时候却是逆着）社会政治态度和处事原则而来，因为大部分社会的期望都是不停变化的，常需要反射校准。文化的重点源于差异而非雷同，从世界的一个区域到另一个区域，差异明显存在，在许多地方甚至在增大，尽管全球化对这种区别有着预期的整平作用。此外，代表性的技术和"生活形式"对设计一样重要，必须与世界各个地方不断扩大的各种城市化和日趋城市化的情况保持同步，因此需要更深入的工作和阐释。需要肯定的是，某些城市设计的问题类型是常见的，但其他并非如此。更进一步而言，全球背景和不同的环境显示，应避免任何统括理论和观点的夸夸其谈。它还表明了应比 1956 年建立更不同且更广泛的客户基础，扩大和加深共同利益，同时伴随着社会、单一民族国家和国际发展环境的变化。最终，城市设计作为一个操作的领域，似乎仍将继续做改革的保守派，若以史为鉴，至少这是一种延续，却也是对现有建筑模式和核心公民价值观的提升、延伸和补充。实际上在大

284 规模高速变化的进程中（部分东亚地区），一个价值体系交换另一个体系是难以完成或彻底的。甚至，还有真正的危险，这种危险就像连同洗澡水一起倒掉婴儿一样。随着流行、时尚和其他肤浅的处方一扫而过的，至少在那一瞬间，是深深地嵌在文化里的东西。

注释

[1] "Urban Design," *Progressive Architecture*, August 1956,97.

[2][3] 同上 97,98.

[4] 参见 *International Regimes*,ed.S.D.Kasner (Ithaca, N.Y.: Cornell University Press, 1983)

[5] 关于这个专用术语参见：Robert O'Brien and Marc Williams, *Global Political Economy: Evolution and Dynamics* (London: Macmillan, 2004), 122.

[6] 接下来的章节是对这本书中的内容概述： Peter G. Rowe, *East Asia Modern: Shaping the Contemporary City* (London: Reaktion, 2005), 159—70.

[7] 关于这个专用术语参见：Rob Kling, Spencer Olin, and Mark Poster, *Post—suburban California* (Berkely: University of California Press, 1991).

[8] Sakia Seasen, *The Global City: New York, London, Tokyo* (Princeton, N.J.: University of Princeton University Press, 1991).

[9] 参见 Mary Kaldor, *Global Civic Society* (London: Polity, 2003).

[10] 参见 Patrick Smith, Japan: *A Reinterpretation* (New York: Vintage, 1997), 24—25.

[11] "Urban Design," 97.

[12][13] 同上 , 99, 110.

城市设计展望

玛丽莲·约旦·泰勒

285　　当我展望未来，以从事城市设计实践 30 年的阅历，我看到了具有巨大潜力的领域。为应对市场的必需品和个人的自我利益，城市正在扩张，突破了它们的边界，通过迁徙和移民，特别在欠开发的地区，成为新一代人。数据收集和复杂的图绘技术正使这个城市化至少可以被部分理解，例如，正如我们在威尼斯里的瑞吉·博戴特（Ricky Burdett）2007 年夏季全球城市展览会上所看到的那样。人口学家和社会学家正在扩展、分析和重新编译我们对城市总体的理解，正如我们在 2007 年 7 月洛克菲勒基金全球峰会上所读到的那样。资本正掠过全球，有益于市场透明化和冒险。

　　21 世纪的城市化是不同的，它是全球同时发生的，并有地理上的特殊性。根据美国的预计，世界上第一次有超过一半的人口居住在城市的基准日将发生在 2008 年。在 19 世纪工业经济发达的欧洲大陆，这并不新鲜；在那里，居住在城市地区的人口超过 75% 已有一段时间了。北美和拉丁美洲，作为工业化的下一个聚焦，其城市化程度非常之小。

286但是现在，亚洲和非洲正以前所未有的数量和速度经历着从乡村到城市的转变，相对于世界每周产生一个 100 万居民的新城市。石油丰富的中东国家几乎瞬间就创造了城市规模的建设。那些有丰富的自然资源、智力人才和增加消费支出的国家，谨慎乐观地看待城市化的未来。但是对每个人而言，那些增长还是萎缩，新城市模式的无情推论是令人难以置信的机遇，也是令人望而生畏的挑战。对于惊人的大量城市居民，需要不断实现教育、就业、健康服务、消费者状况和社会流动性等基本目标。

　　城市设计学科必须向 21 世纪的城市化提供些什么？正如我们这一代城市设计师努力实践的，城市设计的首要原则是城市场所的特征，它在地方、区域甚至国家的尺度上，是由大量不同的因素决定的，包括地形、气候、文化、宗教、政治历史、战争中的角色，以及经济市场和贸易中的机会。这仍是我们工作的前提吗？这些在城市发展中显现的差异与个性的来源，我们在全球各地看到了吗？有些过时的、不相关的欧洲和北美的模式，正被中国、中东和印度过快地引进了吗？从拉斯维加斯到迪拜，高速公路包围起来的巨大城市街区被定义为开发孤岛，正在雨后春笋地涌现。现在它们的壮丽景观不仅备受质疑，并且处于如此壮观的孤立中，不禁令人怀疑它们未来能否通过交通和步行道而联系起来。远郊地区也没有受到更好的对待。土地（在印度）作为经济特区而正在被消费，（在中国和中东）其他大型和可利用的未开发土地成为经济上和物质空间上的门禁社区，经常与交通很少或没有关系。可持续城市的一个标志性品质，是它们跨越几个世纪的发展和维持活力的能力；前面描述的单一思想、单一用途的开发几乎不具有这种发展的潜力。

我们无论在哪里进行实践，城市设计师都会带来推动城市化迈向人性化、弹性、竞争优势以及独特个性的强大力量，我们事业上的成功日益依赖于这样的认识。对城市主义而言，设计的本质是合作，即与那些不在城市设计范围内的体现当地认识和接近基本资源的人，建立一种紧密的知识和实践的伙伴关系。反思城市设计的地位和学科范畴，不是重复陈述这是由建筑师更强势支配的领域，他们过于频繁地将建筑物作为聚焦对象（经常伴随重要的设计成功案例）。然而，在那些与他们合作的人中，最重要的是私营部门缔约方和公私合作模式，在城市所依赖的市场驱动的经济中，他们掌握着资本的来源并提供创业投资和成功机会。

在这一时期的城市，由于我们与新能源展开了一个新的合作，这比以往更加重要的是，城市设计扩展了它的意图，超越了个别建筑物和建筑群。当越来越多的建筑物回应气候变化的挑战，通过绿色建筑物评估系统（LEED）和其他评分系统，我们的注意力必须转向更大的城市形态问题，以及它对环境责任、经济机遇和社会互动的影响。我们需要探索可持续城市形态与土地使用政策之间的关系，不仅仅针对单体建筑。领先的房地产开发商也认识到放宽视野的重要性，他们中的许多人开始看到，那些创造最佳经济价值的城市和社区，其教育、卫生、交通和水等城市系统齐全，或者这些系统的不公平介入已得到解决。民选的官员和社区代表也需要理解这个较大尺度城市形态的框架，也需要依赖于不断增长的选民阵营，寻求和支持更长远的视野，一个超越当前任期政府的视野。

我的家乡纽约，提供了几个这种长期视野的例子，诸如由开明的政府官员发起，商业和房地产领导阶层支持，以城市价值的信念为基础，城市设计广泛原则被广泛获知。这些例子可以鼓励公共和私人部门中的个体行动者做出贡献，一同致力于更强大的、更具竞争性的和更加公平的城市未来。"规划纽约"（PlaNYC）是一份有128个要点的具有环境责任感的计划，基于欧洲的经验并致力于减少碳排放，因为到2050年，纽约市的人口将增加100万。在包容性住房、工薪阶级住房和保障性住房上的强大领导力，正在创造跨越城市行政区的混合收入型社区。市长对学校系统的控制，以及对城市卓越的高等教育和研究机构的支持，为应对创造一个先进经济所需的劳动力的挑战提供了新动力。拥堵收费，与运输和交通系统的投资一起，被视为实现强调公共领域的步行导向城市的转型催化剂。

21 世纪的城市化有四个方面为城市设计提供了巨大的机遇：第一个是交通，它是城市形态一个强有力的决定因素。随着城市人口的增长，对于交通的需求在形式上如同黄包车与磁悬浮列车那样不同。几十年以来，在美国和其他许多国家，可用的公共资金远远无法满足交通的需求；未来的机动系统可能需要充分的私营部门投资以实现其公共目标。作为政府资助的经济投资，新加坡仍能设计和投资樟宜国际机场出色的 T3 航站楼，它所有主要的公共空间从上午 7 点至下午 7 点都利用自然光线。在美国，这种创新性的公共投资正变得日益稀少，但新的合作伙伴关系正在出现以填补这个缺口。最近出现了公私合作的例子，包括约翰·肯尼迪国际机场的 T4 航站楼；新的地方资助中心的丹佛市中心联合火车站；服务于区域的快速铁路通勤交通系统；法利邮局改建为一个扩大的莫伊尼汉火车站，位于曼哈顿中城，服务于纽约大都市区域。

利用私人款项为公众意志服务的确是很棘手的事情，但房地产及投资产业正在创立基金去做这样的事情。城市设计师在这些公私合作项目中扮演了重要的角色，他们界定和实现公共的利益和目标。作为附带的好处，他们参与交通系统设计，以产生交通导向开发更大的结果，这种开发是我们在新社区和混合收入阶层开发中寻求可持续性的一种发展趋势。

提高密度作为无止境蔓延的解药，是城市设计师更集中工作的第二个方面。当我们开始进行工作，"密度"是一个不宜说出口的词；现在该是对其价值更加有效提倡的时刻了。这意味着寻找项目、机遇和其他人实现的成功案例，这样能够有助于将公共意见和市场向新的模式和范例转变。哥伦比亚大学的著名教授肯尼斯·约翰逊（Kenneth Jackson），同时作为瑞克·伯恩斯（Ric Burns）和詹姆斯·桑德斯（James Sanders）合著的《纽约：一段图文并茂的历史》（New York: An Illustrated History，2003）的帮助者，他颂扬纽约城市的密度，援引它与多样性、宽容和日趋增加的社会公平的关系为证。在城市密度的形态如何成功与失败方面，亚洲经验有许多地方值得学习。

开放空间和公共领域，一直是城市设计的一个主题，构成了城市设计的第三个方面，以确认一个扩大的、21 世纪的观点。在此与景观建筑师的新的合作应该出现，他们同样也在寻求超越令人厌烦的陈规，试图发现形式、材料、程序和包容的新方向。研究应当是为了创新性的公共空间模式，正如芝加哥博爱的和包容性的千禧公园（Millennium Park）所实现的，像洛杉矶的格兰大道（Grand Avenue）所规划的，以及像上海人民广场上的每一天——在那里父母为孩子们举办婚礼；即兴的合唱，歌唱历史和权力；夫妇在没有球场的情况下打羽毛球。这些每一个例子都证明了公共空间能够比零售和消费有更多的意义。它能位于一般需求的中心以吸引其他的人，包括朋友和陌生人。

共享公共空间中的包容将是有限的，那些来这里寻找约会和友谊的人也有可能居住在附近。全国及各大洲的，需要提供安全和保障的可负担住房的速度应与新城市人口增长需要相匹配，却由于资源短缺和政治意愿而达不到。这是城市设计的第四个方面。福利性住房、职工住房和可负担住房面临着重大的挑战，包括高地价、高造价和高房价。实现支付能力的方式将是其他人主要的焦点；而城市设计师能够在所有规模和密度的城市地区，为混合收入社区的形态、特征和成功做出贡献。

　　我对城市设计在交通和基础设施、密度、开放空间和混合收入社区领域等方面有潜力的积极观点，在我担任城市土地学会主席（Urban Land Institute）的最近两年期间得到了强化。这里概括的四个议题是全球性的和更具挑战性的，当一个人的领域超越了城市设计的狭窄定义，超越了北美和欧洲的发达国家和城市时，即使在这些相对富裕的地区，多样性与公平的议题仍未解决。秉着对城市的信心，对增强城市可持续的形态和功能的需求，我们必须探索新的城市主义，它是本地的而不是引进的，围绕提高生活质量的公共空间而建设，由良好设计的基础设施所支撑，有市场力量的参与，为了不断出现和发展的城市形态，这就是我们要实现的城市设计和公共政策的目标。

290

当今城市设计：一次讨论

291 本文是 2006 年 5 月哈佛大学设计研究生院的圆桌讨论摘录。与会者包括：哈佛大学设计研究生院城市设计和规划理论的教授玛格丽特·克劳福德；锡拉库扎大学建筑学院副教授、锡拉库扎克利尔工作室负责人茉莉娅·克泽尼亚克；《纽约客》杂志建筑批评家、前帕森设计学院校长保罗·戈德伯格；哈佛大学设计研究生院城市规划实践教授、剑桥 CKS 建筑城市规划事务所（Chan Krieger Sieniewicz）负责人亚历克斯·克里格；哈佛大学设计研究生院建筑学和城市规划实践教授、波士顿玛查岛和希尔瓦蒂工作室（Machado and Silvetti Associates）的负责人鲁道夫·玛查岛；哈佛大学设计研究生院建筑实践教授、伦敦 Foreign Office 建筑事务所的负责人法希德·莫萨维；沃特敦和旧金山的佐佐木工作室的负责人丹尼斯·帕普斯（Dennis Pieprz）；《哈佛设计杂志》的编辑威廉·S. 桑德斯；迈克尔·范·瓦肯伯格事务所负责人、纽约和剑桥的 Land-scape 建筑事务所（Land-scape Architects）负责人马修·乌尔班斯基（Matthew Urbanski）。

威廉·S. 桑德斯：城市设计的定义似乎有待考量。如何做城市设计，在哪里做城市设计，甚至是否要城市设计等这类问题才是争论的要点。

292 所以我们不能太泛泛而谈，我会先请你们谈谈具体哪些地方进行了城市设计。本书中亚历克斯·克里格的论文《城市设计是在哪里发生？如何发生？》有助于界定城市设计出现的各种重要方式（即使它可能不被称为城市设计）——通过规划、通过私人房地产开发等，因此我们不必只是说，"好的，城市设计是就是当诺曼·福斯特开始介入特拉法加广场的设计。"

根据你自己对城市设计的感觉，让我们来探讨一下在过去 10 年营造的场所，可以是你觉得有独特优势的或者有启发性的不足之处的，以及为什么你这么觉得。

法希德·莫萨维：有些人可能会质疑，10 年时间不足以评价一个城市工程。我认为有些工程，比如法国的欧洲里尔项目（Euralille）和巴塞罗那的会展区（Forum），需要超过 10 年的时间去评判。另外，由于建筑学研究的尺度正在不断发展，城市问题日益内部化，不仅仅是外部的。这里有一些关于建筑内部的城市空间的优秀案例。伦敦泰特现

格兰大道委员会联席主席主席埃利·布劳德（Eli Broad）正看着投资 18 亿的格兰
大道振兴计划的一期设计模型，2006 年 4 月 24 日摄于加州洛杉矶。
图片来源：Nick Ut/Association Press。

代美术馆的涡轮大厅（Turbin Hall, Tate Modern）就是一个很棒的城市空间，它改变
了在伦敦的人们利用他们空闲时间的方式，并且是一个很棒的城市景观集合地。一些机
场和度假胜地都是相当具有城市性的。福斯特设计的香港汇丰银行大厦有着精彩的空间，
银行的入口位于较高的地势，底部的开敞空间在周日变成了菲律宾女佣的一个巨型聚会
区，这是因为空间提供的条件而发生的事件。许多商业内部空间同样具有城市性，新加
坡义安城的地下广场就是其中一个例子。所以城市和建筑空间之间的区分，其实妨碍了
我们规划或预见这些不仅具有建筑性，甚至还更具有城市性的建筑内部空间。

桑德斯： 这些场所的共同基础是什么？或者说，城市对你意味着什么？

莫萨维： 城市空间应考虑到集体表达、聚会场所这些不会发生在其他地方的活动，它不
是仅仅迎合个体的空间。

玛格丽特·克劳福德： 我认为讨论真实的城市环境和重新定义城市设计确实是重要的，
应当基于城市设计在全世界范围的作用方式，而不是像《哈佛设计杂志》2006 年春夏议
题中所探讨那样，将城市设计局限为城市设计的历史，却不扩展到人们那些有意识或无
意识的对城市空间的使用方式上。法希德正在挑战建筑学与城市设计之间的界线，他将
更多的重点置于建筑及其内部，富有成效地挑战着内部空间与外部空间、公共空间与私
人空间的分类。

293

桑德斯：我们已经开始将城市场所定义为给大量的不同类型的人群带来令人愉快的亲近和活动的场所。

莫萨维：许多空间被设计成具有城市性的，但其实它们非常空旷。而我想举的例子是那些无意设计为集体性的，但非常吸引人的场所。我们需要确定是什么使它们有吸引力，是因为它们未按照那些可能限制它们自由和创造性的传统设计么？我中意涡轮大厅，因为公众能够自由出入其中。伦敦所有的博物馆几乎都免费对外开放，与美国大多数的博物馆相比，这是一种根本上不同的构建艺术和文化的方式。

294 **丹尼斯·帕普斯**：涡轮大厅的有趣之处在于泰特现代美术馆的建筑对其伦敦所在的区域起到的作用。我正在思考类似建筑如何影响环境这样的问题，毕尔巴鄂古根海姆博物馆就是一个引发城市更新的显著例子。新的泰特美术馆打开了人们对美术馆周边区域的固有思维，今天那个欣欣向荣。但危险的是那片区域中原始而坚实的多样性正在被绅士化，现在仅仅"专业人士"在利用这种特性。

鲁道夫·玛查岛：我可以用涡轮大厅这个例子去尝试回答你的第一个问题。看起来欧洲的城市设计比比北美做得更好，那里有更多的实践且完成得更好。我同意对涡轮大厅的看法。我们不要忘记，它是由杰出的建筑师所完成的，而且我觉得，当今世界顶尖的建筑师们都将关注、实践集中在了城市设计。这是非常好的事情，因为如果建筑师不直接参与城市场所的营造，那么谁会呢？在美国，近年来有三种研究城市设计的途径，然而没有一种能提供好的城市形态。由新城市主义产生的城市形态是非常有限的，它通常是用来解决南方白人的住房问题；由景观城市主义产生的城市形态尚未充分地到来，但似乎它将是最具景观性的形态，而不太偏向城市形态或城市主义；另外，"日常的城市主义"不涉及城市形态的形成，但是与自发的城市生活的分支有关。所以，通过我们已有的最优秀、最具前瞻性的建筑师的直接参与，城市设计将重获新生。什么使涡轮大厅具有城市性的呢？首先，它是一个定义极其明确的空间。一个下有地板上有屋顶，普遍意义上这两个条件对发生有助于城市性的事情是至关重要的。城市形态是必不可少的，城市需要有吸引力的、丰富优美的形态，通过提供这些，城市设计能够重获新生。当你谈及建筑师直接参与制造这些事情时，你其实是在讨论设计的人，讨论作品的个人视角而不是集体视角，以及个人视角对它的成功的影响。

桑德斯：对于一系列城市设计惯例，你正提出一个重要的替代性选择，这些惯例可能在那些如库珀、罗伯逊、华莱士·罗伯茨和托德等人的项目中处于支配地位，而你所讨论的类似于大都会建筑事务所设计的西雅图图书馆和盖里设计的迪士尼音乐厅这样建筑的

影响。我想接着法希德的讨论，对于已提出的案例，你认为什么才是你正在赞美的这种
公共聚集的吸引力？

亚历克斯·克里格：但是我们不应该将城市性等同于拥挤，大部分时间都是空无一人的
公园未必是非城市性的。在你回答问题之前我有另一个想法，像我们这样的一群设计师
将城市设计当作项目来思考，但它并不总是项目，有时城市生活同时发生并作用于项目
和场所。像香港汇丰银行大楼的底部公共空间，菲律宾女佣不是设计的出发点，但她们
改变了这个场所。城市设计必须以一本书或一处建筑的方式与原创者相联系吗？更多情
况下它实际上不存在原创的个人，因为它需要一个整体的努力，这其中某些以设计为导
向，某些则以过程为导向。

玛查岛：但是这不意味着它们就是好的。

克里格：结果可能是好的，尽管它们可能是大量设计和政策的实践的结果。

玛查岛：我的提议是，一旦城市设计融入城市生活，那么有影响力的设计者可以促成场
所的形成。

保罗·戈德伯格：城市设计是必须为设计者署名的，因为设计意味着有意识的目的，但
是城市主义未必是要为个体署名。

莫萨维：最初我想挑战内部空间和外部空间之间的划分，而且不论我们喜欢与否，建筑
的体量正在变得越来越大，之前本来是外部的空间也合并到了内部。因此，学科边界正
在被打破。如果我们的设计要与当代的城市建立关系，那我们也需要将这些边界变得模
糊。城市空间确实不一定与大量的人有关，尽管那些吸引大量人群的城市空间强调某些
尽如或不尽如人意的情况。我所列举的项目都有一定的不完整性。项目由其他人完成，
不是设计师。对于包含不完整性或允许不可预知性的项目，与其坚持完整和均衡，不如
提出一个非常有趣的设计议题。

克里格：这就是为什么我正在思考多方合作而不是突出设计个体……

玛查岛：不不不，这些事情是共通的。突出设计个体只是在开始时的策略，之后需要加
入公众教育和公共使用开放的工作。

帕普斯：我也在思考这点。最近在波士顿的城市区域性案例是什么？麻省理工学院附近的大学公园，由 KKA 建筑事务所制定的总体规划，花了 10 年还是 15 年时间才逐渐形成。我一直认为有这样一个好的设计师在背后掌握全局这个项目应该会成功，但它并没有。它异常空洞缺少生活化，尽管在规划设计上它是丰富的。绝大部分建筑的设计只处于平均水平。但是考虑到它的选址、现状和投资，它可能是令人惊讶的。

桑德斯：我希望你能说一下你认为这个项目没有成功的原因。

帕普斯：好的。距这里半英里之外，更有趣的中心广场，就像一个平白的空间环境——仅由一条街道和十字路口构成，甚至连十字路口都没有被很好地设计。

戈德伯格：而且它既不是一个广场，也不是一个中心。（笑）

帕普斯：但这里有难以置信的活力，有多样性与生活化，不同种族的人们在此活动。你可以去那里吃晚饭，而不用去哈佛广场甚至市中心。我不知道它是怎样形成的，我也不知道谁参与了它的形成或者它遵循什么规则运转。它不是一个伟大设计师的产品，比起涡轮大厅的独特、一气呵成，它更加日常。

桑德斯：那么大学公园失败的本质是什么，而中心广场又如何能这么成功呢？

诺曼·福斯特设计的香港汇丰银行总部的下层空间，成为菲佣们喜欢的聚会地点，2000 年摄。摄影：Stefan Irvine。

克劳福德： 中心广场只是偶然发生的，而任何有设计干预的则通常令人讨厌。

戈德伯格： 我震惊的不是你观点的正确或错误，丹尼斯，而是你的话听起来与四十五年前的简·雅各布斯多么出奇地相似。她将设计的和未设计的场所相提并论而获得相同的观点。这让我感到疑惑："这个观点的持久性是证明了它的正确性，还是证明了我们的思考在这些年里一直没有进步？"我不知道。

克里格： 我希望我们不要花 3 个小时去争论设计与非设计的环境。在幕后，大量的规划行动帮助支撑了中心广场。它的活力，部分的是因为有人使用它的结果，部分的是因为那些枯燥的规范政策，如街道改善与设计导则、商店业主的补贴以及其他补救政策帮助的结果。也许它们无法创造场所，也不是中心广场成功的原因，但是它们有助于维持它的成功，并持续了一段时间。

马修·乌尔班斯基： 我认为中心广场的成功现在是，并且过去也是与哈佛广场的经济成功直接相关的。资金流向哈佛广场以支撑像中东咖啡厅那样的低租金地点和其他给予其真实性和活力的事物，因此激活了中心广场这样一个边缘的环境。如果它越像哈佛广场，它将越可能失去那些特点。

莫萨维： 通常我们认为，设计是一套我们在某种情况下展开的价值标准。我认为存在另一条生成设计的道路，即将设计作为过程的一部分来考虑。我们能够从发现的情况中学习，而且我们能实施设计，或者甚至设计一套导则以创造出吸引人的、更接近自然的条件，而不是套上一组一劳永逸的原则。我可能会是最后一个说设计是不重要的人。 298

桑德斯： 你能想到一种情况，在某个过程中因为人为设计而促成某种成功的吗？

莫萨维： 槙文彦在东京设计的代官山就是一个例子。它随着时间而发生变化，并能够承载不同的愿望，但是久而久之或许你会发现更多的多样性。

桑德斯： 使代官山富有成效的过程是什么？

莫萨维： 它是增长的。它不只是有关于政策的设计导则，还有关于建筑物以及它们之间空间的实质性框架。

克里格： 但是槙文彦对代官山的设计有一贯的著作权和拥有权啊。

莫萨维：我认为是否拥有著作权也许不是必需的。这个项目中这个方面有待改进。我们都喜欢那个项目的设计，但是事实上我不认为你能将它的规模放大。它不是一个庞大的开发，如果你扩大它的规模，你不能真正地保持单一设计师的身份来做这件事情。

茱莉娅·克泽尼亚克：一旦你开始扩充城市设计实践的实质，那它超越建筑的成就也可以被估量出来。我举的两个例子是多伦多的俯看公园（Downsview Park）和斯塔滕岛的清泉垃圾填埋场。虽然它们的实质性实现才刚刚开始，但它们的城市设计分别自 1999 年和 2001 年就已经在酝酿之中。清泉垃圾填埋场的成功在于什么？作为一个过程来看，在于它公开支持设计理念的能力；作为一个方案来看，在于它的弹性。设计师认识到它的成功是取决于宣传，改变了人们对这个地方从垃圾场到城市公园的认知观念。它通过一个目标宏大的宣传活动，包括从公共汽车车身广告到商业名片这样的种种事情，努力教育人们那个"垃圾填埋场"其实是一条小溪。因此一个瞩目的成功是，公众能够以各种非常贴近生活的方式了解到在斯塔滕岛上发生了什么，从而支持这个项目。关于它的弹性，虽然竞赛方案已经得到了超量的公共投入和设计审查，但它依然能够通过反馈保持其敏感性，显示出它的组织逻辑应付和处理变化的能力。俯看公园是多伦多第二大开发地块，占地 620 英亩，一半将成为公园，一半为维持公园运营而开发，其承诺将在经济上和生态上保持可持续性。这其中起到关键作用的是，布鲁斯·莫（Bruce Mau）的"作为标志的方案"中成功地使用了在过去 7 年为环境保护主义服务的消费主义。因此这样看来，上述两个例子都涉及到了城市设计的前期设计，即陈述、倡议、沟通、建立共识，这对设计师是一个非常重要的领域。

桑德斯：这么说公众参与是城市设计成功的关键？

克泽尼亚克：不是任何形式的公众参与，而是由设计师精心安排的战略上的投入与反馈。

桑德斯：是的。让我们继续讨论吧。马特，你有什么想说的？

乌尔班斯基：首先，在我从事的项目中，成功只有在经过很长的一段时间后才会来。其次，与目标相比，这些项目更多侧重的是战略和过程。城市设计师要为忽视景观承担责任，我认为他们也要为忽视建筑物的外部空间承担责任。

克里格：你也可以谈一下内部设计。

乌尔班斯基：回到你所说的涡轮大厅的例子，我不认为它是最新的"建筑师使大厅成为

宾夕法尼亚州匹兹堡的阿勒格尼滨河公园，迈克尔·范·瓦肯伯格事务所设计，1998 年摄。图片来源：迈克尔·范·瓦肯伯格事务所。

一个巨大空间"的案例。再利用像纽约中央火车站那样拥有大型内部空间的工业建筑，将它们转变为公共空间，这里确实有一个策略。

克里格：它可能不完全是建筑师设计的，但不能说建筑师和它无关。

乌尔班斯基：我并不是那么说的。聚焦在无论室内还是室外的公共空间的战略，已经不断被证明是成功的，看看波士顿的后湾区就知道了。他们首先兴建了公共花园，然后引发了创造整个后湾区的城市战略。鲁道夫，如果你没有看到过近期好的城市项目，那你必须再多看一些。我们匹兹堡的阿勒格尼滨河公园（Allegheny Riverfront Park）就是一个例子。我们不能邀功，因为在旧的工业边缘区创造一个公共空间，这样的战略不是我们制定的，我们仅仅是实施了它，并创造性地解读了它。匹兹堡文化基金的理念是，激发人们把匹兹堡市中心一些美丽的、几乎不使用的建筑变废为宝，拆除加油站，建造居民楼。10 年之后，这个理念实现了，战略起作用了。

桑德斯：那么公共空间是为谁而建这个问题呢？是否存在无意的、隐含任何形式的阶级排斥发生呢？在你的布鲁克林滨水公园案例中，它的维护将由其后面所建的公寓收入来支撑，这就使得公园首先是服务于那里的居民。那么在匹兹堡，谁可能会在阿勒格尼公园沿河漫步呢？我们想把公共空间想象成民主的空间，但是撇开初衷，什么是可能实现的，什么又是不可能实现的呢？

乌尔班斯基：嗯，地狱之路是由善意铺就的，而且幸运的是，你不必继续停留在那条路上。不管奥姆斯特德的本意如何，中央公园受到的批评之一是它的阶级排斥，有钱人坐在他们的马车里四处闲逛，把广场当成了他们的游乐场。现在，过了 150 年之后，它的功能与它作为一个公共民主集会场地的初衷趋于一致。开始时出了些小差错，但是最终，该方案的基本稳定性保护了它。

克劳福德：我非常不赞同索金所说的关于公共空间中的阶级。他持有一种非常陈旧、理想化、与公众相反的公共观念，这种观点认为有一个几乎包罗万象的公共空间，涵盖了每一个人在其中的快乐互动。我觉得这是从未发生过的。在中央公园，所有公众本应该是受欢迎的，但是只有在那些可以教导人们如何举止得体的精英大众的带领下。这是为什么运动、露天啤酒花园等在中央公园是被排除在外的，只留下散步和静观景观。

301

桑德斯：那么现在怎样呢？

克劳福德：现在它被改变了，但是通过政治斗争和政治诉求。中央公园保护协会正试图重建之前强加的精英愿景，但遭到了抵制。这是一个极好的例子，一场正在进行的围绕"'公共'意味着什么"的斗争，不同的公众正在一决高下，和以往一样。匹兹堡有一个不断变化的社会构成。如果你走到河的另一侧的霍姆斯特德原钢厂旧址，那里现在是一个非常奇怪的时尚购物中心，你会在公共空间的另一个版本中发现一个非常不同的匹兹堡公众空间。

桑德斯：既然他论文的一个中心主题以及文章最后一句都是多样性，我无法理解你如何就"差异"与他意见不一。

克劳福德：呃，因为他在赞美像理查德·森内特一样的公共空间观念。这里有一个迎合特定公众的公共空间的例子：滑板公园，是由奥克兰的滑板爱好者，一个特定的公众，非法建在高速公路下面的。他们在夜间出人意料地装进大量的混凝土，建立了一个非常精致的景观。然后通过政治行动，这个公园成为了一个正式的场所。玩滑板的人是一群有清晰设计意图的公众，你可以称他们的设计是"原创"的，即使它是由活动创作的。一位著名的滑板者就是这儿的设计师。同样是在奥克兰，有一个由瓦尔特·胡德（Walter Hood）设计的公园。这与中心广场的例子有关因为每天都有来中心广场喝酒的人，而那是他们的活动。中心广场绝对是个喝酒的好地方。胡德在奥克兰设计了一个公园，认可那里的人们以及他们的饮酒行为。在那里他们有舒服的长椅，因为他们被视作合法的使用者。

302

桑德斯： 政府不得不决定不再让警察驱逐他们。

克劳福德： 所有这些事情都是政治的。奥克兰大多数人口是少数族裔。而酒徒往往是少数族裔，喝酒是他们联系的方式，不管你喜不喜欢。他们没有烦扰任何人。中心广场处于长期的转变中，以一种引人注目的绅士化旧城改造的方式。事实上它存在着一种积极的平衡。我不知道它以前是否更好。我认识的 20 世纪 70 年代在这里上学的人，说那时候你不会想出去闲逛，因为太危险。当 GAP 门店涌入城市时，无政府主义者将它视为一个糟糕的绅士化迹象，但是它带来了良好的商业活动，并使广场成为许多不同的人们都可以来的地方。因此我不会将自己归类为只是一个地方性的捍卫者。我举的其他案例是与之相反的，如德国鲁尔地区埃姆歇景观公园。彼得·拉茨（Peter Latz）设计了公园的一部分，即北杜伊斯堡景观公园，但埃姆歇是一个庞大的战略，它重新定义了城市设计，认为城市设计是经济、区域、景观和城市转型的施动力。许多设计师，比如赫尔佐格和德梅隆、理查德·塞纳（Richard Serra），已经在那里开展重建区域概念的工作，这打破了城市设计所能做的所有边界。

303

克泽尼亚克： 这正是我在一种不同的尺度上所讨论的：城市设计是一种转变的施动力。在埃姆歇花园案例中，它是区域生态转变的施动力；在清泉公园案例中，它是观念转变的施动力。我认为这是一个真正的机会。

克劳福德： 也是一种区域性的经济。

桑德斯： 关于大设计的某些姿态和变动……你能具体点吗？

克劳福德： 重新想像一下去工业化可能导致的结果，包括我们经常采取的保留已有部分的做法——这个项目中公园保留了原有的高炉厂另作规划。赫尔佐格和德梅隆设计的博物馆所在的港口就是一个全新的城市场所，这就是这种设计干预的结果。

克泽尼亚克：但这也需要环境整治的努力。

桑德斯：所以通过这个例子，你在扩展设计的定义以涵盖规划吗？

克劳福德：涵盖建筑、景观、规划、经济发展等等……

克里格：尤其在这个案例中，城市设计这个术语肩负了太大的重担。设计是重要的，但生态修复和经济发展也是重要的，而且如果你开始让设计意味着"任何事"和"每件事"……

克劳福德：但这是一个特定的项目，不是"任何事"和"每件事"都如此。

克里格：不，我的意思其实类似于，"毕尔巴鄂的成功并不完全是通过设计。一套长期复杂的决策议程才是促使古根海姆博物馆成为改革施动者之一的关键"。

304　**莫萨维**：如果设计要成为一个有效的工具，它不应被认识为是一种偶然性。它必须与属于城市的进程联系起来，与社会的、政治的、经济的和数字的进程联系起来，从而创造条件使这些横向联系足以成为设计过程的组成部分。在学术领域里，景观、规划、城市设计和建筑可以各自独立以发展专业知识，但是现实中，它们是联通的，并且确保它们之间存在共同基础能使它们聚集在一起，这是很重要的。建筑师的工作是通过像AutoCAD 这样的一个操作系统，把工程师、建筑师、承建商等联系起来，因此建筑是一个单一的过程。哈佛大学设计研究生院的各系（或许不像其他学院的系部划分）似乎缺乏一个共同的媒介，各学科的教学十分不同，也没有充分融合。所以如果你有一个景观的学生来学建筑学，他很难把这两个专业的知识整合起来。他们在其他领域不能充分地理解或者有效地工作，而这种整合的能力却是非常重要的。

克里格：你是在重申塞特连接这些学科的想法。塞特正是希望通过城市思维的思考，将彼此分离的学科聚集在一起。这确实在以前发生过，也许是在埃姆歇公园国际建筑展上。但如果你认为城市设计是造就城市这一产物的唯一施动力，那你就错了。即使一个官员在保持中心广场的绅士化，以免失去平衡变为……

克劳福德：更多的是市场的力量在影响这个平衡。

克里格：不，你是在质疑剑桥住房与城市开发部，它正在努力尝试不让哈佛广场发生的事情去干扰中心广场的发展。我们是否能够识别，类似自称为"城市设计师"的人可以做产生城市主义这样的事情吗？

克劳福德： 我花时间收集归档了 20 世纪五六十年代在哈佛大学举行的城市设计会议，并研究这些会议是如何形成城市设计的。我不觉得这些会议曾经是有用的。塞特试图使城市设计成为一个融合这些学科并产生城市主义的舞台，在这种想法中地盘争夺的成分甚于其理想主义的梦想。在第一届会议上，简·雅各布斯、刘易斯·芒福德和其他人不喜欢城市设计的概念，所以他们离开了；下一届会议不适合景观建筑师，所以他们离开了；最后，规划师也不喜欢它，所以他们也离开了。这些会议讲述了建筑师们在尝试扩展他们专业领域的故事。"让我们在一起"之后，猜猜谁来负责？建筑学的倾向造成了城市设计在世界上和学术界里致命的定义，有 90% 城市设计的学生是建筑学出身。因此哈佛大学设计研究生院会议的历史并不是一个有用的框架设计，它约束了城市专家的努力。 305

莫萨维： 我并不觉得哈佛大学设计研究生院各系之间的划分是非常有成效的。我们已经给这次对话带来了许多我们欣赏的城市空间的案例，它们并没有根据学科分类。你应当努力创造一种摹拟这些交流情况的学术环境。你需要大量交叠通用的技术。

玛查岛： 但是通用的技术就是建筑学的技术，它们的现代知识……

莫萨维： 也许它们可以被称作设计技术。

玛查岛： 好吧。

莫萨维： 哈佛大学设计研究生院就像三个或四个不同的学校。我不参与景观、规划、城市设计中的任何一个。学术语境必须要像涡轮大厅那样——那种融合是明显可以感受到的。

玛查岛： 除了共同的设计知识，我们需要传授专业学科的技术。例如，如果现在在美国你想成为一名城市设计师，你需要了解房地产知识；如果你想成为一名成功的景观建筑师，你必须了解景观分级体系。建筑师即使不需要这些知识，也仍然需要学校院系来传授专业知识。这三者，除了规划，它们都是以设计知识为基础的，提供通用的技术。我不认为它们之间的分化如你所经历的如此激烈，我认为城市设计、景观和建筑学之间仍然有许多的藕断丝连。

莫萨维： 但是，如果我和我的大多数学生谈论相关的学科，他们会表示一无所知。没有 306
工程教育背景的建筑师是很难充分考虑工程方面的问题的。我的工作室 FOA 一直在探索结构的设计潜能，尽管我们不是结构工程师。我认为，没有相关学科的基础知识，设计者将会固步自封。我们可以专业化，但需要以专业为基本点进行扩展。

克里格：玛格丽特说的对，建筑学的声音开始主导了这些会议。

玛查岛：的确是这样。

克里格：但是会议的目标是寻找一种跨学科交流的方式，而这也是自称城市设计师的人的目标。

帕普斯：我想引用一个让我陷入两难困境的例子。在上海的浦东地区，平庸的建筑师们正在制造着壮观的建筑物。但是浦东的城市化是一个巨大的失败，它需要几十年时间通过空地开发和其他转变去矫正。你不能让世界上最好的那些建筑师进入这个奇怪的资本市场，让他们设计出还得相互呼应的巨型建筑。这是城市设计的问题，城市设计本可以与一条河、一个现存城市或者一个扩展的新城建立起一个框架、优先秩序和核心联系。设计策略在这里被忽略。理查德·罗杰斯（Richard Rogers）用一个糟糕的设计，一个圆圈赢得了竞赛，而他们建了一个更糟的版本。

克里格：他不该因此得到表扬。

帕普斯：他是明智的，他并没有接受表扬。

帕普斯：我以前去过 SOM 设计的金茂大厦，和已退休的上海总规划师一起从金茂俯看上海。我当时在想，"真是一团糟"，但是我不想说出来，而他转向我说道，"看，这是一个 100 亿美元的错误"。

戈德伯格：是的，这个地方本可以得益于城市设计战略。我以为你要给我们讲一个虚构的故事，比如一位休斯顿的规划总监，带着一位学生走到楼顶，向他展示那里看出去的全部，然后双手抱肩说道，"你看吧，孩子？我的工作就是让这一切发生"。（笑）

帕普斯：浦东的案例可以证明，设计不当的地方需要数十年才能弥补。

戈德伯格：时间能起到什么作用呢？我越来越想知道，是否有某种力量在特定时间，相比任何一个城市设计所能做到的，可以更强有力地影响城市形态。着眼于城市之间的共性，首先是一些在 18 世纪这种国家中发展的城市，另一些在 19 世纪发展的，还有那些是在 20 世纪发展的。这些时间上的共性比起地理的联系，或是设计者的干预都更有效，这就是休斯敦和洛杉矶具有很多共同点的原因，尽管它们有着巨大的文化和地理差异；这也是为何浦东代表它们之后的下一代城市是令人绝望的，只有让自然的力量随着时间抚平这一切。我不想让自己听上去太悲观，但是你所描绘的哈佛广场和中心广场中那些被设计的东西之间的区别，不是非常有效地等同于浦东与法租界或其他上海的老地方之间的区别。而且这些例子让我不尽想知道城市设计在城市的主体部分之外还可以有多少作为，城市设计只是在摆弄这些边缘地区吗？而类似阿勒格尼河滨公园这样非常成功的案例，它们是依赖于更强大的经济和社会力量的。它将年轻的专业人士带回到城市，尤其带回到河滨，去寻找一种不同于上一代人所寻求的生活。设计是为了指导和支持这个目标，而不是创建。也许这就够了。

帕普斯：但是当他们计划拆除伦敦的涡轮大厅时，战略性思维拯救了这个建筑，并为赫尔佐格和德梅隆时代的到来铺设好了舞台。换作另一个建筑师，可能已经毁灭它了。城市设计的思维在这里起到很关键的作用。

莫萨维：泰特现代美术馆的设计源于设计竞赛，每个建筑师想做的事情都完全不同。我认为你不应该过于归功于赫尔佐格和德梅隆。

戈德伯格：但是相对于其他不同的设计，更重要的是文化、社会和经济的力量让这个设计不再是一个匪夷所思的想法，而是让这个建筑物从工业用途转变成一个博物馆几乎成为一种必然性。 308

桑德斯：我们正围绕着具有主体意志的施动力和有效意志行为这样的问题。称城市设计是充满可能性的施动力，有什么风险吗？而且，我们还没有思考过芝加哥的千禧公园，是否它最终是因为市长理查德·戴利（Richard Daley）的意志力而发生改变的？

戈德伯格：真是心有灵犀，我正打算引用千禧公园作为一个有问题的成功案例，因为和雕塑、建筑一样，它的景观中是一个明星璀璨的集合，一个个明星轮番登场，而几乎没有一个综合性的景观设计行为，但是它还是获得感观上的成功，甚至符合迈克尔·索金可能希望的方式，吸引了多样化的经济混合。这种经济混合似乎真的享受着公众和混合，以一种民主的奥姆斯特方式出现在这个设计模型中，而它与奥姆斯特德想要的是根本不同的。但它成功的部分原因并不是源于它设计的特殊性，而是源于事实，即它充分利用了一个非常重要和强大的邻近城市中心，如果不靠近芝加哥大回圈，即使是世界上再好 309

的设计也不可能得以实施。当然，一个不太有效的设计也可能在这里得以实施。

另一个例子就是纽约布莱恩公园的重新设计，其巨大成功一定程度上是因为四周都邻接一个日益繁荣的城市带。公园由劳里·奥(Laurie Olin)和哲学家"国王幽灵"霍利·怀特（Holly White）一起设计，通过用相当常规的设计工具，将一个敌意的冰冷的空间，转变为有活力且可永久使用的空间。

第三个例子，是仍在开发中的纽约曼哈顿西区的哈德逊河公园，它的繁荣依赖于邻接区域。它设法在字面上和概念上与炮台公园城的海滨大道相呼应，而不沉湎于任何它所体现的历史复兴主义和甜美温柔的新城市主义。

桑德斯：你一直在谈论的是那些机会主义性地紧跟历史和环境大潮的项目。

310　**戈德伯格**：从设计的观点，它们是机会主义的，代表了不同的哲学，但是这些结果在最终却是更为决定性的。

克里格：但是，似乎邻接性（不要和文脉主义混淆）是非常重要的城市设计或城市规划的方法论。在布莱恩公园的案例中，公园的边缘明确，但因为闲置，它没有获得本应有的利润。

戈德伯格：正是如此。

克里格：因此，对闲置空地的替换有助于边缘区域的发展，当然，边缘区域也有助于闲置空地的发展。芝加哥也就是这样的。具有城市设计思维的人善于的是尝试利用，甚至重新为邻接性注入活力。

戈德伯格：是的。城市设计在某种程度上是承认"连接"，而建筑历来不需要去意识到"连接"，尽管造成现有学科之间的联系存在问题的原因之一是建筑师一定程度上采用了城市设计的许多策略。

克泽尼亚克：景观也如此。

戈德伯格：还有景观建筑。但他们相比于塞特时代已经非常有"连接"的意识了。

桑德斯：我想知道，在你对布莱恩公园的评论中，你差不多想说"它是否是由劳里·奥林、劳伦斯·哈普林、玛莎·施瓦茨设计的，这点无关紧要"。这是否意味着，在城市设计中，细节无关紧要。

戈德伯格：不，如果我那样认为，我应该从事别的职业。但是，我的确想提出一个忠告，那就是不要沉溺于物质决定论。

桑德斯：但是，在所有这些讨论中，我希望我们能详细说明，在任何的设计工作中，你认为值得欣赏的是什么，比如说在炮台公园的案例中。

帕普斯：对我来说，劳里解决方案的可取之处在于他对小树林的处理方式（创造了人们在树荫下休息的地方）、开放地、柔软的草坪（很多活动和事情可以发生的地方）、宽松的椅子、咖啡馆、人行道的连接、过渡地带，所有这些美好的优雅的细节。

311

玛查岛：是的，但它也是完全公式化的。

戈德伯格：一个完美地实施了这些公式的地方。

克泽尼亚克：而布鲁斯·莫和雷姆·库哈斯在俯看公园的竞赛中获胜，用的则是一个没有规划的创新模式。

乌尔班斯基：采取公式化是可以的。布莱恩公园的重点在于，除了让所有生物舒适以及精彩的节目安排外，它提供了各种建筑风格，甚至让普通人都认识和喜欢它们。也许你无法去景观建筑系谈论这些风格因为他们没能力与你交谈，但是大众可以。我一直在思考你用的术语——"共同技术"的含义。有复杂城市问题，并且有城市设计师参与的大项目中，我采取的其中一个公共进程推进的方式就是说"好的，我们需要去谈论每个人所理解的景观类型。让我们从这些开始，但是，我们不会按照文字上的意思去使用它们"。这些类型给了我们一个通用语汇。我们从事我们的专业，是因为它是最后一个通才专业，对吧？你绝对需要了解其他专业的大量知识，比如交通工程和房地产，但是塞特的谬论将它们混为一谈，我不同意这种模糊化。

莫萨维：可是，模糊是萦绕在我们周围的一个状态。

玛查岛：这些专业之间的对比产生了一种优势。在布莱恩公园的案例中，建筑学和景观学并没有被模糊融合。我们每一种媒介都以其独特的方式发展，这也是一种获得更丰富环境的方法。但是，当你为城市设计师对你的景观类型缺乏理解而感到遗憾时，你也暗

312 示了对设计教育的批判——这意味着他们过去一直教授的方法也有一定的错误。在过去的 10—15 年里，创新一直被大量地强调，这是可喜可贺的，但同时，人们对接受到的知识也必须进行转译，了解它们并进一步去质疑它们。一些情况下，学生会对他们所不知道的事物持批判态度。但既然哈佛大学设计研究生院是一个研究生院，那么我所教授城市设计课程的每位学生都应该已经是受过良好教育的建筑师了。

克泽尼亚克：回到布莱恩公园的案例上来。不要低估放置临时桌椅的重要性，它代表了不同于中央公园的一个巨大改变，因为它体现了阿德里安·古兹所称的"后达尔文景观"——不再是环境造就了我们，而是我们作为公众有权去改变环境。他的鹿特丹港市剧院广场就是另一个范例，展现了一个地方如何因公众的使用方式而发生改变。

克里格：威廉·H. 怀特是那些案例的灵魂人物。我想回到芝加哥例子的讨论中，再补充一个关于它成功的概念，并将它与更广泛的文化力量联系起来。相同的因素在另一个城市的实践中可能不见得如此成功，但芝加哥有一个接受像千禧公园这样创新环境的传统。并且最后，它还是丹尼尔·伯纳姆的百年规划的延续。在芝加哥，白金汉喷泉总是被认为是一个吸引活动的神奇场所。芝加哥指定了湖滨地带为公共环境，这要早于匹茨堡市和波士顿市。某些城市似乎更容易接受创建伟大场所的企图，芝加哥就是这样一个城市。

戈德伯格：我赞同这种观点，我甚至认为开放和勇气根植于芝加哥的基因中，是它悠久传统的一部分。

克里格：那么城市设计是否能够作为一系列的行为，随着时间推移，附加到那些更广泛的文化力量中，从而去评价良好的集体环境吗？

戈德伯格：简单来说，"是的"。而如何能够以及能够达到怎样的程度，则不那么容易回答了。

玛查岛：城墙和湖泊是一种来自于城市胆魄和场所独特性的特殊优势。但是无论怎样，
313 安尼施·卡普尔（Anish Kapoor）、弗兰克·盖里，或者一些其他人，他们用正确的直觉和设计理解力来阐述他们所发现的。他们将其形式化，也可以导致场所自身的成功。如果安尼施·卡普尔那些绝妙的、能反映公众诉求的雕塑作品，一直没出现在那里，或取而代之的是理查德·塞纳似的雕塑，那么这个公园可能不会如此成功。

克里格：它的魅力之一是折衷主义。还有那个奇怪的新古典主义的开敞式坐椅，吸引人

们在此拍照。还有必不可少的溜冰场和餐厅。所以，它们既是平民主义，又是伟大的创造性艺术。

戈德伯格：有一些细节例如铸造的石栏杆，它们比布莱恩公园的任何东西都要退步，且品质次好多。这样做好像唯恐我们会认定千禧公园是激进的设计，而炮台公园是唯一的对策和保守的设计。

克劳福德：亚历克斯注意到了关于城市主义的重要的公共对话，这在芝加哥特别的活跃。公众参与是一个决定这些事如何实施或被接受尤为关键的考虑因素。按照罗伯特·费希曼的说法，公共场所不仅仅是公共场所，更是公共对话的场所。在纽约，这种交流同样非常高调活跃。

戈德伯格：比以前高调活跃得多。

克劳福德："9·11"事件之后放大了公共对话的声音。在这些对话里，城市规划专家的提案在城市的实体性和物质性上都非常有用。它们对于城市可以是什么样子展示了一个愿景，或者建立了一个清晰的定位。

帕普斯：你可以认为城市设计是不一定要被建造出来的，但它必须提出不同的视角，允许讨论发展战略和优先顺序，以便在花费 100 亿美元去建造之前制定决策、发现问题，从而满足那些关心它如何实施的公众的需求。

克泽尼亚克：那就是为什么竞赛模式一直如此成功，它们有助于开启辩论，同时又呈现出不同的愿景。

帕普斯：往往竞赛所引发的问题是缺乏许多当地民众的参与。

314

克劳福德：通常冗长的公共对话会让项目变得更完善。

克泽尼亚克：锡拉丘兹的连接走廊就是一个公众参与的创新案例。它将大学山与锡拉丘兹市中心连接。这里，公众参与体现在被告知项目的概念和项目的过程。在它的概念性阶段中，大学的各个院系提供了课程以帮助构建设想。非裔美国人研究系曾召开了一次与黑人社区成员的公开会议，询问他们如何看待他们自己作为项目的参与对象以及项目的合作伙伴。会议告知了设计竞赛的过程和目标，而这些仅仅是开端。

桑德斯：休伯特·默里（Hubert Murray）在《哈佛设计杂志》中写到了中央动脉工程。他将它与芝加哥近期的城市设计作了对比，认为动脉项目由于缺乏明确的领导者，造成太多社会声音的压力，会受到阻挠并产生冷漠的公共空间，而在芝加哥，如果没有戴利市长，你将不会拥有千禧公园。在许多地方也一样，就像 15 世纪的罗马，你可能需要一个专制暴君才能完成这些大型项目。

克泽尼亚克：我不认同设计需要得到一致同意。有一些创新的反馈确实是被公众提出来了，但值得注意的是，公众的意见是被正确的设计专业人员和项目的主要拥护者们过滤筛选过的。

克里格：我认为，芝加哥和波士顿的不同之处跟戴利市长并没多大关系，事实上在于一直缺乏的成熟的公共对话。不成熟的公共对话导致了陈词滥调和墨守成规，甚至在设计师的选择上也如此。而成熟的公共对话对拥有一个强势的、支持设计创新的领导也是有用的。

克劳福德：我知道你也介入过这个项目，亚历克斯，但是哈佛设计研究生院缺乏对当地事物的全面参与是令人失望的。它本可以改善中央动脉项目的公共对话问题。

315 **乌尔班斯基：**交通工程师是中央动脉项目的总负责，这真是不幸。千禧公园登峰造极的趋势已经过去，它像是一个糖果取样器，这里有带樱桃的巧克力、有带椰子的巧克力、有各种各样等。它是 20 世纪 80 年代发展的技术，在纽约达到了它的顶峰，而在其他地方的反应则未能达到共识。所有的选民都会被问到："那么你们想要的是什么？"千禧公园就如同一个糖果取样器，一堆亭台楼榭，或者一场盛大华丽的综艺秀。

戈德伯格：纽约有什么例子吗？

乌尔班斯基：托马斯贝尔斯利联合设计事务所（Thomas Balsley Associates）好像做了类似的，如切尔西滨水公园。还有炮台公园城，有一点像。珍妮佛·巴特利特（Jennifer Bartlett）的南方公园设计原本也是那样。

克泽尼亚克：只有当它成为设计系统逻辑的一部分时，它才能实施。想想屈米的拉维莱特公园的"电影式散步道"（cinematic promenade），它的设计兼顾了适应、灵活和差异的可能性，而设计仍然保持一致。Field Operations 设计事务所的项目也值得注意，因为它们具有强大的组织结构。比如清泉垃圾填埋场就像一个精神有点失常的场地，它能适应变化，因为它初始的配置是强健的。

克里格：尽管鲁道夫所说的这种对话是关于建筑学的，但是我们主要谈论的是公园，而非房屋和街道。我们也谈论了改造的项目，它需要杰出的设计，并建在正确的地方。但是，在维护城市主义时，城市设计仍有一个对比的作用。大多数城市设计师代表了社区团体，参与小尺度的，诸如当地街道或社区基础设施改善的项目，这让他们显得不起眼或不那么重要。但是，所有这些小尺度的工作之和可能是相当大的，甚至会比高利润的公共项目之和还要大。

玛查岛：你在谈论景观的美化，是吗？

克里格：不是，我在提倡住宅、支付能力、社会服务、混合使用和运输，这些东西对普通百姓而言很重要。过去人们习惯称之为城市规划，现在则称之为城市设计。

克劳福德：公众喜欢城市设计的思想，因为它具有一些实质性的东西，而不是抽象的，像分区规则这样的东西。

316

桑德斯：是否每个人都有机会去向别人展示他们所认为的成功或不成功的城市设计是令人信服的案例呢？

帕普斯：也许 10 年前我会说炮台公园城，因为它是一个突破性的项目，做了大量的非常好的事情，但是现在它正变得越来越糟。因此我想不到一个近期的项目、地方或者地区我可以用来举证说明城市设计已经成为了一个重大的创新力量。

玛查岛：几年前，West 8 事务所的阿姆斯特丹东半岛住宅区项目，那个很精彩。

帕普斯：但那仅是茫茫一片的房屋，可能它需要时间去完善。

克里格：二战后，关于城市主义的讨论转移到了美国，并且大多数的欧洲人都支持这种转移。相对我们而言，欧洲人似乎仍然更欣赏商场和郊区的新特征。我想知道是否有一个类似的转移，转移到一个基于迪拜或浦东这样的城市发展模式的新概念。

帕普斯：旧金山的南湾是近期唯一一个我认为不错的项目，在那里他们修建了新的体育场和住宅。我不能区分这个区域从哪里开始，到哪里结束，它只是合并到网络里。美丽的街道和周边呈现出复杂几何图形，这点非常有趣。一条运输线进来，于是一座新的大学建了起来。AT&T 棒球体育场非常壮观，还有水滨。实际上，所有这些都比炮台公园城更加有趣。

克泽尼亚克：南湾项目案例暗示了开发从市中心的填充地转移到了诸如废弃军事基地和限制性垃圾填埋场这样的外围场地，这些可能是一些新兴城市中最大的发展地块。在大多数的当代北美城市中，你不会再发现像炮台公园城的案例了。

帕普斯：但是大学周围仍有重建的地区。在相对弱势的城市规划部门管理下，大学正在编制有趣的规划，正如哥伦毕业大学、宾夕法尼亚大学、耶鲁大学和哈佛大学。

317 **克泽尼亚克**：锡拉丘兹大学也有一个2英里的项目。

桑德斯：我对这个国家主流城市设计的默认模式有个疑问，这里有一系列理所当然正确的设定原则，没有人提出异议，如混合使用、人行道的尺度、尽可能多的驱逐机动车、良好的公共交通、面街的零售店铺、行道树等等。我们愿意花时间在符合这些条件的街道上，而不是30年前的俄亥俄州代顿市中心的街道，只有空旷的停车场和大量的混凝土；我们宁愿在波特兰而不是在古老的代顿。但是索金指出，所有这些提供了一个以舒适快乐生活方式为核心的相当乏味的公众生活形态，其目的主要是为了让购物者沉醉于他们的卡布奇诺和他们购买GAP衣服的机会。如果这就是城市生活，那我们是喝醉了，因为这和政治生活、社会融合没有关系，它仅仅与被动的快乐有关——这种理念认为坐在树下啜饮着卡布奇诺是优雅的城市体验。索金说，每个美国城市都有这些"时尚生活方式"的街道，而它们是致命的。

戈德伯格：这些都归结到这个问题上：城市主义的杯子是半空的还是半满的？城市的冲动是有活力的，一代人之前这是不可见的。但是它要表达自身（在这个意义上索金是对的），它通过消费文化和中产阶级舒适存在的愿望表达了自己。很容易发现那个模式的错误，它是文化日益同质化的一部分。我们可以从记忆中寒冷而乏味的代顿都市景观中解脱出来，但是需要付出代价：公共生活和消费主义被混为一谈。索金理想化了某个事先的公共存在，我不知道在这个国家公共领域里是否曾经有一个黄金时代。我质疑公共问题是否曾经在纽约的联合广场被辩论过，甚至在伦敦的海德公园也未必。决策在过去更缺少民主的方式，今天似乎看起来要好些。我们将公共生活太浪漫化，因为对于大多数人来说，私人领域是糟糕的，让你想要逃离的。这个领域提供的不是有很多浴室、供暖和空调的舒适充足的住房，而是一些低劣冰冷、没有浴室的房间。记住，城市生活的样子对大多数生活在19世纪后期的纽约、波士顿或芝加哥的人而言就是"公共领域的黄金时代"。私人领域是蹩脚的，除非你真的很富，所以，我们所看到的是随着中产阶

318

级已经成长起来，一个逐渐倾向于中间阶层的运动。布尔乔亚的价值观已成为城市的价值观，公共领域的价值观。那就是为什么城市主义的杯子既是半空的也是半满的。

克劳福德： 索金的态度是某些左派分子的典型，他们没有研究城市里的真正行为，如今有很多关于公共性和私人性的悖论。在洛杉矶，理查德·森内特最喜欢的公共空间之一是高度人工化的空间，即乔恩·捷得（Jon Jerde）的洛杉矶环球街市步道。

戈德伯格： 你真的不知道它是一个主题公园伪装成一条街道，还是一条街道伪装成一个主题公园。

克劳福德： 它完全是不真实的，然而它却能使犹太教哈西德派的家庭和帮会成员在同一个空间里，正如格鲁夫购物中心一样，甚至更自相矛盾，因为它处于严密的监视下。索金的观点代表了传统学派。

克泽尼亚克： 但是你不太可能在格鲁夫购物中心同时拥有帮会成员和犹太教家庭。这是同质的，影响他们的因素是相同的。

克劳福德： 未开发的城市可以真实地表达了一种清教主义式的快乐，这个理念的意思是在公共空间里人们所想要的就是快乐。

玛查岛： 索金的定位看起来非常的 60 年代。

克劳福德： 它是太 60 年代了。

戈德伯格： 它是复古的新城市主义。

克泽尼亚克： 但是它确实在乎地球……

桑德斯： 你们是在更多地谈论关于城市漫步街的事情，而不关心在那里完全不同的人彼此靠近吗？不同的人群肩并肩的行为，是否是极其重要的呢？它实现了什么？你们是说城市漫步街是某种政治空间吗？

克劳福德： 不，因为有两种公共空间：一是集市，非常小的民主互动的公共空间；另一个是国际性大都市，差异很明显。索金将两者混为一谈，想象某种程度上一个多样化的

319

公共空间等同于一个民主互动的公共空间。它们是完全不同的，尽管它们不是相互排斥的。现在，我们有了网络媒体，可以让你立刻出现在几个不同的地方。事物在变化着——这是一个复杂的对公共和私人的重新诠释。

戈德伯格：我同意。我不能接受索金消极地把公共领域当做一个快乐的地方。他认为，过去公共领域曾是一个贵族涉入的地方，而实际上，即使很久之前，有着小广场和露天舞台的小城镇与海德公园和联合广场一样，都是一块公共领域。

桑德斯：我认为说索金轻视快乐是不公平的，毕竟，"60 年代的人们"着迷于过度的感观。更多地关注消费主义和生活方式将会是一种更好的方式去理解他所说的。而且，快乐有很多形式，你会发现其中一些是反叛的，或空洞的。

克劳福德：这里有一种上层中产阶级的偏见，认为消费者就是专门去 GAP 店购物的人。

戈德伯格：GAP 品牌服饰是 20 世纪 90 年代引发时代广场转型的第一件事，之后是迪士尼。它们跳跃地开启了这个全新的时代。

克劳福德：在中心广场，GAP 品牌是一个社会冷凝器，将公众混合在消费的招牌之下。

桑德斯：我会说，如果我在一个城市里，我仅有的选择只是购物，而不能去类似博物馆的地方，那么我宁愿回家。

莫萨维：泰特美术馆每秒出售的东西，要比伦敦塞尔福里奇百货公司还多，而且它还在扩展，那里将有大量的商业。所以，我不认为你还能区分博物馆和百货。你的城市设计方法过于理想主义。至少在欧洲，公共部门可以不再支付城市设计费了。

克里格：在这里一样如此，或许情况更甚。

320　**莫萨维：**在英国，所有的城市都在被重新开发。通过零售的重新开发，城市从工业型转为休闲型，如布里斯托尔、伯明翰、曼切斯特、利兹、莱斯特。开发商是甲方，公共部门委员会只能影响组成要素，以确保有地块混合功能使用等，但是他们不能强制要求该如何设计。因此，城市的功能之一也正从工作转向休闲。在欧洲的许多其他城市，我们所谈论的城市控制程度事实上并不存在，问题在于我们如何用权力去参与进去？我们是要说商业是不好的吗？城市里最令人激动的时刻之一，就是站在百货公司的扶手电梯上。

在欧洲，开发商已经意识到设计能创造附加价值。也许我们应该在巨大的商业空间中讨论城市主义的设计。

乌尔班斯基：我无意中发现丹波区（Down Under the Manhattan Bridge Overpass, DUMBO）在布鲁克林靠近水滨地区的一个开发商，他没打算通过商业赚钱。他认为像中心广场那样的地方，在其商业可能大获盈利之前早就非常有趣了。因为零售店铺的租金较低，所以它能支持时髦的小店。如果到处都是像 A&F（Abercrombie & Fitch）这样相同的高端零售连锁店时，城市就会变得无趣。这个纽约开发商的卓见是只支持小成本小规模的商业，同时，他试图出售一楼商铺以上的昂贵住宅。于是，那里全都是这些独立咖啡店、小商店和艺术画廊。

克劳福德：这真是明智的决策。他们知道一旦连锁零售商进入，这里会完全贬值。

莫萨维：大量开明的具有城市意识的开发商，譬如像英国 Urban Splash 地产开发公司这样的，他们已经不再区分私人和公共的部门了。

克里格：还有就是我们一直畏惧的同质化，它可以激发一些抵触，而在这个对抗的过程中则会产生一些其他的模式。

玛查岛：我对像凤凰城这样的新的分散城市，以及放弃对市民中心的诉求都很有兴趣。凤凰城试图创建一个中心，但是注定要变为荒芜。我们应该认识到中心的多样性，以及不同城镇类型的聚集。市民中心仅仅在 19 世纪发挥了较好的效果。

克劳福德：那就带来了弗兰克·盖里在洛杉矶的格兰大道项目的讨论了。 321

戈德伯格：洛杉矶的市中心政府一直未下决定，是否它应该拥有一个传统的市中心。

克劳福德：它自身已经发展出了一片地方，但是这个地方不是我们所普遍认为的市中心。它为那些想生活在不同环境的人们提供了更多的选择，但是它从来没有打算变成一个真正的市中心。

克里格：让我们稍微延伸一下这个问题吧，因为有其他社会、政治、情感的几股力量仍在叫嚣，"让我们将市中心区变成中心吧"。但是假设有多个中心，我们不得不问，如何让每一个中心变得有活力且与众不同。我在泰森斯角镇有一个工作室，那里就是一个中心。

戈德伯格：像出现泰森斯角镇这种地方的问题，正是此刻至关重要的城市设计问题。

克里格：因为在那里，我们较少谈及公式化、方法论、甚至解决它的政治策略。

玛查岛：那些地方的确需要创新。没有传统的类型学可以在那里发展，因为条件是如此的不同。例如，外围的街区就不是解决问题的答案。

克劳福德：针对你关于日常城市生活的评论，这些都是在极端条件下通过改造郊区状况所做的设计，比如设计带形商场。

玛查岛：新城市主义会说他们也打算这么做。他们每天都在这么做。

克泽尼亚克：大约 1990 年前后，我和鲁道夫在普林斯顿大学有一个工作坊。我们在玉米地上做了一个城市，它的挑战不是创建一个市民中心，反而是创建城市瞬间。我们通过前所未有的、错综并置的计划和活动来实现它。"城市瞬间"是在一个分散的状况下思考城市主义的有趣方式。

322 **戈德伯格：**是的，那就是我们面临的挑战。其他让我感到兴趣和沮丧的是，我们共同坚信在 18 世纪和 19 世纪，是自然经济状况，而非设计干预创造了合理可行的城市形态，格林威治村就是一个例子；而今天，自由放任的城市主义却产生了泰森斯角镇。我们当然不想去成为新城市主义者高呼"让我们重建过去的模式吧"。在此，索金应该因他对新城市主义和宗教原教旨主义之间的巧妙类比而受到表扬。

帕普斯：产生像泰森斯角镇这种地方，缺乏新的模式、缺乏对可能的事物的理解。新城市主义者向开发商展示了一种"新"的方式，但他们是在以一个"村庄"尺度进行开发。因此这些大的办公楼和商业的开发商没有看到其他模式，只是重复他们的套路，并委托相同的传统建筑师和城市规划师。

戈德伯格：我更觉得比肯山（Beacon Hill）也是公式化驱动的。它仅仅提供了一个简单快捷的事物，以赚钱为基础，按人们以前做事的方式，而没有意识到设计的干预。今天，正是这种行为给我们带来了泰森斯角镇。

桑德斯：这似乎是一个至关重要的问题：导则、法规和分区制能够做些什么？它们强制了什么？它们禁止了什么？因为这些制度，19 世纪波士顿所发生的事情就不会在 20 世纪的休斯敦发生了吗？我们可以说好的城市设计至少在一定程度上依赖于好的法规和导则吗？

克劳福德：这些状况是未经规划的，这个观点是错误的。它们被严格控制，像控制路旁草坪的尺寸以区分四车道的街道等等。或许城市设计应该更名，或许城市和郊区不再是有效的术语，因为我们有一个新的城市状况。我们应该和开发商建立友好关系，提出他们可以接纳的想法。尽管"时尚生活方式中心"有些简单化且构想拙劣，但是它展示了对城市风格的渴望。如果你拿起其中一些碎片，并重组它们，你可能发现它没那么糟糕。

戈德伯格：我宁可在一个时尚生活方式中心呆着，也不要在泰森斯角镇。

克里格：泰森斯角镇正在试图变成一个时尚生活方式中心。不得不说，在 19 世纪，法规存在的本质和如今存在的原因不同，要么是因为政治、尺度，要么是因为交通。我认为尺度不能忽略，你可以说泰森斯角镇是规划出来的，但是你却不能预测它的下一步。实际上，除了道路以外，这里没有规划。因此，东置一些西置一些，如此下去，这样可能会产生一个集合的有机体，但这个有机体在泰森斯角镇并不存在，它的存在是否是由于前工业化时代的约束，我也不知道。希望它是。

323

戈德伯格：这就追溯到更早的观点上：城市设计在一定程度上是关于连接的而不是孤立的对象，无论是泰森斯角镇的街道、环境还是景观。

克劳福德：另一个城市状况是建筑师或规划师都不想应对的，就是汽车的统治。处理这个问题不仅要提供步行的替代选择，也要考虑车库的设计质量和它们进入建筑物的关系。

乌尔班斯基：平心而论，新城市主义者关于道路规划为城市规划奠基的观点是正确的。例如比肯山出自道路规划，剩余的部分紧随其后。另外，这种对于绅士化的疯狂学术拒绝……生活在一个地狱般地方的人们都想要改善生活环境。我们创造的消费主义城市空间是一个阶段。如果所有虚假的城市中心里都有一个 A&F 品牌点，那么它们之后一定会破产。接着租金将会下降，也许……

戈德伯格：然而它们也不会变成施舍处。但是，你是对的。

桑德斯：如果你希望总结这次会议有什么收获，请吧。我认为我们还不能提出有前途的城市区域设计的新模式，可以指导开发商的城市开发，如混合用地的城市开发。我怀疑是否有一个我们如今仍未听说过的好的欧洲模式。

324　玛查岛：几乎没有好的新模式，这点让这个时代的发展如此艰难，也如此吸引人。无论如何我们都不再相信通用模式。最后，追溯到个别地方的独特反应，正如阿市东半岛住宅区。我不认为我们可以得到任何意识形态的帮助。

桑德斯：因此，开发商的回答就是雇佣合适的建筑师。

玛查岛：我们同意新城市主义中的有价值部分和没价值部分。我们同意去创造新的模式，我们需要去重新思考一些定义像绅士化、购物、汽车文化、停车场、企业堡垒、五星级酒店和某些必不可少的文化力量，而仅仅几年前，我们还谴责过它们。

乌尔班斯基：新城市主义者试图美化所有的街道，这是错误的。

戈德伯格：任何城市状况的现实都是不完美的。没有错误才是完全错误的。

乌尔班斯基：如果你不得不逃离它，那么你就去公园。

桑德斯：或者享受这种错误。

克泽尼亚克：今天有一个清晰的共识，即景观学是当代城市的一个重要组成部分，但是我们没有讨论景观城市主义。我不认为景观学可以替代建筑学成为当代城市主义的建筑砌块。但是景观城市主义提出了一个强有力的论点，原因如下：①在分散的城市里，到处都是景观，它是最大的可开发地块的一部分，需要把握机会考虑；②景观通常需要被修复，这就需要一定的技术和独特创意；③景观学已被证明是一个有用的类比方式，可用以思考城市随时间而成长和变化。今天，我们谈论了增量，谈论了偶然性，谈论了多样性，谈论了恒定的变化，这些都是景观学的特征，因此，景观学在如今非常重要。

325　克劳福德：我们需要关于郊区状况进行新一轮的公共对话，其中设计师必须发挥领导作用。对郊区状况的讨论现在围绕着无用的蔓延概念。"景观化郊区"在重新定义大尺度概念的议题（包括汽车）上可以发挥巨大的作用。蔓延的讨论涵盖了重要的环境议题，但也仅仅是审美文化的关注——"哦！汽车是可怕的"。郊区的状况是巨大的未知领域，每个人都需要学习。

克泽尼亚克：你应该学习下塞巴斯蒂安·马洛特关于郊区的工作。

帕普斯：对我来说，城市设计是一种思考的方式，建筑师、景观建筑师和规划师都可以采取城市设计的思维方式。但是建筑师和景观建筑师却不能因此获得报酬，只有城市设计的专业人士可以通过在不同尺度上从事相关工作或者思考相关问题，他们可以将问题串联到一起，考虑框架、连通性、多样性，而不以一概全，或许洛杉矶格兰大道将成为这样的范例。

克里格：我同意这个观点。我认为问题在于我们试图为城市设计提供一个明确的定义，而其实它有很多方面：波士顿市中心的项目就完全不同于泰森斯角镇的。罗伯特·休斯（Robert Hughes）的《新事物的冲击》（*The Shock of the New*）中描述了艺术创造出新生事物，而文化对新生事物反应迟缓，并且需要时间去克服它们带来的冲击。当下，设计师似乎正遭受新生事物带来的冲击，这种冲击甚至比公众的更大。我们不甘心忍受虚拟文化、大型商场和城市蔓延，因此我们求助于传统的城市模型。我们需要超越这种冲击。那些认为城市设计不存在的人是错误的，城市设计存在于许多方面，甚至就存在于我们经常提到的"更好的规划"和"更好的城市生活质量"这样的表述中。我很高兴今天我们已经讨论了其中的一些问题。

附录

撰稿人简介

乔纳森·巴奈特（Jonathan Barnett），费城的华莱士·罗伯茨和托德城市规划设计公司（Wallace Roberts and Todd, LLC) 城市设计师，宾夕法尼亚大学城市规划实践教授、城市设计系主任，著有《变化世界的智能增长》（*Smart Growth in a Changing World*）。

丹尼斯·斯科特·布朗（Denise Scott Brown），建筑师、规划师，文丘里·斯科特·布朗事务所负责人。

胡安·布斯盖茨（Joan Busquets），哈佛大学设计研究生院城市规划设计实践的马丁·巴克斯包姆讲席教授，规划师、城市设计师和建筑师，著有《巴塞罗那：紧凑型城市的演变》（*Barcelona: The Urban Evolution of a Compact City*）和《城市十线：城市规划项目新视角》（*Cities X Lines: A New Lens for the Urbanistic Project*）。

肯·格林伯格（Kenneth Greenberg），多伦多建筑师、城市设计师，其城镇总体规划、水岸区域规划及社区规划项目遍布多伦多、阿姆斯特丹、纽约、波士顿、剑桥、圣保罗、底特律、哈特福德、华盛顿、哥伦比亚特区、罗德岱尔堡、圣胡安和辛辛那提。

约翰·卡利斯基（John Kaliski），Urban Studio 事务所负责人。该设计事务所位于洛杉矶，致力于建筑与城市设计。

亚历克斯·克里格（Alex Kreiger），哈佛大学设计研究生院城市规划及设计系前任系主任、城市设计教授，麻省剑桥 CKS 建筑城市设计事务所始创合伙人。

蒂莫西·拉维（Timothy Love），波士顿 Utile 建筑城市设计事务所负责人，东北大学建筑学院副教授。

槙文彦，东京槙综合计划事务所负责人，先后就读于东京大学和哈佛大学设计研究生院，现于这两所学校执教。

理查德·马歇尔（Richard Marshall），伍兹贝格建筑设计咨询有效公司（Woods Bagot Architecture）城市设计总监，前哈佛大学设计研究生院城市设计副教授，著有《新兴的城市化：亚太地区全球城市设计项目总览》（*Emerging Urbanity: Global Urban Projects in the Asia Pacific Rim*）、《后工业城市滨水设计》（*Waterfronts in Post Industrial Cities*）、《精致的尸体：书写建筑》（*Exquisite Corpse: Writing on Buildings*）及《美国城市设计》（*Designing the American City*）。

埃里克·芒福德（Eric Mumford），圣路易斯华盛顿大学副教授、城市设计研究生课程负责人，著有《1928—1960 国际现代建筑协会城市主义论述》（*The CIAM Discourse on Urbanism, 1928—1960*）。

米歇尔·普罗沃斯特（Michelle Prowost），鹿特丹深红建筑史学家工作室（Crimson Architectural Historians）联合创办人。该工作室参与并发起多个关于 20 世纪及当代城市的规划调研项目，其中包括在鹿特丹附近的战后卫星城市进行的针灸式城市更新项目"欢迎来我家后院"（WiMBY！）。

彼得·G. 罗（Peter G. Rowe），哈佛大学杰出贡献教授，建筑与城市设计系雷蒙加布教席教授，设计研究生院前任院长。

威廉·S. 桑德斯（William S. Saunders），《哈佛设计杂志》（*Harvard Design Magazine*）编辑，《现代建筑：埃兹拉·斯托勒建筑摄影》（*Modern Architecture: Photography by Ezra Stoller*）作者。

爱德华·W. 苏贾（Edward W. Soja），加州大学洛杉矶分校公共事务学院城市规划杰出贡献教授，伦敦政经学院城市方案专业（Cities Programme）客座教授，有包括《后大都市：城市和区域的批判性研究》（*Postmetropolis: Critical Studies of Cities and Regions*）的多本著作。

理查德·索默（Richard Sommer），哈佛大学设计研究生院建筑城市设计副教授，城市设计专业研究生课程负责人。

迈克尔·索金（Michael Sorkin），纽约迈克尔索金规划建筑设计事务所负责人，纽约城市大学成熟学院城市设计研究生课程负责人，著有《自行装配》（*Some Assembly Required, Minnesota,* 2001) 和《精致的尸体：书写建筑》（*Exquisite Corpse: Writing on Buildings*）。

艾米丽·塔伦（Emily Talen），伊利诺伊大学厄巴纳香槟分校城市规划系副教授，《新城市主义与美国城市规划：文化的冲突》（*New Urbanism and American Planning: The Conflict of Cultures*）一书作者。

玛丽莲·约旦·泰勒（Marilyn Jordan Taylor），宾夕法尼亚大学设计学院院长，SOM 建筑设计事务所新任城市规划设计合伙人，城市土地学会新任主席，SOM 建筑设计事务所的机场和交通规划部门创建人，主持过多个项目包括哥伦比亚大学曼哈顿维尔校区总体规划和纽约东河滨水区总体规划。

沃特·范斯第霍特（Wouter Vanstiphout），鹿特丹深红建筑史学家工作室联合创办人。该工作室参与并发起多个关于 20 世纪及当代城市的规划调研项目，其中包括在鹿特丹附近的战后卫星城市进行的针灸式城市更新项目"欢迎来我家后院"（WiMBY！）。他同时是《凡·利斯豪特的车间》（*Atelier van Lieshout*）一书的联名作者。

查尔斯·瓦尔德海姆（Charles Waldheim），建筑师，多伦多大学建筑景观和设计学院副院长、景观建筑专业负责人，《景观都市主义读本》（*Landscape Urbanism Reader*）和《案例：底特律拉菲特公园》（*CASE: Lafayette Park Detroit*）编者，及《结构的领域》（*Constructed Ground*）一书的作者。

关键词索引

D

译后记

接受江岱总编的托请来翻译哈佛大学克里格教授的《城市设计》一书，原本以为一本篇幅不太大的论文集，是可以用来兼做我和学生们的教学副业的。但不成想现在学生们的翻译，居然都是大面积地依靠翻译器，错误百出、丢三落四，无可取之处。只好自己来背上这已承诺的"负担"，且一拖有近四年之久。这期间恰好我在编写国家十二五教材《城市设计导论》，为编写教材，我翻阅了大量城市设计，以及和城市设计相关的书籍和文章。相比之下，我愈发感到克里格教授这本书的价值所在，尽管书中有些文章最早成文于 20 世纪 50 年代，但对于我国今天城市设计学科的发展，仍具有积极的现实意义。

在我的日常工作中，经常会遇到一些地方领导、其他行业的专家或市民问我"究竟什么是城市设计？"这时常让我语塞。而让我忍俊不止的是，在 1956 年哈佛大学主办的那场著名的城市设计会议，作为一个起点它为 1956 年之后的城市知识探索历程打开了新视角，那些与会并参与本书文献编写的大咖们居然也被同样的问题所折磨，人们当时问道：你们连城市设计的本质目的这样一个基本问题都不能取得共识，聚在这里讨论还有什么意义？但克里格教授却总结为：这样的不确定性、不一刀切，甚至有些含糊的定义，恰是城市设计的可取之处并使其更具魅力。众所周知，在我国的规划体系中，城市设计被公认为是"贯穿于我国法定城市规划的各个阶段"的工作内容，这就需要城市设计工作具有较大的包容性、拓展性和灵活性，才能应对各阶段工作在对象、尺度和方法上所存在的差异，因而使得城市设计难以简单化地加以统一，其理论体系也显得尤为庞杂。但是，当我们重温书中这些现代城市设计复兴历程的重要文献时，也就越能触及城市设计的本质问题。

城市设计包含着建成环境和社会系统的双重面向。就建成环境而言，它表现为由多阶段所组成的设计研究与求解过程；就社会系统而言，它又表现为政治、经济、法律的连续决策过程和执行过程。这种过程的属性，使得城市设计既侧重于设计，又更侧重于建构控制体系来对形态的和谐与否进行控制和干预。

克里格教授主编的《城市设计》一书，集合了多方论点，既有来自建筑学、城市规划学等领域的实践探索，也有来自于社会学、地理学的理论研究，专家们各抒己见带来了不同的声音。与现有多数城市设计书籍相比，阅读本书所获取的理论与多元的视野，能让我们从日益泛滥的设计图式语言书籍中跳出来，享受审视城市设计理性思考的愉悦。克里格教授在梳理本书的体系时，分列出如下议题：

1）城市设计复兴的历史研究；

2）城市设计的社会议题，如何开展环境管理、促进社会交流、强化公共领域的价值，是超越城市设计形态的新议题；

3）城市设计在不同领域中的策略；

4）城市设计是对公共价值领域的捍卫，必须对市场主导持有审慎的立场；

5）探索在传统的城市主义与创新未来城市之间的第三条道路；

6）建构全球化的视野，研究提升城市竞争力与建成环境的品质的手段与方法，尤其应注重研究新兴经济地区的经验，如中国以环境问题和基础设施驱动的发展方式，更要注重在全球网络经济中重视地方文化与文脉的传承价值。

这些议题也正是当下我国城市设计学科发展所或缺的，有如中国城市规划设计研究院杨保军院长在听了我对本书的介绍后所说："社会发展太需要这本书了，这里的每一个议题，对于高校来说都应该努力形成完整的研究成果。"

中国在过去 30 年的快速城市化过程中所创造的机遇，有力地推动了城市设计学科理论与实践的发展。国家土地使用制度的改革、住房制度的改革、各地新城与新区建设、旧城更新与历史街区保护，都迫切需要通过城市设计在内的规划工作来推动和引导。城市设计无论是在城市扩张中，以目标为导向的拓展型城市设计；还是在城市更新中，以问题导向的研究型城市设计；抑或是在城市管理中，以管控为导向的过程型城市设计，都发挥了重大作用，这反映出城市设计与城市规划具有一致的属性，即注重城市公共利益的价值取向。这也恰是这本书所阐述的要点。

这本书的出版得力于王启泓同学参与翻译，她在英国接受系统的专业训练后，利用赴美读研之前在上海工作的业余时间完成了第一稿工作。正是她翻译的品质，给我有信心坚持完成这项工作；通过与以前学生和助手的译稿对比，我感受的不是译文的差距，而是要思考中外教育在学生专业、敬业和孜孜求真上的培养差距。每个人的天赋各有特点，但只有经过严谨的专业精神、敬业态度和工作品质标准的精细打磨，才能走向合格的专业人才。

这本书的出版，首先要感谢江岱主编。她既宽容、又时常恰到好处地给我压力和动力，才使我在困难的时期没有放弃这项工作。

更要感谢郑时龄院士和伍江常务副校长，他们经常在学术研究上给我点拨，更在百忙之中，审阅译文初稿给与订正意见；他们欣然提笔为本书作序，提升了本书学术价值；他们以身作则奉献学术的精神，是我学习的榜样。

还要感谢袁佳麟小姐，和她相识有十多年之久，不成想机缘巧合地由她来做此书的编辑，这让我感到工作中处处会有不可预期的喜悦。她细心审稿、勘定错误、查阅文献、落实版权，让我由衷地钦佩。没有她这样事无巨细的努力，这本书的出版也是不可想象的。

最后还要感谢妻子程澐博士，她一直是各篇章的第一个读者和批评者，她以优秀的学术素养和文笔能力，给本书增添丰富的点睛之彩。

王伟强
同济大学建筑与城市规划学院教授
2016 年 6 月 16 日

图书在版编目（ＣＩＰ）数据

城市设计 /（美）亚历克斯·克里格，（美）威廉·
S.桑德斯编著；王伟强，王启泓译 . -- 上海：同济大
学出版社，2016.6
ISBN 978-7-5608-6342-9

Ⅰ.①城… Ⅱ.①亚… ②威… ③王… ④王… Ⅲ.
①城市规划－建筑设计 Ⅳ.① TU984

中国版本图书馆 CIP 数据核字 (2016) 第 118912 号

城市设计
URBAN DESIGN

（美）亚历克斯·克里格 （美）威廉·S. 桑德斯 编著
Edited by Alex KRIEGER and William S. SAUNDERS
王伟强 王启泓 译

策划编辑 江 岱
责任编辑 袁佳麟
责任校对 徐春莲
封面设计 张 微
装帧设计 唐思雯
出版发行 同济大学出版社
（地址：上海市四平路 1239 号 邮编：200092 电话：021-65982473）
经 销 全国各地新华书店
印 刷 上海安兴汇东纸业有限公司
开 本 787mm×960mm 1/16
印 张 18.75
印 数 1-4 100
字 数 375 000
版 次 2016 年 8 月第 1 版 2016 年 8 月第 1 次印刷
书 号 ISBN 978-7-5608-6342-9
定 价 69.00 元